“十三五”江苏省高等学校重点教材

编号：2016-1-080

U0309664

制药工程基础与专业实验 第二版

■ 主　编　吴　洁　熊清平

■ 副主编　喻春皓　李　东

■ 参　编（按姓氏笔画为序）

　　　　　张海江　郑尚永　游庆红　景　怡

南京大学出版社

图书在版编目(CIP)数据

制药工程基础与专业实验 / 吴洁,熊清平主编.
— 2版. — 南京:南京大学出版社,2018.7
ISBN 978-7-305-20568-2

Ⅰ. ①制… Ⅱ. ①吴… ②熊… Ⅲ. ①制药工业—化
学工程—实验—高等学校—教材 Ⅳ. ①TQ46-33

中国版本图书馆 CIP 数据核字(2018)第 157937 号

出版发行　南京大学出版社
社　　址　南京市汉口路 22 号　　　　邮　编　210093
出 版 人　金鑫荣
书　　名　制药工程基础与专业实验
主　　编　吴　洁　熊清平
责任编辑　贾　辉　吴　汀　　　　编辑热线　025-83686531
照　　排　南京南琳图文制作有限公司
印　　刷　南京人民印刷厂有限责任公司
开　　本　787×1092　1/16　印张 15.25　字数 381 千
版　　次　2018 年 7 月第 2 版　2018 年 7 月第 1 次印刷
ISBN 978-7-305-20568-2
定　　价　39.00 元

网址:http://www.njupco.com
官方微博:http://weibo.com/njupco
官方微信号:njupress
销售咨询热线:(025)83594756

第二版前言

本书为淮阴工学院申报获批的江苏省"十三五"重点教材。自2014年8月出版以来,已应用于部分高等院校制药工程及药学专业的基础及专业基础实践教学中,由于编写内容既包括制药工程和药学专业的基本操作和专业技能,又包括基本理论和专业常识,因此本书兼具专业教学和工具参考的功能。编写过程中,根据生产实际,突出药品生产工程化和流程化特色,强调综合能力、创新素质和工程设计意识的培养,同时又不乏对基础理论和技能操作的介绍和训练,可同时满足工科和理科院校对专业工程设计和实验教学的需求,具有较强的普适性。因此,使用单位反映良好。

由于初版时的局限性,本书在使用过程中也发现了一些亟需解决的问题,例如实验内容的可操作性和可选择性等,并且随着新版《中国药典》的发行,关于药品质量控制方面的标准也需要随之做相应的修订,因此,本书在广泛收集师生和使用院校的意见反馈后,保留了原教材的整体框架,对实验内容进行了部分修订。修订的主要内容有:

第一,近年来海洋药物的开发研究正方兴未艾,作为药物的天然来源,海洋药物越来越突显其在天然药物中的重要地位,因此在此次修订中添加了部分海洋药物的提取和制备内容,让学生更全面地了解药物的天然来源。

第二,根据新版《中国药典》,及时更新"药物质量控制实验"一章内容。《中国药典》是我国药品标准体系的核心,是药品研究、生产、经营、使用和监管的法定依据,由于新版(2015版)药典与教材编写时依据的2010版药典在药品质量控制方面有了较大的更新,因此,根据新版药典对书中的相关内容进行实时更新。

第三,在不影响实验目的的情况下,将第五章"药物制剂基础实验"内容中涉及的实验材料用量缩减,更好地在学生的实验中体现绿色化学反应的"原子经济性"。

第四,根据实际应用中单元实验时间和条件的限制,更改部分实验内容,方便各使用单位根据各自条件选择适合的方法,以提高实验内容的可操作性及普适性。

第五,体现立体化教材建设特点,补充学习内容以及删除的附录和部分实验已转化成数字资源放入二维码中,读者可以微信扫码阅读。

本书再版之际,感谢编写组各位老师在本书策划、编撰和修订过程中给予的建议、支持和辛勤付出!也特别感谢南京大学出版社对本书从编辑、排版到校对、审核所做的细致工作!

在修订过程中,我们同样参阅了国内外多位专家、学者的著作,也参考了同行的相关教材和网络资料,虽然已分列在每个实验之后,但仍有可能漏列,在此对他们表示崇高的敬意和衷心的感谢!限于编者的学识水平,书中错漏和不妥之处在所难免,恳请专家、同行和读者批评指正。

编　者

2018 年 6 月于南京

目　录

第一篇　制药工程专业实验基础知识

第一章　实验室基础及安全知识 ……………………………………………… 1

第一节　实验室安全基本常识 ………………………………………………… 1
一、化学药品的安全使用及储存 …………………………………………… 1
二、实验事故的预防与处理 ………………………………………………… 2
三、废弃物的处理 …………………………………………………………… 4
第二节　实验准备及实验记录 ………………………………………………… 5
一、实验准备 ………………………………………………………………… 5
二、实验记录 ………………………………………………………………… 11

第二章　药物研发和生产流程及管理规范 …………………………………… 14

第一节　药物研发流程 ………………………………………………………… 14
第二节　药物生产流程 ………………………………………………………… 15
第三节　药品生产质量管理规范 ……………………………………………… 18

第二篇　药物制备及质量控制

第三章　药物制备技术基础 …………………………………………………… 20

第一节　预处理技术 …………………………………………………………… 20
一、生物材料的选择 ………………………………………………………… 20
二、细胞的破碎 ……………………………………………………………… 20
第二节　药物的提取技术 ……………………………………………………… 21
一、溶剂提取法 ……………………………………………………………… 22
二、水蒸气蒸馏法 …………………………………………………………… 24
三、升华法 …………………………………………………………………… 24
第三节　药物的分离与纯化 …………………………………………………… 25
一、结晶、重结晶 …………………………………………………………… 25
二、系统溶剂分离法 ………………………………………………………… 26

三、萃取法 ·· 27

四、沉淀法 ·· 28

五、透析与超滤 ·· 30

六、蒸馏法 ·· 31

七、色谱法 ·· 32

第四章　药物制备实验 ·· 39

第一节　化学药物制备 ·· 39

实验一　对乙酰氨基酚的合成 ······························ 39

实验二　磺胺醋酰钠的合成 ·································· 41

实验三　扑炎痛的合成 ·· 44

实验四　苯佐卡因的合成 ····································· 47

实验五　巴比妥的合成 ·· 51

实验六　硝苯地平的合成 ····································· 54

实验七　盐酸普鲁卡因的合成 ······························ 56

实验八　藜芦酸的制备工艺及过程监控 ·················· 59

第二节　天然药物(中药)化学实验 ······················· 62

实验九　海带多糖的提取、检识与含量测定 ············ 62

实验十　柳树皮与叶中水杨苷的提取、检识及含量测定 ··· 67

实验十一　盐酸小檗碱的提取、精制及检识 ············ 69

实验十二　大黄中游离蒽醌的提取、分离与检识 ······· 72

实验十三　秦皮中七叶内酯和七叶苷的提取与检识 ····· 76

实验十四　槐花米中芦丁的提取和鉴定 ·················· 81

实验十五　八角茴香中莽草酸的提取及精制 ············ 85

实验十六　甘草酸及甘草次酸的提取、分离与检识 ····· 88

第三节　生物药物制备 ·· 92

实验十七　肝素钠的提取和精制 ·························· 92

实验十八　细胞色素c的制备及测定 ···················· 95

实验十九　溶菌酶的制备及纯度检查 ···················· 97

实验二十　胃蛋白酶及胃蛋白酶合剂的制备 ············ 102

实验二十一　水蛭素的提取与分离纯化 ·················· 105

实验二十二　酵母RNA的提取 ··························· 107

实验二十三　酵母RNA的水解及四种核苷酸的离子交换柱层析分离 ··· 109

第四节　海洋药物制备 ·· 114

实验二十四　甲壳素和壳聚糖的制备及脱乙酰度的测定 ··· 114

实验二十五　海藻酸钠的提取 ····························· 116

实验二十六　从红藻中提取琼脂和从琼脂中提取琼脂糖 ··· 119

第五章　药物制剂基础实验 ·· 124

第一节　制剂生产技术基础 ·· 124
　　一、粉碎技术 ·· 124
　　二、筛分技术 ·· 125
　　三、混合技术 ·· 126
　　四、干燥技术 ·· 127

第二节　药物制剂的制备 ·· 128
　　实验一　溶液剂的制备 ··· 128
　　实验二　混悬剂的制备 ··· 131
　　实验三　乳剂的制备 ·· 134
　　实验四　注射剂与输液剂的制备 ·· 136
　　实验五　散剂的制备 ·· 141
　　实验六　颗粒剂的制备 ··· 143
　　实验七　片剂的制备及质量检查 ·· 145
　　实验八　胶囊剂的制备 ··· 149
　　实验九　栓剂的制备 ·· 151
　　实验十　丸剂的制备 ·· 153
　　实验十一　软膏剂的制备 ··· 156

第六章　药物质量控制实验 ·· 160

　　实验一　红外光谱鉴别磺胺甲噁唑和磺胺异噁唑 ···································· 160
　　实验二　葡萄糖的一般杂质检查 ·· 161
　　实验三　药物中特殊杂质的检查 ·· 163
　　实验四　药用硼砂的含量测定 ··· 166
　　实验五　硫酸阿托品片的含量测定（酸性染料比色法） ·························· 167
　　实验六　双波长分光光度法测定复方磺胺甲噁唑片的含量 ······················ 168
　　实验七　HPLC 法测定复方磺胺甲噁唑片的含量 ···································· 170
　　实验八　阿司匹林的鉴别、检查和含量测定 ··· 171

第三篇　制药工程综合性及设计性实验

第七章　制药工程综合性实验 ·· 174

　　实验一　阿司匹林的合成及质量检查 ·· 174
　　实验二　阿司匹林肠溶片的制备及其质量检查 ······································· 176
　　实验三　黄芩中黄酮类化合物的提取及体外抗氧化活性测定 ···················· 182

实验四　感冒退热颗粒的制备及质量检查 ……………………………………… 189

实验五　双黄连注射液的制备及质量检查 …………………………………… 191

实验六　土霉素摇瓶发酵、提取及效价测定 ………………………………… 194

实验七　卵磷脂的提取及脂质体的制备 ……………………………………… 199

第八章　制药工程设计性实验 ………………………………………………… 203

设计一　布洛芬合成路线的选择与制备 ……………………………………… 203

设计二　大蒜素矫味制剂的设计及制备与评价 ……………………………… 204

设计三　白藜芦醇口服液的设计及制备 ……………………………………… 205

设计四　硝苯地平缓、控释制剂的设计及制备 ……………………………… 205

设计五　甲磺酸培氟沙星甲基化工段工艺设计 ……………………………… 206

设计六　林可霉素发酵车间工艺设计 ………………………………………… 208

设计七　奥美沙坦酯片剂车间工艺设计 ……………………………………… 209

第四篇　药理实验基础

第九章　药理学实验基本知识 ………………………………………………… 211

一、动物实验基本知识与技术 ………………………………………………… 211

二、实验动物的取血方法 ……………………………………………………… 215

三、实验动物的处死方法 ……………………………………………………… 217

四、实验动物麻醉 ……………………………………………………………… 218

五、实验动物给药剂量的确定 ………………………………………………… 218

六、实验动物与人用药量的换算 ……………………………………………… 219

七、药理实验设计 ……………………………………………………………… 220

第十章　药理学实验 …………………………………………………………… 223

实验一　药物半数致死量的测定 ……………………………………………… 223

实验二　普鲁卡因与丁卡因表面麻醉作用的比较 …………………………… 226

实验三　酚红的血药浓度测定及药动学参数的计算方法 …………………… 227

实验四　药物 NA 和呋噻米对实验动物利尿作用的观察 …………………… 229

实验五　高效液相色谱法测定黄芩苷的家兔体内药物动力学 ……………… 230

实验六　延胡索和醋制延胡索镇痛作用的比较（热板法） ………………… 232

实验七　人参对小白鼠游泳时间的影响 ……………………………………… 232

实验八　有机磷农药中毒与解救 ……………………………………………… 232

附　　录 ·· 233

　附录一　常用有机溶剂的物理性质及其纯化 ······················· 233

　附录二　常用指示液及指示剂的配制 ································· 233

　附录三　常用的干燥方法及干燥剂 ··································· 233

　附录四　常用的加热与冷却介质 ····································· 233

　附录五　药物分析基本实验操作 ····································· 233

　附录六　常用实验动物的生理常数 ··································· 233

　附录七　实验动物常用麻醉药 ······································· 233

参考文献 ·· 234

第一篇 制药工程专业实验基础知识

第一章 实验室基础及安全知识

【本章提要】

本章主要介绍实验室安全知识和实验前的准备工作。制药实验所涉及的化学药品均有一定的易燃、易爆性，因此实验的安全性是从事药物研究与开发的前提条件，通过本章学习使实验者能了解化学药品的危险性，并有一定的防范意识，具备一定的处理突发事件的应急能力。同时，充分的实验前准备工作，包括资料的检索、文献的查阅和实验数据的记录是实验顺利完成的重要保障，也是科研工作者职业素质的体现，通过对该部分内容的介绍，使实验者对实验前准备工作的重要性和必要性有明确而深刻的了解。

第一节 实验室安全基本常识

一、化学药品的安全使用及储存

化学实验中用到的药品，有些是易燃、易爆品，有的具有腐蚀性和毒性，实验中要特别注意安全。发生了事故不仅损害个人的身体健康，而且有可能危及到他人安全，甚至可能导致国家财产受损失，影响工作的正常进行。因此，首先需要从思想上重视实验安全，决不能麻痹大意。其次，在实验前要详细了解仪器的性能、药品的性质以及实验中应注意的安全事项。在实验过程中，应集中精力，严格遵守实验安全守则，防止意外事故的发生。另外，掌握必要的救护措施，一旦发生意外事故，可进行及时处理。

1. 化学药品安全使用常识

（1）一切涉及有毒的、有刺激性或有恶臭气味物质（如硫化氢、氟化氢、氯气、一氧化碳、二氧化硫、二氧化氮等）的实验，必须在通风橱中进行；不要俯向容器直接去嗅容器中溶液或气体的气味，应使面部远离容器，用手把逸出容器的气流慢慢地扇向自己的鼻孔；氢气（或其他易燃、易爆气体）与空气或氧气混合后，遇火易发生爆炸，操作时严禁接近明火。

（2）一切易挥发和易燃物质的实验，必须在远离火源的地方进行，以免发生爆炸事故；点燃的火柴用后应立即熄灭，不得随地乱扔，更不能扔在水槽内。

（3）倾注或加热有腐蚀性的液体时，液体容易溅出，不要俯视容器，不要使试管口朝向自己或别人。

（4）取用在空气中易燃烧的钾、钠和白磷等物质时，要用镊子，不要用手去接触。

（5）不得将化学药品随意混合，以免发生意外事故；强氧化剂（如氯酸钾、硝酸钾、高锰酸钾等）或强氧化剂混合物不能研磨，否则将引起爆炸。

（6）有毒药品（如重铬酸钾、钡盐、铅盐、砷的化合物、汞的化合物、氰化物）不得进入口内或接触伤口；剩余的废液也不能随便倒入下水道，应倒入废液缸或教师指定的容器里。

（7）洗涤的仪器应放在烘箱或气流干燥器上去干燥，严禁用手甩；不要用湿的手、物接触电源，以免发生触电事故；水、电、煤气一经使用完毕，就应立即关闭开关。

（8）不得将实验室的化学药品带出实验室；实验室严禁饮食、吸烟，且勿以实验容器代水杯、餐具使用，防止化学试剂入口；每次实验后，应把手洗干净。

2. 化学药品的储存

（1）属于危险品的化学试剂应分类存放并远离火源。

（2）易燃易爆试剂应储存于铁柜中，柜的顶部有通风口。

（3）不相容化合物（指相互混合或接触后可以产生剧烈反应、燃烧、爆炸、放出有毒气体的两种以上化合物）不能混放。

（4）腐蚀性试剂应放在塑料或搪瓷的盆或桶中，以防因瓶子破裂引起事故。

（5）注意化学试剂的存放期，一些试剂在存放过程中会逐渐变质，甚至形成危害物。

（6）药品柜和试剂溶液均应避免阳光直射及靠近暖气等热源，要求避光的试剂应装于棕色瓶或用黑纸或黑布包好存于柜中。

（7）发现试剂瓶上的标签掉落或将要模糊时应立即贴好标签，无标签或标签无法辨认的试剂都要当成危险品重新鉴别后小心处理，不可随便乱扔，以免引起严重后果。

（8）剧毒药品存放保险箱，仓储保管危险品应严格执行"五双"制度（双人管、双人发、双人运、双把锁、双人用）。

二、实验事故的预防与处理

实验室事故应当以预防为主，对可能发生的事故要增强防范意识，避免和杜绝事故的发生。如果在实验过程中发生了意外事故，应正确、迅速、果断处置。实验室常见事故及其处理措施如下：

1. 防火

实验室中使用的有机溶剂大部分是易燃的，因此，着火是实验中的常见事故，着火的主要原因是由易燃、易爆品引起的。实验室常见的易燃溶剂有乙醇、二硫化碳、烃类（己烷、苯、甲苯等）、醚类、酮类（丙酮、丁酮）以及酯类（乙酸乙酯）等，由于大部分有机溶剂沸点较低，因此在使用这类溶剂时需格外小心。对低沸点易燃有机化合物应使用水浴加热，也可使用蒸汽浴或电热装置，远离明火；勿将易燃液体化合物放置在敞开的容器中加热；当蒸馏易燃液体时，接引管的出口应远离火源，特别对于低沸点的物质如乙醚，应用橡皮管引入下水槽；在距离明火几米的范围内，勿将可燃溶剂从一个容器倒至另一容器。决不可以加热一个密封的实验装置，因为加热而导致的压力增加会引起装置炸裂，引发火灾。实验室内严禁吸烟，不得将带有火星的火柴梗、纸条等在实验室乱抛乱丢，也不能直接丢入废物缸中，应将火星灭掉后再丢入废物缸中,以免引发危险。对于容易爆炸的反应物,如过氧化合物、叠氮化合物、重氮化合物等,在使用时一定要小心,避免剧烈震荡或碰撞。

发生火灾后,不要惊慌,要一面立即灭火,一面防止火势蔓延,可采取切断电源、移走易燃药品等措施,这就提醒我们一定要清楚实验室的电源总开关、煤气总开关、水源总开关的位置,有异常情况发生要关闭相对应的总开关。灭火要根据起火原因选用合适的方法,一般的小火可用湿布、石棉布或沙子覆盖燃烧物;火势大时使用泡沫灭火器。但电器设备所引起的火灾,只能使用二氧化碳或四氯化碳灭火器灭火,不能使用泡沫灭火器,以免触电,同时报警。如果灭火器扑灭不了,赶快撤离,随手要将实验室门关上,以免火势蔓延。实验人员衣服着火时,切勿惊慌乱跑,赶快脱下衣服,用水浇灭或用石棉布覆盖着火处。

2. 防中毒

实验中的许多试剂都是有毒的,毒物进入人体的途径有三,即皮肤、消化道和呼吸道。实验室防毒主要采取加强个人防护方法,绝对不允许口尝鉴定试剂和未知物,不容许直接用鼻子嗅气味,应以手扇出少量气体。从事有毒工作必须穿工作服,戴防护面具,处理完毕后方能离开。使用或反应过程中有氯气、溴、氮氧化物、卤化物等有毒气体或液体产生的实验,都应该在通风橱内进行,有时也可用气体吸收装置吸收产生的有毒气体。溅落在桌面或地面的有机物应及时清扫除去。如不慎损坏水银温度计,洒落在地上的水银应尽量收集起来,并用硫磺粉盖在撒落的地方。实验中所用剧毒物质应有专人负责收发,实验后的有毒残渣必须做妥善而有效的处理,不准乱丢。

吸入刺激性或有毒气体如氯气、氯化氢气体时,可吸入少量酒精和乙醚的混合蒸气使之解毒;吸入硫化氢或一氧化碳气体而感到不适时,应立即到室外呼吸新鲜空气。实验中应避免手直接接触化学药品,尤其严禁用手直接接触剧毒品,沾在皮肤上的有机物应当立即用大量清水和肥皂洗去,切莫用有机溶剂洗,否则只会增加化学药品渗入皮肤的速度。万一毒物进入口内,可将 5～20 mL 稀硫酸铜溶液加入一杯温水中内服,再用手指伸入咽喉部,促使呕吐以吐出毒物,然后立即送医院。

3. 防受伤

(1) 灼烫伤

在实验室稀释浓硫酸时,不能将水往浓硫酸里倒,而应将酸缓缓倒入水中,不断搅拌均匀;加热液体的试管口,不能对着自己或别人,以免烫伤;橡皮或塑料手套应经常检查有无破损,特别是接触酸时。酸腐蚀致伤,先用大量水冲洗,再用饱和碳酸氢钠溶液(或稀氨水、肥皂水)洗,最后再用水冲洗;如果酸液溅入眼睛内,用大量水冲洗后送医院处理。碱腐蚀致伤,先用大量水冲洗,再用2%醋酸溶液或饱和硼酸溶液洗,最后用水冲洗;如果是碱液溅入眼中,用硼酸溶液冲洗。不要用冷水洗涤伤处,伤口处皮肤未破时,可涂擦饱和碳酸氢钠溶液或用碳酸氢钠粉调成糊状敷于伤处,也可抹獾油或烫伤膏;如果伤处皮肤已破,可涂些紫药水或高锰酸钾溶液。

(2) 割伤

接装玻璃管时,注意防止割伤,戴手套或用手巾垫着操作。若是玻璃创伤,应先把碎玻璃从伤处挑出,轻伤可涂以紫药水(或碘酒)或敷以创可贴,必要时撒些消炎粉或敷些消炎膏,再用绷带包扎;伤口较大时,应立即送医院。

4. 防触电

实验中使用电炉、电热套、电动搅拌机等电器时，应防止人体与电器导电部分直接接触，及石棉网金属丝与电炉电阻丝接触；不能用湿的手或手握湿的物体接触电插头；电热套内严禁滴入水等溶剂，以防电器短路。为了防止触电，使用新的电学仪器，要先看说明书，弄懂它的使用方法和注意事项，才能使用；装置和设备的金属外壳等应连接地线，实验后应先关仪器开关，再将连接电源的插头拨下。使用搁置的电器应预先检查，发现有损坏之处及时修理；电器装置不能裸露，漏电部分应及时修理好。触电后应立即切断电源，必要时进行人工呼吸并送医院救治。

5. 防爆炸

化学药品的爆炸分为支链爆炸和热爆炸，氢气、乙烯、乙炔、苯、乙醇、乙醚、丙酮、乙酸乙酯、一氧化碳、水煤气和氨气等可燃性气体与空气混合至爆炸极限，一旦有热源诱发，极易发生支链爆炸；过氧化物、高氯酸盐、叠氮铅、乙炔铜、三硝基甲苯等易爆物质，受震或受热可能发生热爆炸。对于防止支链爆炸，主要是防止可燃性气体或蒸气散逸在室内空气中，应保持室内通风良好。当大量使用可燃性气体时，应严禁使用明火和可能产生电火花的电器。对于预防热爆炸，强氧化剂和强还原剂必须分开存放，使用时轻拿轻放，远离热源。化学实验常用到高压储气钢瓶和一般受压的玻璃仪器，使用不当，会导致爆炸，应正确使用高压钢瓶。做到专瓶专用，不能随意改装；气瓶应存放在阴凉、干燥、远离热源的地方，易燃气体气瓶与明火距离不小于 5 米；氢气瓶最好隔离；气瓶搬运要轻要稳，放置要牢靠；氧气瓶严禁油污，注意手、扳手或衣服上的油污；气瓶内气体不可用尽，以防倒灌；开启气门时应站在气压表的一侧，不准将头或身体对准气瓶总阀，以防阀门或气压表冲出伤人。

三、废弃物的处理

实验室废弃物是指实验过程中产生的"三废"（废气、废液、废固）物质，实验用剧毒物品（麻醉品、药品）残留物，放射性废弃物和实验动物尸体及器官。虽然与工业"三废"相比数量很少，但是，由于其种类多，加上组成经常变化，因而最好由各个实验室根据废弃物的性质，分别加以处理，而不是集中处理。教师在实验内容设计过程中首先应尽量选择无毒或低毒物品做实验，并且尽可能减小反应规模，以减少"三废"排放量，保护环境。

1. 废气

实验室应有符合通风要求的通风橱，会产生少量有害废气的实验应在通风橱中进行，少量有毒气体可以通过排风设备排出室外，被空气稀释；产生大量有害、有毒气体的实验必须具备吸收或处理装置，如一氧化氮、二氧化硫等酸性气体用碱液吸收。

2. 废液

实验过程中，不能随意将有害、有毒废液倒进水槽及排水管道。用于回收的高浓度废液应集中储存，以便回收；低浓度的经处理后排放，应根据废液性质确定储存容器和储存条件，不同废液一般不允许混合，避光、远离热源、以免发生不良化学反应。废液储存容器必须贴上标签、写明种类、储存时间等。不同废液在倒进废液桶前要检测其相容性，按标签指示分门别类倒入相应的废液收集桶中，以防发生化学反应而爆炸。每次倒入废液后须立即盖紧桶盖。特别是含重金属的废液，不论浓度高低，必须全部回收。

　　有机溶剂废液：如吡啶、二甲苯、氯酚等能破坏人体机制使之能失调，做完实验应蒸馏后回收再利用。对于含少量被测物和其他试剂的高浓度有机溶剂应回收再用。可燃性有机废液可于燃烧炉中通氧气完全燃烧。含酚、氰的废液中如果酚含量低可加次氯酸钠或漂白粉使酚氧化为二氧化碳和水，如果酚含量高则需采用萃取重蒸进行回收。含氰化物的废液低浓度时加入高锰酸钾氧化分解，高浓度时采用碱性氯化法处理。

　　无机溶剂废液：如废酸、废碱液、重金属废液等。浓酸浓碱不经处理沿下水道流走，对管道会产生很强的腐蚀，又会造成水质的污染，一般要中和后倾倒，并用大量的水冲洗管道。含汞、铬、铅、镉、砷、酚、氰的废液必须经过处理，通常是将其转化为无机盐沉淀，达标后才排放。例如含汞或含砷废液一般加入硫化钠，使其生成硫化物沉淀，含铅、镉废液一般是用消石灰使 Pb^{2+}、Cd^{2+} 生成 $Pb(OH)_2$ 和 $Cd(OH)_2$ 沉淀，加入硫酸亚铁作为共沉淀剂。

　　3. 废固

　　实验中出现的固体废弃物不能随便乱放，以免发生事故。如能放出有毒气体或能自燃的危险废料不能丢进废品箱内和排进废水管道中。不溶于水的废弃化学药品禁止丢进废水管道中，必须将其在适当的地方烧掉或用化学方法处理成无害物。碎玻璃和其他有棱角的锐利废料不能丢进废纸篓内，要收集于特殊废品箱内处理。微生物实验中，一些污染或盛有有害的细菌和病菌的器皿、不要的菌种等，一定要消毒和高压灭菌处理后方可弃掉，器皿才能再利用。

　　4. 实验用剧毒物品(麻醉品、药品)及放射性废弃物

　　实验用剧毒物品(如三氧化二砷、氰化物、氯化汞等)的残渣或过期的剧毒物品由各实验室统一收存，妥善保管，一般需使用者两人领料，两位保管员发料，出入数量必须相符，剩余物品密封后退回保管员处，两位保管员核对无误后存入专用储柜保存，报有关部门统一处理。盛装、研磨、搅拌剧毒物品(麻醉品、药品)的工具必须固定，不得挪作他用或乱扔乱放，使用后的包装必须统一存放、处理。带有放射性的废弃物必须放入指定的具有明显标志的容器内封闭保存，报有关部门统一处理。

　　5. 实验动物尸体或器官

　　活体动物实验后，不得将动物的尸体或器官随意丢弃，必须统一收集，集中冷冻存放，定期焚烧。凡存放动物尸体的单位应认真填写登记记录，登记内容包括：存放单位、存放人姓名、存放时间、动物种类、数量、是否被污染、污染物类型及程度等。实验动物尸体由专人负责定期进行清理、消毒、焚烧，不得积压或在室内乱放。

第二节　实验准备及实验记录

一、实验准备

　　1. 药学信息检索

　　在信息社会，获取信息和利用信息是实验研究人员必须掌握的基本技能，关系实验研究的始终，从选题、实验方案的制定、实验仪器材料的购买，到理论分析、实验报告、科技论文的撰写，再到成果的推广应用。信息检索的方法很多，应根据检索要求、设备条件的不同采取相应的检索方法,主要包括顺查法、倒查法、抽查法、直接查找法、引文追溯法、浏览法等。面对浩如烟海的信息资源,为了快速、准确地获取信息,应尽可能做到明确检索目的和要求,确定查询策略;选择合适的检索工具,提高检索的精度、准确性;扩大检索范围,加快检索速度,降低检索耗费。

信息检索是指将信息按照一定的方式组织起来,并根据用户的需求查找出有关信息的过程,通常我们使用的是该过程的后半部分。信息检索一般分为手工检索和计算机检索,手工检索的对象主要是以纸质材料为载体,可以分为两大类,一是资料型的,所用载体有辞典、药典、百科全书、手册、大全等;另一类是检索型的,如目录、索引、文摘、综述等。计算机检索是依托现代计算机技术和网络技术以数字化的形式通过电信号、光信号传输信息的检索方法,包括数据库检索和计算机网络检索,其中计算机网络检索又包括目录型检索、搜索引擎检索。计算机检索因数据完备、手段先进、检索快速而受到广泛的欢迎。目前很多手工检索正向计算机检索转换,发展非常迅速,各种文献不但提供印刷版,还提供光盘数据库和网络数据库。

(1) 药学主要参考工具书及文献

药典(pharmacopoeia):药典是国家颁布的有关药品质量标准的法规,属政府出版物,是药学专业必备的工具书,一般每 5 年修订 1 次。《中华人民共和国药典》(Chinese Pharmacopoeia,简称CP)自新中国成立以来,先后出版了八版,现行使用的是 2010 年版,分为三部。一部收载药材及饮片、植物油脂和提取物、成方制剂和单味制剂等,二部收载化学药品、抗生素、生化药品、放射性药品以及药用辅料等,三部收载生物制品,并首次将《中国生物制品规程》并入药典。《美国药典》(The United States Pharmacopeia,简称USP)由美国政府所属的美国药典委员会编辑出版,制定了人类和动物用药的质量标准并提供权威的药品信息,是美国政府对美国药品质量标准和检验方法做出的技术规定,也是药品生产、使用、管理、检验的法律依据。《美国药典》于 1820 年出第一版,1950 年以后每 5 年修订一版,到 2011 年已出至第 34 版。

医药手册、指南:手册汇集人们需经常查考的文献、资料或专业知识,是提供专门领域内基本的既定知识和实用资料的工具书,特征是信息密集、内容专门具体、记录资料丰富、文字简洁实用、使用方便。其中《默克索引》(The Merck Index)是由美国 Merck 公司出版的一部有关化学品、药物和生物制品方面的手册,收载化学制品、药品、生物制剂万余种,8 000 多个化学结构式,5 万个同义词。《中国药品实用手册》(2001 年版)A 篇刊登了 50 多家企业 172 种产品的资料,以产品包装图片及产品使用说明书为主,提供了详细的药品信息;B 篇收载目前医院中常用药物 1 500 种;C 篇为新增的附录;D 篇为索引,方便查阅。

医药学年鉴:年鉴是系统汇集一年内重要的时事文献、学科进展与各项统计资料,是按年度编辑出版的资料性工具书,以内容新颖可靠、出版稳定及时为特征。《美国医学会药物评价年鉴》主要收录在美国试用的和各种非法定的用于治疗、诊断、预防人类疾病的最新药物;《中国药品监督管理年鉴》由国家食品药品监督管理总局主办,收录重要会议和报告、政策法规、药品注册管理、药品安全监督管理、药品市场监督管理、药品国家标准工作、药品检验工作、医疗器械监督管理、地方药品监督管理等;《中国药学年鉴》主要反映我国药学研究、药学教育、药物生产与流通、药政管理、药学出版物、药学人物和学会学术活动等方面的信息资料和知识;《中国卫生年鉴》是综合反映中国医药卫生工作各方面情况、进展和成就的资料工具书;《中国中医药年鉴》是由国家中医药管理局主办,综合反映中国中医药各个方面情况和成就的史料性工具书。

文摘:《中国药学文摘》是国内唯一的药学文献文摘型检索刊物,由国家食品药品监督管理总局信息中心编辑出版,主要收录国内公开发行的 700 多种有关期刊中的中西药学文献,以文摘、提要、简介和题录等形式报道。《分析化学文摘》收录国内外公开发行的 2 100 多种分析化学及其相关专业期刊中的有关文摘,以及有关专利、会议资料、论文集、科技报告、书籍和标准,是从事分析化学、生化检验、临床化验和仪器分析的科技工作者重要的参考与检索工具书。美国《化学文摘》(Chemical Abstracts,简称 CA),收录包括世界各地与化学直接或间接相关的化学化工文献,还涉及与化学有关的生物、医学、药学、卫生学等方面的文献。CA 重点文献类型是期刊论文,还有科技报告、会议论文、学位论文、资料汇编、技术报告、新书籍视听资料,以及 30 多个国家和 2 个国际专利组织的专利文献。CA 收录的医药学文献内容除了关于药物成分的相关化学文献,还涉及实验医学、临床医学、环境医学、核医学、职业医学、药理学、制药工业等。

(2) 网络检索

网络检索是指通过 Internet 检索网络数据库或网上信息。

搜索引擎:通用搜索引擎百度或者谷歌,即在 www. baidu. com 与 www. google. com 通过关键词进行有关检索。医药学专业搜索引擎 Medical Matrix(http://www. medmatrix. org)收录医学专业网站,提供分类检索和关键词检索两种查询方式;PharmWeb(http://www. pharmweb. net)是 Internet 上第一个专门提供药学信息的搜索网站,其将信息按不同类别进行分类,包括药学最新动态、药学论坛、虚拟图书馆、病人信息、世界药物警告、药学院校、药学政府及管理机构、社会团体、新闻组、继续教育等,其主页中还设有 Medline、Merck Manual(默克手册),Internet 常用搜索引擎等。

PubMed 数据库(http://www. ncbi. nlm. nih. gov/PubMed)是由美国国家医学图书馆(NLM)下属的国家生物技术信息中心(National Center for Biotechnology Information,NCBI)开发的、用于检索 Medline、Premed LINE 数据库的网上检索系统。从 1997 年 6 月起,PubMed 在网上免费向用户开放,它具有收录范围广泛、更新速度快、检索系统完备、链接广泛的特点。PubMed 系统包含三个数据库,即 Medline、Premed LINE 和 Record supplied by Publisher。

ISI Web of Science 是全球最大、覆盖学科最多的综合性学术信息资源,收录了自然科学、工程技术、生物医学等各个研究领域最具影响力的超过 8 700 多种核心学术期刊,1997 年推出的科学引文索引网络版,其中 Science Citation Index Expanded(SCI Expanded 科学引文索引扩展)收录 5 600 多种权威型科学与技术期刊,检索年限至 1945 年。

几个主要常用的期刊文献在线数据库如下:

中国生物医学文献数据库(http://www. imicams. ac. cn)是中国医学科学院信息研究所开发的面向生物医学领域的查询系统,收录了 1978 年以来近千种生物医学期刊以及会议论文的文献题录,总计约 200 万篇,内容涉及基础医学、临床医学、预防医学、药学、中医学及中药学,以及医院管理等生物医学的各个领域。该数据库可通过 Web 界面和光盘进行查询。

中国期刊网(http://www. cnki. net)是中国知识基础设施工程中心网站的栏目之一,

目前有期刊题录数据库、报刊专题数据库、学位论文数据库、全国技术创新数据库、期刊全文数据库和期刊摘要数据库等。数据库每日更新，内容涉及理、工、农、医、文史、政经等领域，可用作者、关键词、篇名、中文刊名等检索。数据库收录国内8 200余种期刊(其中医学期刊808种)的全文，年增加180万篇全文、40 000篇硕博论文、会议论文。该站在全国多所大学都设有镜像网站。

万方数据资源系统(http://www.chinainfo.gov.cn)由中国科技信息研究所建立，该系统共有60多个数据库供查询，如中国学术会议论文库、中国学位论文库、中国重大科技成果、中国专利、国家标准、国家新产品数据库、中文科技期刊库、化工文献库、西文期刊馆藏目录等。目前有100多个数据库供用户检索，非授权用户可以查询和浏览免费信息，也可以查询收费数据库，但只能看到查询结果部分字段的内容。

美国化学学会(American Chemical Society, ACS, http://pubs.acs.org/)成立于1876年，现已成为世界上最大的科技协会之一，其会员数超过16.3万。多年以来，ACS一直致力于为全球化学研究机构、企业及个人提供高品质的文献资讯及服务，在科学、教育、政策等领域提供了多方位的专业支持，成为享誉全球的科技出版机构，ACS的期刊被ISI的Journal Citation Report (JCR)评为"化学领域中被引用次数最多之化学期刊"。ACS出版34种期刊，内容涵盖生化研究方法、药物化学、有机化学、普通化学、环境科学、材料学、植物学、毒物学、食品科学、物理化学、环境工程学、工程化学、应用化学、分子生物化学、分析化学、无机与原子能化学、资料系统计算机科学、学科应用、科学训练、燃料与能源、药理与制药学、微生物应用生物科技、聚合物、农业学领域。

有机合成手册数据库(Organic Syntheses, http://www.orgsyn.org)作为有机化学的重要参考丛书，以标准格式阐述了有机化合物合成的详细实验方法，由John Wiley & Sons公司出版，其中收录的化合物制备方法以及新的反应等，自1921年开始均由Roger Adams of the University of Illinois的科研领域的研究生及化学专业人员进行重复，确保稳定的反应收率。现在Organic Syntheses在网上拥有对所有化学家免费的数字版本，OS Board of Directors由Data Trace和Cambridge Soft公司资助，摘录已经、现在或是将要出版的Organic Syntheses各卷，制作成网络版的、可检索全部记录的累积合订本。用户必须事先在可上网的计算机上安装Cambridge Soft公司的Chemdraw Ulta 7.0版，然后登录该网站，经过免费注册，即可通过文本、结构式以及图片来检索所需合成化合物的制备方法。

(3) 物性数据库

NIST Chemistry Web Book(http://webbook.nist.gov/chemistry)：是美国国家标准与技术研究院NIST的基于Web的物性数据库，Chemistry Web Book可以看作是NIST的标准参考数据库Standard Reference Data中一部分与化学有关的数据库的Web版本，可通过分子式检索、化学名检索、CAS登录号检索、离子能检索、电子亲和力检索、质子亲和力检索、酸度检索、表面活化能检索、振动能检索、电子能级检索、结构检索、分子量检索和作者检索等方法，得到气相热化学数据、浓缩相热化学数据、相变数据、反应热化学数据、气相离子能数据、离子聚合数据、气相IR色谱、质谱、UV/Vis色谱、振动及电子色谱等。

化合物基本物性库(http://chemfinder.camsoft.com/)：该库除提供化合物的基本物性如熔点、沸点、闪点、密度、在水中的溶解度等外，更重要的是它建立了与Internet上其他节点的索引,通过查询该库,除获得基本物性外,还得到一些链接。通过这些链接,获得其他节点的数据库或 Web 页面所包含的关于被查化合物的有关信息。

(4) 专利

专利文献检索可通过中国专利信息检索系统、中国专利信息网和中国专利文摘数据库进行专利检索,或者通过其他专利网站进行检索。

2. 数据处理软件

计算机技术已成为药学研究领域一种不可替代的工具。工具软件可以在学习与研究的各个方面协助我们更快、更好地工作。常用软件主要包括化学绘图软件、图谱分析软件、数据处理软件。化学绘图软件可以满足化学化工专业工作者绘制各种化学化工图形的需要,如分子结构式、化学反应式、化学实验装置图、工艺流程图等,此类软件有 ChemWindows、ChemDraw(ChemOffice 组件)、Chem Sketch 等。图谱分析软件主要用于仪器分析,如核磁共振、红外、X-ray 衍射等结果的分析。另外大量的各种化学数据需要用专业的数据处理软件做统计分析、傅立叶变换、t 检验、线性和非线性拟合等数学处理,并绘制成各种二维或三维图形,此类软件主要有 Origin、Excel、SPSS、Matlab 等。

Origin 是美国 Origin Lab 公司开发的图形可视化和数据分析软件,是科研人员和工程师常用的高级数据分析和制图工具。自 1991 年问世以来,由于其操作简便、功能开放,很快就成为国际流行的分析软件之一,是公认的快速、灵活、易学的数据处理绘图软件,其两大主要功能是数据制图和数据分析,其中数据制图主要是基于模板的,提供了 50 多种 2D 和 3D 图形模板,用户可以使用这些模板制图,也可以根据需要自己设置模板;数据分析包括排序、计算、统计、平滑、拟合和频谱分析等强大的分析工具。

Microsoft Excel 是微软公司开发的 Windows 环境下的电子表格系统,它是目前应用最广泛的表格处理软件之一,具有强有力的数据库管理功能、丰富的宏命令和函数、强有力的图表功能,随着版本的不断提高,Excel 在数据处理中的应用也越来越多。

3. 预习报告

为了使实验能够达到预期的效果,实验前做好准备工作十分重要,写好实验预习报告是做好实验准备的措施之一。在做实验前学生必须仔细阅读有关的教材,弄懂实验原理,熟悉实验技术,了解实验步骤,并通过查阅手册或其他文献掌握实验材料的物理和化学性质。如果实验中涉及仪器设备操作的,还需了解仪器设备的操作原理。实验前要能回答如下问题:这次实验要做什么? 怎样做? 为什么这样做? 还有什么方法? 等等。并且对所用的仪器装置做到能叫出每件仪器的名称,了解仪器的原理、用途和正确的操作方法,明白可否用其他仪器代替等,在此基础上写好实验预习报告。

实验预习报告提纲包括以下内容(以药物制备实验为例)。

(1) 实验目的:通过本实验所要达到的目的。

(2) 反应方程式:包括主反应和重要的副反应,是选择反应条件和后处理过程的重要依据。

(3) 原料、产物和副产物的物理常数:实验前掌握所用原料及产物的物理性质,如密度、沸点、熔点和溶解度,是计算原料的投入量和目标产物理论产率的依据。在进行一个合成实验时,通常并不是完全按照反应方程式所要求的比例投入各原料,而是增加某原料的用量,究竟哪一种物质过量,则要根据其价格是否低廉,反应完成后是否容易去除或回收,能否引起副反应等情况来决定。在计算时,首先要根据反应方程式找出哪一种原料的相对用量最少,以它为基准计算其他原料的过量百分数,来计算产物的理论产率。由于有机反应常常伴随有副反应,不能进行完全,另外操作中的损失也是导致产物的实际产率比理论产率低的一个主要原因,因此产率的高低是评价一个实验方法以及考核试验者的一个重要指标。

  (4) 仪器装置图:正确而清楚地画出主要反应的仪器装置图。

  (5) 实验步骤:用流程形式表示整个实验操作。

预习报告示例:

实验一 溴乙烷的制备

一、实验目的

  (1) 学习从醇制备溴代烷的原理和方法。

  (2) 学习蒸馏装置和分液漏斗的使用方法。

二、实验原理

  主反应:

$$NaBr + H_2SO_4 \longrightarrow HBr + NaHSO_4$$
$$C_2H_5OH + HBr \longrightarrow C_2H_5Br + H_2O$$

  副反应:

$$2C_2H_5OH \xrightarrow{H_2SO_4} C_2H_5OC_2H_5 + H_2O$$
$$C_2H_5OH \xrightarrow{H_2SO_4} C_2H_4 + H_2O$$

三、原料及其物理性质

化合物	物理常数				用量				理论量 (g)
	相对密度 (g/mL)	沸点 (℃)	熔点 (℃)	溶解度 (g/100 g)	分子量	体积 (mL)	质量 (g)	物质的量 (mol)	
溴化钠				水中 79.5	103		13	0.126	
95%乙醇	0.79	78.4	−117.3	水中∞	46	10	8	0.165	
硫酸	1.84	340 (分解)	10.38	水中∞	98	18		0.32	
乙醚	0.71	34.6	−116	水中 7.5 (20 ℃)	74				
乙烯		−103.7	−169		28				
溴乙烷	1.46	38.4	−118.6	水中 1.06	109			0.126	13.4

四、实验流程

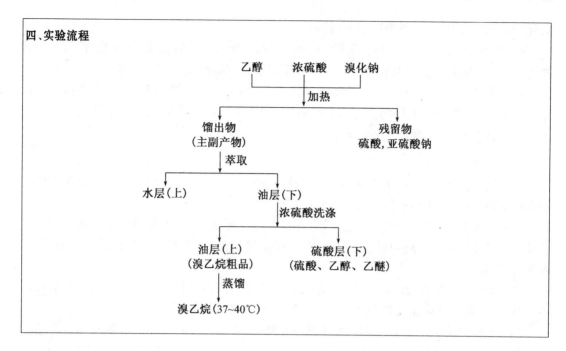

二、实验记录

为加强对药品研究的监督管理,保证药品研究实验记录真实、规范、完整,提高药品研究的质量,根据《中华人民共和国药品管理法》《国家档案法》以及药品申报和审批中的有关要求,国家药品监督管理局制定了《药品研究实验记录暂行规定》。根据该规定,药品研究实验记录是指在药品研究过程中,应用实验、观察、调查或资料分析等方法,根据实际情况直接记录或统计形成的各种数据、文字、图表、声像等原始资料。实验记录的内容通常应包括实验名称、实验目的、实验设计或方案、实验时间、实验材料、实验方法、实验过程、观察指标、实验结果和结果分析等内容。实验记录要求真实、及时、准确、完整,防止漏记和随意涂改,不得伪造、编造数据。写好实验记录是从事科学实验的一项重要训练。

1. 实验记录遵循的原则

"对一个科研工作者来说,实验记录就是科学研究的生命线。"实验记录是实验过程的再现,因此规范实验记录十分必要。在实验过程中,实验者必须养成一边进行实验一边直接在记录本上做记录的习惯,记录时遵循"四性原则"。

(1)原始性:实验记录必须记载于正式实验记录本上,不允许再做改动、不能修改。实验记录本应按页码装订,须有连续页码编号,不得缺页或挖补,不得用散纸。记录必须忠实详尽,不能虚假。记录要求实事求是,准确反映真实的情况,特别是当观察到的现象和预期的不同,以及操作步骤与教材规定的不一致时,要按照实际情况记录清楚,以便作为总结讨论的依据。不准撕下记录本的任何一页。如果写错了,可以用笔勾掉,但不得涂抹或用橡皮擦掉。文字要简练明确、书写整齐、字迹清楚。应该牢记,实验记录是原始资料,科学工作者必须重视。

(2)及时性:立即记录,不能靠事后回忆补写。进行实验时做到操作认真,观察仔细,并随时将测得的数据或观察到的实验现象记在记录本上,养成边实验边记录的好习惯,不许事后凭记忆重写,或以零星纸条暂记再转抄。

(3) 完整性:记录的内容包括实验的全部过程,如加入药品的数量、仪器装置、每一步骤操作的时间、内容和所观察到的现象(包括温度、颜色、体积或质量的数据等)。

(4) 客观性:实验记录是指记录实验过程中所有实际发生的事件和现象,而不做任何评论和解释,整个过程中的任何变化、所获得的任何正常或不正常的观察结果等均须如实记录,切勿仅记录符合主观想象的内容。

2. 实验记录的基本要求

(1) 每次实验须按年、月、日顺序,在实验记录本相关页码右上角或左上角记录实验日期和时间,也可记录实验条件如天气、温度、湿度等。

(2) 字迹工整,采用规范的专业术语、计量单位及外文符号,英文缩写第一次出现时须注明全称及中文释名。使用蓝色或黑色钢笔、碳素笔记录,不得使用铅笔或易褪色的笔(如油笔等)记录。

(3) 实验记录需修改时,采用画线方式去掉原书写内容,但须保证仍可辨认,然后在修改处签字,避免随意涂抹或完全涂黑。空白处可标记"废"字或打叉。

(4) 实验记录中应如实记录实际所做的实验;实验结果、表格、图表和照片均应直接记录或订在实验记录本中,成为永久记录。

3. 实验记录的具体内容

(1) 实验时间:标明"何时做"的问题,具体应包括实验的年、月、日和时间,环境条件(如温度、湿度等)。

(2) 实验名称:解决"做什么"的问题,通常作为实验题目出现。

(3) 实验目的:解决"为什么做"的问题,简述该实验所要求达到的目的和要求。

(4) 实验原理:解决"依据什么做"的问题,阐明实验的基本原理,如果是药物制备实验,则应写出主要反应方程式及副反应方程式。

(5) 实验材料及仪器:解决"用什么做"的问题。要写明所用材料的名称和规格,实验动物标明品系、来源、年龄、性别、数量;试剂注明名称、等级、批号、含量、厂家、购买的公司等,因为不同厂家的药品等级不一样,含量和性质也会有所不同,对实验结果也会产生不同的影响;仪器写出型号、厂家、基本参数、仪器的状态等。

(6) 实验步骤:解决"如何做"的问题。要求简明扼要,尽量用表格、框图等表示,不要全盘抄书。

(7) 实验现象和数据的记录:要在自己观察的基础上如实记录。应详细、真实地记录研究过程中的操作,观察到的现象,异常现象的处理及其产生原因,包括直观现象和仪器显示数据,不漏掉任何一个正常和异常的实验现象。

(8) 数据处理:实验工作中不可缺少的环节之一是记录和整理观测数据,从而对实验进行全面的分析和讨论,从中找出所研究问题的规律和结论,这就是实验数据处理的目的。数据处理常用的方法有两种,即列表法和图解法。列表法的优点是使大量数据表达清晰醒目、条理化,易于检查数据和发现问题,避免差错,同时有助于反映出物理量之间的对应关系。图解法中的图线能够直观地表示实验数据间的关系,找出物理规律,因此图解法是数据处理的重要方法之一。现在应用 Excel 软件和 Origin 软件对实验数据进行处理,更加方便快捷,准确性高,且适宜进一步做统计分析、制图,功能强大,可结合实验特点应用到多项药学实验中去。

(9) 结果分析:解决"得到什么"的问题。根据相关的理论知识对所得到的实验结果进行解释和分析,其中包括得到了预期的结果和未得到预期结果两种情况。如果所得到的实验结果和预期的结果一致,那么它可以验证什么理论? 实验结果有什么意义? 说明了什么问题? 如果未得到预期结果,应找出其中的原因及以后实验应注意的事项,不能用已知的理论硬套在实验结果上,更不能由于所得到的实验结果与预期的结果或理论不符而随意取舍,甚至修改实验结果,这时应该分析其异常的可能原因。不要简单地复述课本上的理论而缺乏自己主动思考的内容。另外,也可以写一些本次实验的心得,对实验方法、实验内容、实验装置等提出建议,这是把直接的感性认识提高到理性思维的必要步骤,也是科学实验中不可缺少的一环。

4. 实验报告

依据上述实验记录的要求,实验完成后应及时写出实验报告,实验报告的书写是一项重要的基本技能训练,它不仅是对每次实验的总结,更重要的是它可以初步地培养和训练学生的逻辑归纳能力、综合分析能力和文字表达能力,是科学论文写作的基础。因此,参加实验的每位学生,均应及时认真地书写实验报告。一份合格的实验报告应包括以下内容:

实验报告

实验人:＿＿＿＿　　合作人:＿＿＿＿　　班级:＿＿＿＿　　学号:＿＿＿＿

实验时间:＿＿＿＿　　天气:＿＿＿＿　　室温:＿＿＿＿

(一)实验名称

×××

(二)实验目的

×××

(三)实验原理

×××

(四)实验材料及仪器

×××

(五)实验操作(可以图表形式)

×××

(六)数据处理

×××

(七)结果分析

×××

(吴洁、李东)

第二章 药物研发和生产流程及管理规范

【本章提要】

本章主要介绍了药物的研发和生产流程以及在此过程中的各种管理规范,使读者通过理论学习了解药物研发过程中的高投入、高风险、高技术和高附加值等特点,对药品生产的基本流程有一个较为完整的感性和理性认识,并通过对研发和生产过程中各个环节质量管理规范的了解,明确药物制备、药物分析以及药物制剂等相关药学专业知识在整个制药工程中的作用,进一步体会药物生产过程的特殊性,为将来从事新药开发与药物生产做必要的准备。

第一节 药物研发流程

新药的研发分为两个阶段:研究阶段和开发阶段,这两个阶段是相继发生、密切相关的。这里的新药是指第一次用作药物的新化学实体(new chemical entities,NCE),构建化学结构是创制新药的起点。区分两个阶段的标志是候选药物(drug candidate)的确定,即在确定候选药物之前为研究阶段,确定之后的工作为开发阶段。所谓候选药物是指拟进行系统的临床前试验并进入临床研究的活性化合物。新药研究阶段包括四个重要环节,即靶标的确定、模型的建立、先导化合物的发现和优化,从而确定候选药物;新药开发阶段包括临床前试验、研发中新药申请(investigational new application,INA)、Ⅰ期临床试验、Ⅱ期临床试验、Ⅲ期临床试验、新药申请(new drug application,NDA)、批准和生产入市。药物研发是一个涉及多种学科和领域的系统工程,它涉及化学、生物学、药学、生理学、医学和经济学等多个领域,其中在临床前研究过程中靶标的确立和生物模型的建立是以药理学为基础,而先导化合物的发现和优化则是药物化学和分子设计的任务。整个研发过程如图2-1表示。

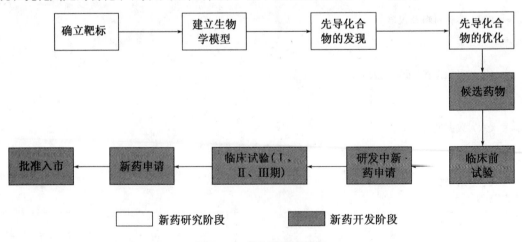

图2-1 药物研发流程图

确定治疗的疾病目标和药物作用的靶标，是创制新药的出发点，也是以后施行各种操作的依据。药物的靶标包括酶、受体、离子通道等，靶标选定以后，需要建立对其作用可评价的生物模型，一般开始是用离体方法，在分子水平、细胞水平，或离体器官进行活性评价，在此基础上用实验动物的病理模型进行体内试验，以筛选和评价化合物的活性。新药研制的第三步是先导化合物的发现，所谓先导化合物即 NCE，是指通过各种途径和方法得到的具有某种生物活性或药理活性的化合物，由于发现的先导化合物可能具有药效不强、特异性不高、药代动力学性质不合理，或毒性较大等缺点，不能直接药用，因此有必要对先导化合物进行优化以确定候选药物，这是新药研究的最后一步，整个研究阶段需要 3～5 年的时间。接着进入临床研究阶段，包括临床前研究和Ⅰ期、Ⅱ期、Ⅲ期临床研究，其研究目的、所需时间、试验人群和成功率如表 2－1 所示。从表 2－1 中可以看出药物从最初的实验室研究到最终生产销售平均需要花费 13～20 年的时间，经费投入在 15 亿美元左右，而成功率只有万分之一或更低，这其中各个环节都有很大风险，只要有一个环节出问题，都将前功尽弃。即使新药研发成功、注册上市后，在临床应用过程中，一旦被检测到有不良反应，或发现其他国家同类产品不良反应的报告，也可能随时被中止应用。由此可见，新药研发是一个高风险、高投入的漫长历程，但由于具有相对垄断性，如果开发成功会为制药公司带来丰厚的回报。

表 2－1　美国药物研发历程

	临床前研究	提出研发中新药申请	临床研究			提出新药申请	
			Ⅰ期	Ⅱ期	Ⅲ期		Ⅳ期
所需时间（年）	5～6		1	2～5	3		2～4
试验对象	实验室和实验动物		20～80 例健康志愿者	100～300 例病患志愿者	1 000～3 000 例病患志愿者		FDA 要求的附加的上市后试验
试验目的	评价药物安全性和生物活性		确定药物安全性和剂量	评价药物有效性，寻找副作用	验证药物有效性，监控长期使用的不良反应		
成功率	250/10 000		5 种进入临床试验				1 种被批准

第二节　药物生产流程

药物生产的前提是首先取得该药品生产的许可证，再取得营业执照，然后进行药品生产质量管理规范（GMP）改造，并通过 GMP 认证，才具备药品生产的条件。药品由于性状和剂型的不同，其生产流程各不相同，但每一种药品从原料药生产到剂型的制备，最终成为特殊的商品销售，都要涉及药物化学、药物分析、药剂学、药物分离工程、药理学和药事管理等知识，下面分别以原料药生产和片剂生产为例，说明药品生产的流程。

图 2－2 为原料药生产的工艺流程图。原料药生产所需的原辅料、中间体的质量对下一步反应和产品质量关系密切，不但影响反应的正常进行和收率的高低，更严重的是影响药品的质量，甚至是患者的健康和生命。因此原料入厂和中间体投入下一步反应前，必须经过检验，符合质量标准，才能投入生产或下一步反应。化学原料药厂的生产与供应部门必须密切

配合，共同制定原辅料、中间体、半成品和成品等的质量标准并规定杂质的最高限度等。原辅料经过一步步反应后，最终获得所需药物的粗品，一般固体药物的纯化常采用重结晶的方法，目的是除去由原辅材料和副反应带来的杂质，这些杂质轻则影响药品含量，重则引起严重的副反应，甚至危及生命，经多次重结晶后的产品经检验合格后方可出厂或制备成相应的制剂。通常制药企业将反应所得粗品经精制、烘干、包装这个过程简称为"精、烘、包"，这个过程是在30万级洁净区内完成的。

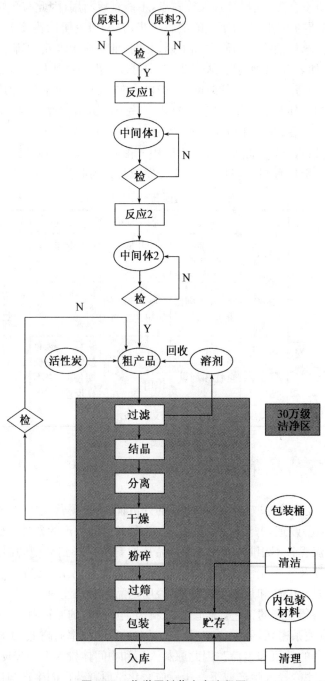

图 2-2 化学原料药生产流程图

图 2-3 为湿法制粒生产片剂的工艺流程框图。湿法制粒是医药工业中应用最为广泛的一种片剂制备方法,是将药物和辅料的粉末混合均匀后加入液体黏合剂或润湿剂制备颗粒,再经整粒后加入润滑剂进行压片。在制备过程的每个环节都存在着一些质量控制点,如粉碎过程中的细度控制,制粒过程中的黏合剂浓度、用量、温度和颗粒中药物含量、水分的控制,干燥过程中的温度、时间和清洁度的控制,压片后所得素片外观、平均片重、硬度和脆碎度、溶出度、含量均匀度等的控制,包衣过程中温度、时间和崩解时限的控制,以及包装过程中装量、封口、说明书、标签、品名、批号和内容等的控制。在此生产过程中也有许多环节需要进行质量控制,首先是原辅料,包括包衣材料和包装材料的入厂质量检验,其次是压片前的中间产品检验,然后是片剂的外观,最后是成品入库前的全检,包括微生物检查等。

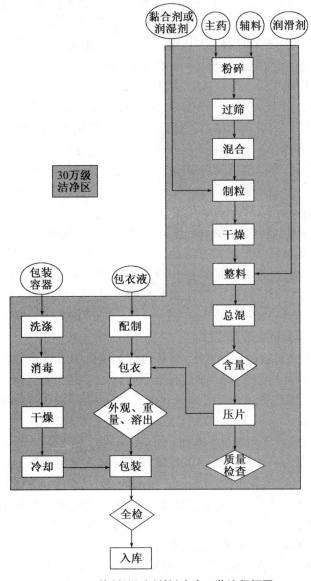

图 2-3 片剂(湿法制粒)生产工艺流程框图

第三节　药品生产质量管理规范

药物在研发、生产以及流通过程中,为保证药品的质量,制定了一系列质量管理规范,其中包括药品生产质量管理规范(good manufacture practice,GMP)、药物非临床研究质量管理规范(good laboratory practice,GLP)、药物临床试验质量管理规范(good clinical practice,GCP)和药品经营质量管理规范(good supplying practice,GSP)等。其中,GMP体系由于能够对药品生产的全过程进行有效规范,为全球制药业普遍认可,成为国际化的标准。

GMP的中文意思是"良好作业规范",或是"优良制造标准",是一种特别注重在生产过程中实施对产品质量与卫生安全的自主性管理制度,是药品生产和质量管理的基本准则,适用于药品制剂生产的全过程和原料药生产中影响成品质量的关键工序,也是新建、改建和扩建医药企业的依据。大力推行药品GMP,是为了最大限度地避免药品生产过程中的污染和交叉污染,降低各种差错的发生,是提高药品质量的重要措施。我国从二十世纪80年代开始推行,1988年颁布了中国的药品GMP,并于1992年作了第一次修订,后几经修订,最新的为2010年修订版。自1998年7月1日起,未取得药品GMP认证证书的企业,卫生部不予受理生产新药的申请;批准新药的,只发给新药证书,不发给药品批准文号;对未取得药品GMP认证证书的,不得发给《药品生产企业许可证》;取得药品GMP认证证书的企业(车间),在申请生产新药时,药品监督管理部门予以优先受理。二十年来,中国推行药品GMP取得了一定的成绩,一批制药企业(车间)相继通过了药品GMP认证和达标,促进了医药行业生产和质量水平的提高。

GLP是就对实验室实验研究从计划、实验、监督、记录到实验报告等一系列管理而制定的法规性文件,涉及实验室工作的所有方面。它主要是针对医药、农药、食品添加剂、化妆品、兽药等进行的安全性评价实验而制定的规范,适用于为申请药品注册而进行的非临床研究,药物非临床安全性评价研究机构必须遵循该规范。制定GLP的主要目的是严格控制化学品安全性评价试验的各个环节,即严格控制可能影响实验结果准确性的各种主客观因素,降低试验误差,确保实验结果的真实性。

GCP是临床试验全过程的标准规定,其目的在于保证临床试验过程的规范,结果科学可靠,保护受试者的权益并保障其安全,包括方案设计、组织实施、监察、稽查、记录、分析总结和报告。我国卫生部于1998年3月2日颁布了GCP,后经进一步的讨论和修改,于2003年9月1日起正式实施。

GSP是药品经营质量管理的基本准则,是指在药品流通过程中,针对计划采购、购进验收、储存、销售及售后服务等环节而制定的保证药品符合质量标准的一项管理制度,适用于中华人民共和国境内经营药品的专营或兼营企业,其核心是通过严格的管理制度来约束企业的行为,对药品经营全过程进行质量控制,保证向用户提供优质的药品。GSP的实施,对推动我国药品流通监督管理工作稳步向前发展,维护药品市场的正常秩序,规范企业经营行为,保障人民用药安全,将产生积极有效的作用。

此外,对于中药生产而言,药品质量管理规范还包括中药材生产质量管理规范(good agricultural practice for chinese crude drugs,GAP)和中药提取生产质量管理规范(good extracting practice,GEP),前者是对药材种植生产全过程的控制标准和程序规范,是中药种植应遵循的标准化原则,主要解决原料的集中、质量的均一和稳定性问题,是对选地、育种、质控到绿色药材、规范的栽种加工方法的组织管理、工作方法和有关条件提出的法规性文件。目的在于提高中药材质量,形成有品牌优势的优质无公害药材,确保人类安全用药的迫切需要。后者适用于以中药材为原料的提取加工生产过程,包括提取、浓缩、层析、萃取、结晶、过滤、干燥等单元操作,GEP 的实施可使中药提取加工生产的全过程都得到科学、全面的管理和全方位的质量控制,使中药提取加工生产达到预期的要求。

综上所述,药品在制造过程的每一步都有明确的目的和数字化表达,种植(GAP)、实验(GLP)、生产(GMP)、临床(GCP)、营销(GSP)等一系列标准的实施,使药品在大批量生产的前提下,研究、生产、销售、使用等各个环节的安全性、有效性和质量可控性得以保证。

(吴　洁)

第三章 药物制备技术基础

【本章提要】

本章主要介绍了药物在制备过程中涉及的一些基本处理技术,包括对药物原料,主要是生物材料的预处理技术,药物的提取、分离与纯化技术,这其中既包括了化学药物合成过程的后处理技术和天然药物的提取分离技术,也涵盖了生物药物的常用分离纯化技术,使读者对不同来源药物的常见处理方法有一个较为全面的了解。

第一节 预处理技术

一、生物材料的选择

生物材料的来源包括动物、植物和微生物及其代谢产物。从工业生产角度选择材料,应选择含量高、来源丰富、制备工艺简单、成本低的原料。对于植物材料,应注意植物的季节性、地理位置和生长环境等;对于动物材料,要注意其年龄、性别、营养状况、遗传素质和生理状态等,例如动物在饥饿时,脂类和糖类含量相对减少,有利于蛋白类生物大分子的提取分离;选择微生物材料时,要注意菌种的代数和培养基成分等之间的差异,例如在微生物的对数期,酶和核酸的含量较高,可获得较高的产量。

材料选定后要尽可能保持新鲜,尽快加工处理。动物组织要先除去结缔组织、脂肪等非活性部分,绞碎后在适当的溶剂中提取,如果所要求的成分在细胞内,则要先破碎细胞;植物要先去壳、除脂;微生物材料要及时将菌体与发酵液分开。生物材料如暂不提取,应冰冻保存,动物材料则需深度冷冻保存。

二、细胞的破碎

除了某些细胞外的多肽激素和某些蛋白质与酶以外,对于细胞内或多细胞生物组织中的各种生物大分子的分离纯化,都需要事先将细胞和组织破碎,使生物大分子充分释放到溶液中,且不丢失生物活性。不同的生物体或同一生物体的不同部位的组织,其细胞破碎的难易不一,使用的方法也不相同,如动物脏器的细胞膜较脆弱,容易破碎,植物和微生物由于具有较坚固的纤维素、半纤维素组成的细胞壁,要采取专门的细胞破碎方法。常用的细胞破碎方法有以下几种。

1. 机械法

（1）研磨：将剪碎的动物组织置于研钵或匀浆器中，加入少量石英砂研磨或匀浆，即可将动物细胞破碎，这种方法比较温和，适宜实验室使用。工业生产中可用电磨研磨，细菌和植物组织细胞的破碎也可用此法。

（2）组织捣碎：这是一种较剧烈的破碎细胞的方法，通常可先用家用食品加工机将组织打碎，然后再用 10 000～20 000 r/min 的内刀式组织捣碎机（即高速分散器）将组织的细胞打碎，为了防止发热和升温过高，通常是转 10～20 s，停 10～20 s，可反复多次。

2. 物理法

（1）反复冻融法：将待破碎的细胞冷至－15～－20 ℃，然后放于室温（或 40 ℃）迅速融化，如此反复冻融多次，由于细胞内形成冰粒使剩余胞液的盐浓度增高而引起细胞溶胀破碎。

（2）超声波处理法：此法是借助超声波的振动力破碎细胞壁和细胞器。破碎微生物细菌和酵母菌时，时间要长一些，处理的效果与样品浓度和使用频率有关。使用时注意降温，防止过热。

（3）压榨法：是一种温和的、彻底破碎细胞的方法。在 100 MPa～200 MPa 的高压下使几十毫升的细胞悬浮液通过一个小孔突然释放至常压，细胞将彻底破碎。这是一种较理想的破碎细胞的方法，但仪器费用较高。

（4）冷热交替法：从细菌或病毒中提取蛋白质和核酸时可用此法。在 90 ℃左右维持数分钟，立即放入冰浴中使之冷却，如此反复多次，绝大部分细胞可以破碎。

3. 化学与生物化学方法

（1）自溶法：将新鲜的生物材料存放于一定的 pH 和适当的温度下，细胞结构在自身所具有的各种水解酶（如蛋白酶和酯酶等）的作用下发生溶解，使细胞内含物释放出来，此法称为自溶法。使用时要特别小心操作，因为水解酶不仅可以使细胞壁和膜破坏，同时也可能会把某些要提取的有效成分分解。

（2）溶胀法：细胞膜为天然的半透膜，在低渗溶液和低浓度的稀盐溶液中，由于存在渗透压差，溶剂分子大量进入细胞，将细胞膜胀破释放出细胞内含物。

（3）酶解法：利用各种水解酶，如溶菌酶、纤维素酶、蜗牛酶和酯酶等，于 37 ℃，pH＝8，处理 15 min，可以专一性地将细胞壁分解，释放出细胞内含物，此法适用于多种微生物。

（4）有机溶剂处理法：利用氯仿、甲苯、丙酮等脂溶性溶剂或十二烷基硫酸钠（sodium dodecyl sulfate，SDS）等表面活性剂处理细胞，可将细胞膜溶解，从而使细胞破裂，此法也可以与研磨法联合使用。

第二节　药物的提取技术

从天然药物中提取活性成分的方法有溶剂法、水蒸气蒸馏法和升华法等，后两种方法的应用范围十分有限，大多数情况是采用溶剂提取法。

一、溶剂提取法

溶剂提取法是利用不同物质在特定溶剂中的溶解度差异来提取物质的一种技术,可应用于药物的提取。即根据天然药物中各种成分在溶剂中的溶解性质,选用对活性成分溶解度大,对杂质溶解度小的溶剂,将有效成分从药材组织内溶解出来的一种方法。

1. 溶剂的选择

溶剂提取法的关键是选择适当的溶剂,选择的依据遵循"相似相溶"原理,即根据天然药物结构性质选择极性与之相近的溶剂。天然植物药成分中萜类、甾体等脂环类及芳香类化合物极性小,易溶于氯仿、乙醚等亲脂性溶剂中;糖苷、氨基酸等成分则极性较大,易溶于水及含水醇中;而酸性、碱性及两性化合物,因为存在状态(分子或离子形式)随溶液 pH 不同而异,故溶解度将随 pH 的改变而改变。选择溶剂要注意以下三点:① 溶剂对有效成分溶解度大,对杂质溶解度小;② 溶剂不能与中药的成分起化学变化;③ 溶剂要经济、易得、使用安全。常见的提取溶剂可分为水、亲水性有机溶剂及亲脂性有机溶剂。

水:一种强极性溶剂,可用以提取天然药物中的亲水性成分,如无机盐、糖类、分子不太大的多糖类、鞣质、氨基酸、蛋白质、有机酸盐、生物碱盐及苷类等。为了增加某些成分的溶解度,也常采用酸水及碱水作为提取溶剂。酸水提取,可使生物碱成盐类而溶出,碱水提取可使有机酸、黄酮、蒽醌、内酯、香豆素以及酚类成分溶出。但用水提取时要注意:① 苷类成分用水提易酶解(如黄芩苷);② 某些含果胶、黏液质类成分的天然药物,其水提取液常常很难过滤;③ 含淀粉量多的天然药物,因沸水提取时淀粉被糊化而增加过滤的困难,因此不宜磨成细粉后加水煎煮。中药传统用的汤剂,多用中药饮片直火煎煮,加温可以增大中药成分的溶解度外,还可能与其他成分产生"助溶"现象,增加了一些水中溶解度小、亲脂性强的成分的溶解度。

亲水性的有机溶剂:如乙醇(酒精)、甲醇、丙酮等,以乙醇最常用,乙醇对天然药物细胞的穿透能力较强,溶解性能比较好,除蛋白质、黏液质、果胶、淀粉和部分多糖外,大多数亲水性成分都能在乙醇中溶解。一些难溶于水的亲脂性成分,也可以溶解在乙醇中,另外,还可以根据被提取物质的性质,采用不同浓度的乙醇进行提取。用乙醇提取时间短,溶剂量少,溶解出的水溶性杂质少,且提取液不易发霉变质,溶剂还可回收循环使用。因此,乙醇提取法是最常用的方法之一。

亲脂性的有机溶剂:如石油醚、苯、氯仿、乙醚、乙酸乙酯、二氯乙烷等。这些溶剂的选择性强,亲水性杂质不易被提取出。但由于其挥发性大,多易燃,一般有毒,价格较贵,设备要求较高,且它们渗透入植物组织的能力较弱,往往需要长时间反复提取才能提取完全。如果药材中含有较多的水分,用这类溶剂就很难浸出其有效成分,因此,大量提取天然药物原料时,直接应用这类溶剂有一定的局限性。

2. 提取方法

常用的提取方法有浸渍法、渗漉法、煎煮法、回流提取法及连续回流提取法等。同时也应考虑原料的粉碎程度、提取时间、提取温度、设备条件等因素对提取效率的影响。

(1) 浸渍法:浸渍法系将天然药物粉末或碎块装入容器中,加入适宜的溶剂(如乙醇、烯醇或水),浸渍药材以溶出其中成分的方法。本法简单易行,但浸出率较差,且如用水为溶剂,其提取液易于发霉变质,须加入适当的防腐剂。

(2) 渗漉法:渗漉法是将天然药物粉末装在渗漉器中,不断添加新溶剂,使其渗透过药材,自上而下从渗漉器下部流出浸出液的一种浸出方法。当溶剂渗进药粉,溶出成分比重加大而向下移动时,上层的溶液或稀浸液便置换其位置,造成良好的浓度差,使扩散能较好地进行,故浸出效果优于浸渍法,但应控制流速。在渗漉过程中随时自药面上补充新溶剂,使药材中有效成分充分浸出为止,或当渗滴液颜色极浅或渗涌液的体积相当于原药材重的 10 倍时,便可认为基本上已提取完全。在大量生产中常将收集的稀渗涌液用作另一批新原料的溶剂。

(3) 煎煮法:煎煮法是最早使用的传统浸出方法。所用容器一般为陶瓷、砂罐、铜制或搪瓷器皿,不宜用铁锅,以免药液变色。直火加热时最好时常搅拌,以免局部药材受热太高,容易焦糊。有蒸汽加热设备的药厂,多采用大反应锅、大铜锅、大木桶,或水泥砌的池子中通入蒸汽加热。还可将数个煎煮器通过管道互相连接,进行连续煎浸。

(4) 回流提取法:应用有机溶剂加热提取,需采用回流加热装置,以免溶剂挥发损失。小量操作时,可在圆底烧瓶上连接回流冷凝器,瓶内装药材约为容量的 2/3,溶剂浸过药材表面约 1~2 cm。在水浴中加热回流,一般保持沸腾约 1 h,放冷过滤,再在药渣中加溶剂,第二、三次加热回流分别约 0.5 h,或至基本提尽有效成分为止。此法提取效率较冷浸法高,大量生产中多采用连续提取法。

(5) 连续提取法:应用挥发性有机溶剂提取天然药物有效成分,不论小型实验或大型生产,均以连续提取法为好,而且需用溶剂量较少,提取成分也较完全。实验室常用脂肪提取器或称索氏提取器。连续提取法一般需数小时才能提取完全,提取成分受热时间较长,遇热不稳定的成分不宜采用此法。

3. 生物大分子的提取

蛋白质和酶的提取一般以水溶液为主。稀盐溶液和缓冲液对蛋白质的稳定性好,溶解度大,是提取蛋白质和酶最常用的溶剂。影响生物大分子提取的几个主要因素如下。

(1) 盐浓度(即离子强度):离子强度对生物大分子的溶解度有极大的影响,绝大多数蛋白质和酶在低离子强度的溶液中都有较大的溶解度,如在纯水中加入少量中性盐,蛋白质的溶解度比在纯水时大大增加,称为"盐溶"现象。但中性盐的浓度增加至一定时,蛋白质的溶解度又逐渐下降,直至沉淀析出,称为"盐析"现象。所以低盐溶液常用于大多数生化物质的提取,通常使用 0.02~0.05 mol/L 缓冲液或 0.09~0.15 mol/L NaCl 溶液提取蛋白质和酶。

(2) pH:蛋白质、酶与核酸的溶解度和稳定性与 pH 有关。过酸、过碱均应尽量避免,一般控制在 pH 在 6~8 范围内,提取溶剂的 pH 应在蛋白质和酶的稳定范围内,通常选择偏离等电点的两侧。碱性蛋白质选在偏酸一侧,酸性蛋白质选在偏碱的一侧,以增加蛋白质的溶解度,提高提取效果。

(3) 温度:为防止变性和降解,制备具有活性的蛋白质和酶,提取时一般在 0~5 ℃的低温下操作。但少数对温度耐受力强的蛋白质和酶,可提高温度使杂蛋白变性,有利于提取和下一步的纯化。

(4) 防止蛋白酶或核酸酶的降解作用:在提取蛋白质、酶和核酸时,常常受自身存在的蛋白酶或核酸酶的降解作用而导致实验的失败。为防止这一现象的发生,常常采用加入抑制剂或调节提取液的 pH、离子强度或极性等方法使这些水解酶失去活性,防止它们对欲提纯的蛋白质、酶及核酸的降解作用。例如在提取 DNA 时加入 EDTA 络合 DNAase 活化所必需的 Mg^{2+}。

(5)搅拌与氧化:搅拌能促使被提取物的溶解,一般采用温和搅拌为宜,速度太快容易产生大量泡沫,增大了与空气的接触面,会引起酶等物质的变性失活。因为一般蛋白质都含有相当数量的巯基,有些巯基常常是活性部位的必需基团,若提取液中有氧化剂或与空气中的氧气接触过多都会使巯基氧化为分子内或分子间的二硫键,导致酶活性的丧失。在提取液中加入少量巯基乙醇或半胱氨酸以防止巯基氧化。

一些和脂类结合比较牢固或分子中非极性侧链较多的蛋白质和酶难溶于水、稀盐、稀酸、或稀碱,常用不同比例的有机溶剂提取。常用的有机溶剂有乙醇、丙酮、异丙醇、正丁酮等,这些溶剂可以与水互溶或部分互溶,同时具有亲水性和亲脂性,因此常用来提取这类物质。有些蛋白质和酶既溶于稀酸、稀碱,又能溶于含有一定比例的有机溶剂的水溶液中,在这种情况下,采用稀的有机溶液提取常常可以防止水解酶的破坏,并兼有除去杂质提高纯化效果的作用。

二、水蒸气蒸馏法

水蒸气蒸馏法是向不混溶于水的液体混合物中通入水蒸气,将高沸点或热敏性物质从料液中蒸发出来而提纯有机物的一种方法,适用于有一定挥发性的、能随水蒸气蒸馏的有机成分的提取。

将水蒸气连续通入含有可挥发物质 A 的混合液中,在达到相平衡时,汽相含有水蒸气和组分 A,汽相的总压等于水蒸气分压和组分 A 分压之和。当汽相总压等于外压时,液体便在远低于组分 A 的正常沸点的温度下沸腾,组分 A 随水蒸气蒸出。在水蒸气蒸馏操作中,水蒸气起到载热体和降低沸点的作用。

天然药物中的挥发油,某些小分子生物碱,如麻黄碱、萧碱、槟榔碱,以及某些小分子的酚类物质,如牡丹酚等,都可应用本法提取。有些挥发性成分在水中的溶解度稍大些,常将蒸馏液重新蒸馏,在最先蒸馏出的部分,分出挥发油层,或将蒸馏液水层经盐析法并用低沸点溶剂将成分提取出来,例如玫瑰油、原白头翁素等的制备多采用此法。

三、升华法

固体物质受热直接气化,遇冷后又凝固为固体化合物,称为升华。天然药物中有一些成分具有升华的性质,故可利用升华法直接将有效成分自天然药物中提取出来。例如樟木中升华的樟脑,在《本草纲目》中已有详细的记载,为世界上最早应用升华法制取药材有效成分的记述。茶叶中的咖啡因在 178 ℃ 以上就能升华而不被分解。游离羟基蒽醌类成分、一些香豆素类、有机酸类成分等,有些也具有升华的性质,例如七叶内酯及苯甲酸等。

升华法虽然简单易行,但天然药物炭化后,往往产生挥发性的焦油状物,黏附在升华物上,不易精制除去;其次,升华不完全,产率低,有时还伴随有分解现象。

第三节　药物的分离与纯化

一、结晶、重结晶

结晶法是分离和精制固体成分的重要方法之一，是利用混合物中各成分在溶剂中的溶解度不同来达到分离的方法。结晶法所用的样品必须是已经用其他方法初步提纯后的，因结晶乃同类分子自相排列，如果杂质过多，则阻碍分子的排列。

重结晶是将晶体溶于溶剂或熔融以后，又重新从溶液或熔体中结晶的过程，又称再结晶。重结晶可以使不纯净的物质获得纯化，或使混合在一起的盐类彼此分离。重结晶的效果与溶剂选择关系密切，最好选择对主要化合物是可溶性的，对杂质是微溶或不溶的溶剂，滤去杂质后，将溶液浓缩、冷却，即得纯净的物质。混合在一起的两种盐类，如果它们在一种溶剂中的溶解度随温度的变化差别很大，例如硝酸钾和氯化钠的混合物，硝酸钾的溶解度随温度上升而急剧增加，而温度升高对氯化钠溶解度影响很小，则可在较高温度下将混合物溶液蒸发、浓缩，首先析出的是氯化钠晶体，除去氯化钠以后的母液再浓缩和冷却后，可得纯硝酸钾。重结晶往往需要进行多次，才能获得较好的纯化效果。

1. 溶剂的选择

溶剂的选择是关系到样品纯化质量和回收率的关键，在选择时须了解欲纯化样品的结构，遵循"相似相溶"原理，并注意以下几个问题：

（1）溶剂应不与欲纯化的样品发生化学反应。例如脂肪族卤代烃类化合物不宜用作碱性化合物结晶和重结晶的溶剂；醇类化合物不宜用作酯类化合物结晶和重结晶的溶剂，也不宜用作氨基酸盐结晶和重结晶的溶剂。

（2）溶剂对欲纯化的样品在加热时应具有较大的溶解能力，而在较低温度时溶解能力大大减小。

（3）溶剂对欲纯化的样品中可能存在的杂质或是溶解度很大，在该样品结晶或重结晶时留在母液中而不随晶体一同析出；或是溶解度很小，在溶剂加热溶解样品时，很少在热溶剂溶解，而在热过滤时被除去。

（4）溶剂沸点不宜太高，以免在结晶和重结晶时附着在晶体表面不容易除尽。

2. 操作过程

（1）溶剂的选择

除了遵循上述溶剂选择原则外，也可通过实验来确定样品的溶解度，即取少量样品于试管中，分别加入不同种类的溶剂进行预试。

（2）将待重结晶样品制成热饱和溶液

制饱和溶液时，溶剂可分批加入，边加热边搅拌，至固体完全溶解后，再多加 20% 左右溶剂（这样可避免热过滤时，晶体在漏斗上或漏斗颈中析出造成损失）。切不可再多加溶剂，否则冷后析不出晶体。如需脱色，待溶液稍冷后，加入活性炭（用量为样品量的 1%～5%），煮沸 5～10 min（切不可在沸腾的溶液中加入活性炭以免暴沸）。

（3）趁热过滤

趁热过滤时,先熟悉热水漏斗的构造,放入菊花滤纸(要使菊花滤纸向外突出的棱角紧贴于漏斗壁上),先用少量热的溶剂润湿滤纸(以免干滤纸吸收溶液中的溶剂,使结晶析出而堵塞滤纸孔),将溶液沿玻棒倒入,过滤时,漏斗上可盖上表面皿(凹面向下)以减少溶剂的挥发,盛溶液的器皿一般用锥形瓶(只有水溶液才可收集在烧杯中)。

（4）结晶

将滤液在室温或保温下静置使之缓缓冷却(如滤液已析出晶体,可加热使之溶解),析出晶体,再用冷水充分冷却。必要时,可进一步用冰水或冰盐水等冷却。有时由于滤液中有焦油状物质或胶状物存在,使结晶不易析出,或有时因形成过饱和溶液也不析出晶体,在这种情况下,可用玻棒摩擦器壁以形成粗糙面,使溶质分子成定向排列而容易形成结晶;或者投入晶种(同一样品的晶体,若无此样品的晶体,可用玻棒蘸一些溶液稍干后即会析出晶体),供给定型晶核,使晶体迅速形成。有时被提纯化合物呈油状析出,虽然该油状物经长时间静置或足够冷却后也可固化,但这样的固体往往含有较多的杂质(杂质在油状物中常较在溶剂中的溶解度大;其次,析出的固体中还包含一部分母液),纯度不高。用大量溶剂稀释,虽可防止油状物生成,但将使产物大量损失,这时可将析出油状物的溶液重新加热溶解,然后慢慢冷却。一旦油状物析出时便剧烈搅拌混合物,使油状物在均匀分散的状况下固化,但最好是重新选择溶剂,使其得到晶型产物。

（5）抽滤

抽滤前先熟悉布氏漏斗的构造及连接方式,将剪好的滤纸放入,滤纸的直径切不可大于漏斗底边缘,否则滤液会从折边处流过造成损失。将滤纸润湿后,可先倒入部分滤液(不要将溶液一次倒入),启动水循环泵,通过缓冲瓶(安全瓶)上二通活塞调节真空度,开始真空度可低些,这样不会将滤纸抽破,待滤饼已结一层后,再将余下溶液倒入,此时真空度可逐渐升高,直至抽"干"为止。停泵时,要先打开放空阀(二通活塞),再停泵,可避免倒吸。

（6）洗涤和干燥

用溶剂冲洗结晶再抽滤,除去附着的母液。抽滤和洗涤后的结晶,表面上吸附有少量溶剂,因此尚需用适当的方法进行干燥。固体的干燥方法很多,可根据重结晶所用的溶剂及结晶的性质来选择,常用的方法有以下几种:空气晾干、烘干(红外灯或烘箱)、用滤纸吸干、置于干燥器中干燥。

二、系统溶剂分离法

利用天然药物化学成分在不同极性溶剂中的溶解度差异进行分离纯化,是最常用的方法之一。中草药水浸膏或乙醇浸膏常常为胶状物,难以均匀分散在低极性溶剂中,故不能提取完全,可拌入适量惰性填充剂,如硅藻土或纤维粉等,然后低温或自然干燥,粉碎后,用极性不同的溶剂,按极性由小到大分别提取,使总提取物中各成分依其在不同极性溶剂中溶解度的差异而得到分离(表3-1)。

表 3-1 中药成分及其对应的提取溶剂

中药成分的极性	中药成分的类型	适用的提取溶剂
强亲脂性	挥发油、脂肪油、蜡、脂溶性色素、甾醇类、某些苷元	石油醚、己烷
亲脂性	苷元、生物碱、树脂、醛、酮、醇、醌、有机酸、某些苷类	乙醚、氯仿
中等极性	某些苷类(如强心苷等)	氯仿∶乙醇(2∶1)
	某些苷类(如黄酮苷等)	乙酸乙酯
	某些苷类(如皂苷、蒽醌苷等)	正丁醇
亲水性	极性很大的苷、糖类、氨基酸、某些生物碱盐	丙酮、乙醇、甲醇
强亲水性	蛋白质、黏液质、果胶、糖类、氨基酸、无机盐类	水

三、萃取法

萃取法是利用混合物中各成分在互不混溶的溶剂中分配系数不同而分离的方法。该方法可将被分离物溶于水中,用与水不混溶的有机溶剂进行萃取,也可将被分离物溶在与水不混溶的有机溶剂中,用适当 pH 的水溶液进行萃取,达到分离的目的。

1. 简单萃取法

简称萃取法,是利用混合物中各成分在两种互不相溶的溶剂中分配系数的不同而达到分离的方法。萃取时如果各成分在两相溶剂中分配系数相差越大,则分离效率越高,如果在水提取液中的有效成分是亲脂性的物质,一般多用亲脂性有机溶剂,如苯、氯仿或乙醚等;如果有效成分是偏亲水性的物质,在亲脂性溶剂中难溶解,就需要改用弱亲脂性的溶剂,例如乙酸乙酯、丁醇等。还可以在氯仿、乙醚中加入适量乙醇或甲醇以增大其亲水性,提取黄酮类成分时,多用乙酸乙酯和水的两相萃取,提取亲水性强的皂甙则多选用正丁醇、异戊醇和水作两相萃取。不过,一般有机溶剂亲水性越大,与水作两相萃取的效果就越不好,因为会使较多的亲水性杂质伴随而出,对有效成分进一步精制影响很大。

两相溶剂萃取在操作中要注意以下几点:

(1) 两相溶剂混合后先用小试管猛烈振摇约 1 分钟,观察萃取后二液层分层现象。如果容易产生乳化,大量提取时要避免猛烈振摇,可延长萃取时间。如碰到乳化现象,可将乳化层分出,再用新溶剂萃取;或将乳化层抽滤;或将乳化层稍稍加热;或较长时间放置并不时旋转,令其自然分层。乳化现象较严重时,可以采用两相溶剂逆流连续萃取装置。

(2) 水提取液的浓度最好在比重 1.1～1.2 之间,过稀则溶剂用量太大,影响操作。

(3) 溶剂与水溶液应保持一定量的比例,第一次提取时,溶剂要多一些,一般为水提取液的 1/3,以后的用量可以少一些,一般 1/4～1/6。

(4) 一般萃取 3～4 次即可。但亲水性较大的成分不易转入有机溶剂层时,需增加萃取次数,或改变萃取溶剂。

萃取法所用设备,如为小量萃取,可在分液漏斗中进行;如系中量萃取,可在较大的下口瓶中进行;工业生产中大量萃取,多在密闭萃取罐内进行,用搅拌机搅拌一定时间,使两液充分混合,再放置令其分层;有时将两相溶液喷雾混合,以增大萃取接触面,提高萃取效率,也可采用二相溶剂逆流连续萃取装置。

2. 逆流连续萃取法

这是一种连续的两相溶剂萃取法。其装置可具有一根、数根或更多的萃取管,管内用小瓷圈或小的不锈钢丝圈填充,以增加两相溶剂萃取时的接触面。例如用氯仿从川楝树皮的水浸液中萃取川楝素,将氯仿盛于萃取管内,而比重小于氯仿的水提取浓缩液贮于高位容器内,开启活塞,则水浸液在高位压力下流入萃取管,遇瓷圈撞击而分散成细粒,使与氯仿接触面增大,萃取就比较完全。如果一种中草药的水浸液需要用比水轻的苯、乙酸乙酯等进行萃取,则需将水提浓缩液装在萃取管内,而苯、乙酸乙酯贮于高位容器内。萃取是否完全,可取样品用薄层层析、纸层析及显色反应或沉淀反应进行检查。

四、沉淀法

沉淀法是将被分离物溶于某种溶剂中,再加入另外一种溶剂或试剂,使某种或某些成分析出沉淀,而某些成分保留在溶液中,经过滤后达到分离的一种方法。该方法可以使杂质沉淀析出,也可使欲得成分沉淀析出。中药制药中较常用的方法是中药的水提取液浓缩到一定程度后,加入乙醇使含醇量达到一定浓度(通常为50%~80%),使一些成分析出沉淀,此法通常称为"水煮醇沉法",用此法可除去或得到多糖类等成分。

沉淀法也是分离纯化生物大分子,特别是制备蛋白质和酶时最常用的方法。

1. 中性盐沉淀(盐析法)

多用于各种蛋白质和酶的分离纯化。在溶液中加入中性盐使生物大分子沉淀析出的过程称为"盐析"。这是由于蛋白质和酶分子中因含有—COOH、—NH$_2$ 和—OH 等亲水基团而易溶于水,这些基团与极性水分子相互作用形成水化层,包围于蛋白质分子周围形成 1~100 nm 颗粒的亲水胶体,削弱了蛋白质分子之间的作用力,蛋白质分子表面极性基团越多,水化层越厚,蛋白质分子与溶剂分子之间的亲和力越大,因而溶解度也越大。亲水胶体在水中的稳定因素有两个,即电荷和水膜。因为中性盐的亲水性大于蛋白质和酶分子的亲水性,所以加入大量中性盐后,夺走了水分子,破坏了水膜,暴露出疏水区域,同时又中和了电荷,破坏了亲水胶体,蛋白质分子即形成沉淀。常用的中性盐中最重要的是$(NH_4)_2SO_4$。

除了蛋白质和酶以外,多肽、多糖和核酸等都可以用盐析法进行沉淀分离,20%~40%饱和度的硫酸铵可以使许多病毒沉淀,43%饱和度的硫酸铵可以使 DNA 和 rRNA 沉淀,而tRNA 保留在上清液中。盐析法应用最广的是在蛋白质领域,已有八十多年的历史,其突出的优点是:① 成本低,不需要特别昂贵的设备;② 操作简单、安全;③ 对许多生物活性物质具有稳定作用。

盐析法最常采用固体硫酸铵加入法。硫酸铵加入之前要先将其研成细粉不能有块,要在搅拌下缓慢均匀少量多次地加入,尤其到接近计划饱和度时,加盐的速度更要慢一些,尽量避免局部硫酸铵浓度过大而造成不应有的蛋白质沉淀。盐析后要在冰浴中放置一段时间,待沉淀完全后再离心与过滤。在低浓度硫酸铵中盐析可采用离心分离,高浓度硫酸铵常用过滤方法,因为高浓度硫酸铵密度太大,要使蛋白质完全沉降下来需要较高的离心速度和较长的离心时间。

影响盐析的因素包括:① 蛋白质的浓度,通常高浓度的蛋白用稍低的硫酸铵饱和度即可将其沉淀下来,但若蛋白质浓度过高,则易产生各种蛋白质的共沉淀作用,除杂蛋白的效果会明显下降。对低浓度的蛋白质,要使用更大的硫酸铵饱和度,但回收率会降低。通常认为比较适中的蛋白质浓度是 $2.5\%\sim3.0\%$,相当于 $25\sim30$ mg/mL。② pH,蛋白质所带净电荷越多,它的溶解度就越大。改变 pH 可改变蛋白质的带电性质,因而就改变了蛋白质的溶解度。远离等电点处溶解度大,在等电点处溶解度小,因此用中性盐沉淀蛋白质时,pH 常选在该蛋白质的等电点附近。③ 温度,对于多数无机盐和小分子有机物,温度升高溶解度加大,但对于蛋白质、酶和多肽等生物大分子,在高离子强度溶液中,温度升高,它们的溶解度反而减小。在低离子强度溶液或纯水中,蛋白质的溶解度大多数还是随浓度升高而增加的。在一般情况下,对蛋白质盐析的温度要求不严格,可在室温下进行。但对于某些对温度敏感的酶,要求在 $0\sim4$ ℃下操作,以避免活力丧失。

2. 有机溶剂沉淀

多用于蛋白质、酶、多糖、核酸以及生物小分子的分离纯化。沉淀作用的原理主要是降低水溶液的介电常数,溶剂的极性与其介电常数密切相关,极性越大,介电常数越大,如 20 ℃时水的介电常数为 80,而乙醇和丙酮的介电常数分别是 24 和 21.4,因而向溶液中加入有机溶剂能降低溶液的介电常数,减小溶剂的极性,从而削弱溶剂分子与蛋白质分子间的相互作用力,增加蛋白质分子间的相互作用,导致蛋白质溶解度降低而沉淀。另一方面,由于使用的有机溶剂与水互溶,它们在溶解于水的同时从蛋白质分子周围的水化层中夺走了水分子,破坏了蛋白质分子的水膜,因而发生沉淀作用。用于生化制备的有机溶剂的选择首先是要能与水互溶。沉淀蛋白质和酶常用的是乙醇、甲醇和丙酮。沉淀核酸、糖、氨基酸和核苷酸最常用的沉淀剂是乙醇。

有机溶剂沉淀法的优点是:① 分辨能力比盐析法高,即一种蛋白质或其他溶质只在一个比较窄的有机溶剂浓度范围内沉淀;② 沉淀不用脱盐,过滤比较容易,因而在生化制备中有广泛的应用。其缺点是对某些具有生物活性的大分子容易引起变性失活,操作需在低温下进行。

有机溶剂沉淀的影响因素有:① 温度,由于大多数生物大分子如蛋白质、酶和核酸在有机溶剂中对温度特别敏感,温度稍高就会引起变性,且有机溶剂与水混合时产生放热反应,因此有机溶剂必须预先冷至较低温度,操作要在冰盐浴中进行,加入有机溶剂时必须缓慢且不断搅拌以免局部过浓。一般规律是温度越低,得到的蛋白质活性越高。② 样品浓度,样品浓度对有机溶剂沉淀生物大分子的影响与盐析的情况相似,通常使用 $5\sim20$ mg/mL 的蛋白质初浓度为宜,可以得到较好的沉淀分离效果。③ pH,要选择在样品稳定的 pH 范围内,而且尽可能选择样品溶解度最低的 pH,通常是选在等电点附近,从而提高此沉淀法的分辨能力。④ 离子强度,以蛋白质为例,盐浓度太大或太小都有不利影响,通常溶液中盐浓度以不超过 5% 为宜,乙醇的量也以不超过原蛋白质水溶液的 2 倍体积为宜,少量的中性盐对蛋白质变性有良好的保护作用,但盐浓度过高会增加蛋白质在水中的溶解度,降低有机溶剂沉淀蛋白质的效果,因此通常是在低盐或低浓度缓冲液中沉淀蛋白质。

3. 选择性沉淀(热变性沉淀和酸碱变性沉淀)

多用于除去某些不耐热的和在一定 pH 下易变性的杂蛋白。热变性是利用生物大分子对热的稳定性不同,升高温度使某些非目的生物大分子变性沉淀而保留目的物在溶液中。此方法最为简便,不需消耗任何试剂,但分离效率较低,通常用于生物大分子的初期分离纯化。酸碱变性是利用蛋白质和酶等对于溶液中不同 pH 的稳定性不同,而使杂蛋白变性沉淀,通常是在分离纯化流程中附带进行的一个分离纯化步骤。

4. 等电点沉淀

等电点沉淀法是利用具有不同等电点的两性电解质,在达到电中性时溶解度最低,易发生沉淀,从而实现分离的方法。氨基酸、蛋白质、酶和核酸都是两性电解质,可以利用此法进行初步的沉淀分离。但是,由于许多蛋白质的等电点十分接近,而且带有水膜的蛋白质等生物大分子仍有一定的溶解度,不能完全沉淀析出,因此,单独使用此法分辨率较低,效果不理想,因而此法常与盐析法、有机溶剂沉淀法或其他沉淀剂一起配合使用,以提高沉淀能力和分离效果。此法主要用于在分离纯化流程中去除杂蛋白,而不用于沉淀目的物。

5. 有机聚合物沉淀

这是发展较快的一种新方法,主要使用聚乙二醇(PEG)作为沉淀剂。它的亲水性强,溶于水和许多有机溶剂,对热稳定,有范围较广的分子量,在生物大分子制备中,用得较多的是分子量为 6 000~20 000 的 PEG。PEG 的沉淀效果主要与其本身的浓度和分子量有关,同时还受离子强度、溶液 pH 和温度等因素的影响。在一定的 pH 下,盐浓度越高,所需 PEG 的浓度越低;溶液的 pH 越接近目的物的等电点,沉淀所需 PEG 的浓度越低。在一定范围内,高分子量和高浓度的 PEG 沉淀的效率高。本方法的优点是:① 操作条件温和,不易引起生物大分子变性;② 沉淀效能高,使用很少量的 PEG 即可以沉淀相当多的生物大分子;③ 沉淀后有机聚合物容易去除。

五、透析与超滤

1. 透析

在生物大分子的制备过程中,除盐、除少量有机溶剂、除去生物小分子杂质和浓缩样品等都要用到透析技术。透析只需要使用专用的半透膜制成的袋状物,将生物大分子样品溶液置入袋内,将此透析袋浸入水或缓冲液中,样品溶液中的生物大分子被截留在袋内,而盐和小分子物质不断扩散透析到袋外,直到袋内外两边的浓度达到平衡为止。保留在透析袋内未透析出的样品溶液称为"保留液",袋(膜)外的溶液称为"渗出液"或"透析液"。透析的动力是扩散压,扩散压是由横跨膜两边的浓度梯度形成的。透析的速度反比于膜的厚度,正比于欲透析的小分子溶质在膜内外两边的浓度梯度,还正比于膜的面积和温度,通常是在 4 ℃下透析,升高温度可加快透析速度。透析膜大多由纤维素制成。为了加快透析速度,除多次更换透析液外,还可使用磁子搅拌。透析的容器要大一些,可以使用大烧杯、大量筒和塑料桶。小量体积溶液的透析,可在袋内放一截两头烧圆的玻璃棒或两端封口的玻璃管,以使透析袋沉入液面以下。

2. 超滤

超滤是一种加压膜分离技术,即在一定的压力下,使小分子溶质和溶剂穿过一定孔径的特制的薄膜,而使大分子溶质不能透过,留在膜的一边,从而使大分子物质得到部分的纯化。超滤广泛用于含有各种小分子溶质的生物大分子(如蛋白质、酶、核酸等)的浓缩、分离和纯化。超滤根据所加的操作压力和所用膜的平均孔径的不同,可分为微孔过滤、超滤和反渗透三种。微孔过滤用于分离较大的微粒、细菌和污染物等;超滤用于分离大分子溶质;反渗透用于分离小分子溶质,如海水脱盐,制高纯水等。在生物大分子的制备技术中,超滤主要用于生物大分子的脱盐、脱水和浓缩等。

超滤技术的优点是操作简便,成本低廉,不需增加任何化学试剂,尤其是超滤技术的实验条件温和,与蒸发、冰冻干燥相比没有相的变化,而且不引起温度、pH 的变化,因而可以防止生物大分子的变性、失活和自溶。超滤法也有一定的局限性,它不能直接得到干粉制剂。对于蛋白质溶液,一般只能得到 10%～50% 的浓度。

超滤技术的关键是膜。膜有各种不同的类型和规格,可根据工作的需要来选用。早期的膜是各向同性的均匀膜,即现在常用的微孔薄膜,其孔径通常是 0.05 mm 和 0.025 mm。近几年来生产了一些各向异性的不对称超滤膜,其中一种各向异性扩散膜是由一层非常薄的、具有一定孔径的多孔"皮肤层"(厚约 0.1～1.0 mm),和一层相对厚得多的(约 1 mm)更易通渗的、作为支撑用的"海绵层"组成。皮肤层决定了膜的选择性,而海绵层增加了机械强度。由于皮肤层非常薄,因此高效、通透性好、流量大,且不易被溶质阻塞而导致流速下降。常用的膜一般是由乙酸纤维或硝酸纤维或此二者的混合物制成。超滤膜的基本性能指标主要有:水通量($cm^3/(cm^2 \cdot h)$)、截留率(以百分率%表示)、化学物理稳定性(包括机械强度)等。

超滤装置一般由若干超滤组件构成。通常可分为板框式、管式、螺旋卷式和中空纤维式四种主要类型。由于超滤法处理的液体多数是含有水溶性生物大分子、有机胶体、多糖及微生物等。这些物质极易黏附和沉积于膜表面上,造成严重的浓差极化和堵塞,这是超滤法最关键的问题,要克服浓差极化,通常可加大液体流量,加强湍流和加强搅拌。

在生物制品中应用超滤法有很高的经济效益,例如供静脉注射的 25% 人胎盘血白蛋白(即胎白)通常是用硫酸铵盐析法、透析脱盐、真空浓缩等工艺制备的,该工艺流程硫酸铵耗量大、能源消耗多、操作时间长、透析过程易产生污染。改用超滤工艺后,平均回收率可达97.18%、吸附损失为 1.69%、透过损失为 1.23%、截留率为 98.77%。

六、蒸馏法

蒸馏是采用分馏柱将几种沸点相近的液体混合物进行分离的方法。利用分馏柱进行分馏(即多次的蒸馏),就是在分馏柱内使液体混合物进行多次气化和冷凝,上升的蒸气部分冷凝放出热量使下降的冷凝液部分气化,两者发生热量交换,结果上升蒸气中易挥发组分增加,而下降的冷凝液中难挥发组分增加,如此进行多次的气-液平衡,即达到了多次蒸馏的效果。如果分馏柱的柱效足够高,从分馏柱顶部出来的几乎是纯净的易挥发组分,而高沸点组分则残留在烧瓶中。实验室中的分馏装置(图 3-1)包括蒸馏瓶、分馏柱、温度计、冷凝管、接引管和接受瓶等。

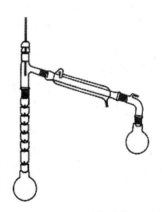

图 3-1　分馏装置

对于完全能够互溶的液体系统,可利用各成分沸点的不同而采用分馏法,中药化学成分的研究工作中,挥发油及一些液体生物碱的分离即常采用该法。例如毒芹总碱中的毒芹碱和羟基毒芹碱,前者沸点为 166～167 ℃,后者为 226 ℃,彼此相差较远,即可利用其沸点的不同通过分馏法分离。一般说来,液体混合物沸点相差在

100 ℃以上，将溶液重复蒸馏多次即可达到分离的目的，如沸点相差在 25 ℃以下，则需采用分馏柱，沸点相差越小，则需要的分馏装置越精细。

七、色谱法

色谱过程是基于样品组分在互不相溶的两"相"溶剂之间的分配系数之差（分配色谱）、组分对吸附剂吸附能力不同（吸附色谱）、离子交换、分子的大小（排阻色谱）而分离。通常又将一般的以流动相为气体的称为气相色谱，流动相为液体的称为液相色谱。色谱技术的应用与发展，对植物各类化学成分的分离鉴定工作起到重大的推动作用。如中药丹参的化学成分在 20 世纪 30 年代仅从中分离到 3 种脂溶性色素，分别称为丹参酮Ⅰ、Ⅱ、Ⅲ，但进一步研究发现，除丹参酮Ⅰ为纯品外，Ⅱ、Ⅲ均为混合结晶，此后通过各种色谱方法，又陆续发现了 15 种单体。目前新的色谱技术不断发展，随着色谱理论和电子学、光学、计算机等技术的应用，色谱技术已日趋完善。

1. 分配色谱

分配色谱是基于样品分子在包覆于惰性载体（基质）上的固定相液体和流动相液体之间的分配平衡的色谱方法，因此也称液-液分配色谱，系利用固定相与流动相之间对待分离组分溶解度的差异来实现分离的一种色谱法，其本质是组分分子在固定相和流动相之间不断达到溶解平衡的过程。

（1）原理

样品分子依据他们在流动相和固定相间的溶解度不同，分别进入两相分配而实现分离。

（2）常用固定相和流动相

键合固定相：分配色谱的固定相一般为液相的溶剂，依靠涂布、键合、吸附等手段分布于色谱柱或者担体表面，但作为固定相的液体往往因易溶于流动相而重现性很差，后来发展起来的键合固定相以化学键合的方法将功能分子结合到惰性载体上，这种化学键合型固定相是当今高效液相色谱法（HPLC）最常用的固定相，大约占 HPLC 固定相的 3/4。

根据键合相与流动相之间相对极性的强弱将固定相分为极性键合固定相和非极性键合固定相，前者键合在载体表面的功能分子是具有二醇基、醚基、氰基、氨基等极性基团的有机分子，后者键合在载体表面的功能分子是烷基、苯基等非极性有机分子，如最常用的 ODS（octa decyltrichloro silane）柱或 C18 柱就是最典型的代表，它是将十八烷基三氯硅烷通过化学反应与硅胶表面的硅羟基结合，在硅胶表面形成化学键合态的十八烷基，其极性很小。

也可以根据流动相和固定相相对极性的强弱分为正相分配色谱和反相分配色谱，前者流动相极性小于固定相极性，常用烷烃加极性调节剂，极性小的组分先流出，极性大的组分后流出，用于分离极性及中等极性物质；后者流动相极性大于固定相极性，常由甲醇-水、乙腈-水组成，极性大的组分先流出，极性小的组分后流出，应用广泛，用于分离非极性至中等极性物质（表 3 2）。反相液-液分配色谱法是当前应用最为广泛的一种色谱分离、分析方法。

表 3-2　正相与反相色谱的区别

	载体	固定相	流动相	适用范围
正相色谱	硅胶、硅藻土、纤维素	水 缓冲液	弱极性溶剂 $CHCl_3$、EtOAC、BuOH 等	极性小的成分
反相色谱	键合硅胶 RP-2/RP-8/ RP-18	石蜡油	强极性溶剂 MeOH、CH_3CN MeOH-H_2O、CH_3CN-H_2O	极性大的成分

2. 吸附色谱(薄层层析)

利用固定相吸附中心对物质分子吸附能力的差异实现对混合物的分离,色谱过程是流动相分子与物质分子竞争固定相吸附中心的过程。吸附按物质状态可分为固液吸附与固气吸附,但一般指固液吸附;按吸附手段可分为物理吸附、半化学吸附、化学吸附。

(1) 吸附原理

物理吸附又称表面吸附,是因构成溶液的分子(含溶质及溶剂)与吸附剂表面分子的分子间力的相互作用所引起的。吸附规律符合"相似者易于吸附"原则,具有无选择性、可逆、快速吸附的特点。固液吸附时,吸附剂、溶质、溶剂三者统称为吸附过程的三要素。物理吸附过程可描述为吸附—解吸附—再吸附—再解吸—直至分离。

化学吸附是由溶质分子与固定相物质产生化学反应引起的。如酸性物质与 Al_2O_3 发生化学反应;碱性物质与硅胶发生化学反应;具有选择性、不可逆吸附的基本特点。半化学吸附的基本特点介于物理吸附和化学吸附之间,是以氢键的形式产生吸附。如聚酰胺对黄酮类、醌类等化合物之间的氢键吸附,吸附力较弱,介于前两者之间,也有一定的应用。

(2) 吸附剂

液-固吸附色谱特别适用于很多中等分子量的样品(分子量小于 1 000 的低挥发性样品)的分离,尤其是脂溶性成分,一般不适用于高分子量样品如蛋白质、多糖或离子型亲水性化合物等的分离。吸附色谱的分离效果决定于吸附剂、溶剂和被分离化合物的性质这三个因素。液-固吸附色谱常用的吸附剂如下。

① 硅胶,氧化铝。因对极性物质具有较强的亲和能力而优先吸附强极性溶质,被吸附的溶质又可被极性较强的溶剂洗脱置换下来。溶剂极性越强,对溶质的洗脱能力越强,吸附剂对溶质的吸附能力越弱。溶剂极性强弱由介电常数决定,并与所带官能团的种类、数目和排列方式有关,亲水性基团与极性成正比,亲脂性基团与极性成反比。

② 聚酰胺。聚酰胺吸附剂包括锦纶 6(聚己内酰胺)和锦纶 66(聚己二酰己二胺),为氢键吸附,属半化学吸附。聚酰胺分子中有许多酰胺基,聚酰胺上的羰基与酚类、黄酮类、酸类中的—OH 或—COOH 形成氢键,而氨基与醌类或硝基类化合物中的醌基或硝基形成氢键。由于被分离物质的结构不同,或同一类结构化合物中的活性基团的数目及位置不同,而与聚酰胺形成氢键的能力不同而得到分离。在含水溶剂中有如下规律:1) 形成氢键基团数目越多,则吸附能力越强,越难洗脱;2) 形成分子内氢键,吸附能力减弱;3) 分子中芳香化程度越高,吸附能力越强;4) 各种溶液在聚酰胺柱上的洗脱能力由强至弱,可大致排列成下列顺序,尿素>甲酰胺>氢氧化钠>丙酮>甲、乙醇>水。

③ 活性炭。活性炭为非极性吸附剂,故与硅胶、氧化铝相反,对非极性物质具有较强的亲和能力,在水中对溶质表现出强的吸附能力。溶剂极性降低,则活性炭对溶质的吸附能力也随之降低。吸附剂的吸附力一定时,溶质极性越强,洗脱剂的极性越弱。

（3）溶剂

吸附过程中溶剂的选择对组分分离关系极大。在柱层析时所用的溶剂(单一或混合溶剂)习惯上称洗脱剂,用于薄层或纸层析时常称展开剂。洗脱剂的选择,需根据被分离物质与所选用的吸附剂性质这两者结合起来加以考虑。在用极性吸附剂进行层析时,当被分离物质为弱极性物质,一般选用弱极性溶剂为洗脱剂;被分离物质为强极性成分,则需选用极性溶剂为洗脱剂。如果对某一极性物质用吸附性较弱的吸附剂(如以硅藻土或滑石粉代替硅胶),则洗脱剂的极性亦须相应降低。

（4）操作方式

① 柱色谱

柱层析法是用一根玻璃管柱,下端铺垫棉花或玻璃棉,管内加吸附剂粉末,用一种溶剂润湿后,即成为吸附柱,如图3-2(a)。然后在柱顶部加入要分离的样品溶液,如图3-2(b)。假如样品内含两种成分A和B,则二者被吸附在柱上端,形成色圈,如图3-2(c)。样品溶液全部溶入吸附柱中之后,接着就加入合适的溶剂洗脱,如图3-2(d)。A与B就随着溶剂的向下流动而移动。最后分离情况如图3-2(e)所示。

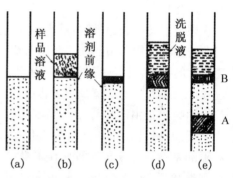

图3-2 二元混合物的柱层析示意图

在洗脱过程中,管内连续发生溶解、吸附、再溶解、再吸附的现象。例如,被吸附后的A粒子被溶解(解吸作用)随溶剂下移,但遇到新的吸附剂,又将A粒子吸附,随后,新溶剂又使A粒子溶解下移。由于溶剂与吸附剂对A与B的溶解度与吸附力不完全相同,A与B移动的速率也不同,经一定时间,如此反复地溶解与吸附,而形成两个环带,每一环带是一种纯物质。如A与B有颜色可看到色带,如样品无色,可用其他方法使之显色。为进一步鉴定,可将吸附柱从管中顶出来,用刀将各色层切开,然后分别洗脱,现在多采用溶剂洗脱法,即连续加入溶剂,连续分段收集洗脱剂,直到各成分顺序全部从柱中洗出为止。

② 薄层色谱

薄层层析是一种简便、快速、微量的层析方法。一般将柱层析用的吸附剂撒布到平面如玻璃片上,形成一薄层进行层析即称薄层层析,其原理与柱层析基本相似。薄层色谱分离法是将固定相吸附剂均匀地涂在玻璃上制成薄层板,试样中的各组分在固定相和作为展开剂的流动相之间不断地发生溶解、吸附、再溶解、再吸附的分配过程。不同物质上升的距离不同而形成相互分开的斑点从而达到分离。

常用仪器与材料如下。

玻板:除另有规定外,用5 cm×20 cm,10 cm×20 cm 或20 cm×20cm 的规格,要求光滑,平整、洗净后不附水珠,晾干。

固定相或载体:最常用的有硅胶 G、硅胶 GF、硅胶 H、硅胶 GF254,其次有硅藻土、硅藻土 G、氧化铝、氧化铝 G、微晶纤维素、微晶纤维素 F254 等。其颗粒大小，一般要求直径为 $10\sim40~\mu m$。薄层涂布，一般可分无黏合剂和含黏合剂两种，前者系将固定相直接涂布于玻璃板上，后者系在固定相中加入一定量的黏合剂，一般常用 $10\%\sim15\%$ 煅石膏（$CaSO_4 \cdot 2H_2O$ 在 140 ℃烘 4 h），混匀后加水适量使用，或用羧甲基纤维素钠水溶液（$0.5\%\sim0.7\%$）适量调成糊状，均匀涂布于玻璃板上。也有含一定展开液或缓冲液的薄层。

涂布器：应能使固定相或载体在玻璃板上涂成一层符合厚度要求的均匀薄层。

点样器：常用具支架的微量注射器或点样毛细管，应能使点样位置正确集中。

展开室：应使用适合薄层板大小的玻璃制薄层色谱展开缸，并有严密盖子，除另有规定外，底部应平整光滑，应便于观察。

操作方法如下。

薄层板制备：除另有规定外，将 1 份固定相和 3 份水在研钵中向同一方向研磨混合，去除表面气泡后，倒入涂布器中，在玻璃板上平稳地移动涂布器进行涂布（厚度为 $0.2\sim0.3$ mm），取下涂好薄层的玻璃板，置水平台上于室温下晾干，后在 110 ℃烘 30 min，即置于有干燥剂的干燥箱中备用。使用前检查其均匀度（可通过透射光和反射光检视）。

点样：除另有规定外，用点样器点样于薄层板上，一般为圆点，点样基线距底边 2.0 cm，点样直径为 2~4 mm，点间距离约为 1.5~2.0 cm，点间距离可视斑点扩散情况，以不影响检出为宜。点样时必须注意勿损伤薄层表面。

展开：展开室如需预先用展开剂饱和，可在室中加入足够量的展开剂，并在壁上贴两条与室一样高、宽的滤纸条，一端浸入展开剂中，密封室顶的盖，使系统平衡。将点好样品的薄层板放入展开室的展开剂中，浸入展开剂的深度为距薄层板底边 0.5~1.0 cm（切勿将样点浸入展开剂中），密封室盖，见图 3‑3。等展开至规定距离（一般为 10~15 cm），取出薄层板，晾干，按各品种项下的规定检测。如需用薄层扫描仪对色谱

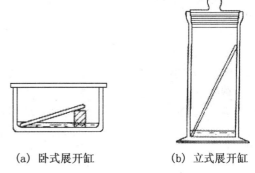

(a) 卧式展开缸　　　　(b) 立式展开缸

图 3‑3　展开缸和展开槽展开

斑点做扫描检出，或直接在薄层上对色谱斑点做扫描定量，则可用薄层扫描法。薄层扫描的方法，除另有规定外，可根据各种薄层扫描仪的结构特点及使用说明，结合具体情况，选择吸收法或荧光法，用双波长或单波长扫描。由于影响薄层扫描结果的因素很多，故应在保证供试品的斑点在一定浓度范围内呈线性的情况下，将供试品与对照品在同一块薄层板上展开后扫描，进行比较并计算定量，以减少误差。各种供试品，只有得到分离度和重现性好的薄层色谱，才能获得满意的结果。

3. 离子交换色谱

离子交换色谱中的固定相是一些带电荷的基团，这些带电基团通过静电相互作用与带相反电荷的离子结合。如果流动相中存在其他带相反电荷的离子，按照质量作用定律，这些离子将与结合在固定相上的反离子进行交换。固定相基团带正电荷的时候，其可交换离子为阴离子，这种离子交换剂为阴离子交换剂；固定相的带电基团带负电荷，可用来与流动相交换的离子就是阳离子，这种离子交换剂叫阳离子交换剂。阴离子交换柱的功能团主要

是—NH_2 及—NH_3，阳离子交换剂的功能团主要是—SO_3H 及—COOH，其中—NH_3 及—SO_3H 离子交换柱属于强离子交换剂，它们在很广泛的 pH 范围内都有离子交换能力；—NH_2 及—COOH 离子交换柱属于弱离子交换剂，只有在一定的 pH 范围内，才能有离子交换能力。离子交换色谱主要用于可电离化合物的分离，例如，氨基酸自动分析仪中的色谱柱，多肽的分离、蛋白质的分离，核苷酸、核苷和各种碱基的分离等。

离子交换色谱的固定相一般为离子交换树脂，树脂分子结构中存在许多可以电离的活性中心，待分离组分中的离子会与这些活性中心发生离子交换，形成离子交换平衡，从而在流动相与固定相之间形成分配。固定相的固有离子与待分离组分中的离子之间相互争夺固定相中的离子交换中心，并随着流动相的运动而运动，最终实现分离。

离子交换树脂进行离子交换反应的性能，表现在它的"离子交换容量"，即每克干树脂或每毫升湿树脂所能交换的离子的毫克摩尔数，它还有"总交换容量"、"工作交换容量"和"再生交换容量"三种表示方式。

对阳离子的吸附：高价离子通常被优先吸附，而低价离子的吸附较弱。在同价的同类离子中，直径较大的离子被吸附较强。一些阳离子被吸附的顺序为 $Fe^{3+} > Al^{3+} > Pb^{2+} > Ca^{2+} > Mg^{2+} > K^+ > Na^+ > H^+$。

对阴离子的吸附：强碱性阴离子树脂对无机酸根吸附的一般顺序为 $SO_4^{2-} > NO_3^- > Cl^- > HCO_3^- > OH^-$；弱碱性阴离子树脂对阴离子吸附的一般顺序为 $OH^- >$ 柠檬酸根离子 $> SO_4^{2-} >$ 酒石酸根离子 $>$ 草酸根离子 $> PO_4^{3-} > NO_3^- > Cl^- > CH_3COO^- > HCO_3^-$。

4. 凝胶色谱

凝胶色谱技术是 20 世纪 60 年代初发展起来的一种快速而又简单的分离分析技术，设备简单、操作方便、不需要有机溶剂，对高分子物质有很好的分离效果，凝胶色谱法又称分子排阻色谱法。凝胶色谱主要用于高聚物的相对分子质量分级分析以及相对分子质量分布测试。目前已经被生物化学、分子生物学、生物工程学、分子免疫学以及医学等有关领域广泛采用，不但应用于科学实验研究，而且已经大规模地用于工业生产。

（1）原理

凝胶色谱技术是生物大分子通过装有凝胶颗粒的层析柱时，根据它们分子大小不同而进行分离的技术。凝胶颗粒内部具有多孔网状结构，被分离的混合物流过层析柱时，比凝胶孔径大的分子不能进入凝胶孔内，在凝胶颗粒之间的空隙向下移动，并最先被洗脱出来；比网孔小的分子能不同程度地自由出入凝胶孔内外，在柱内经过的路程较长，移动速度较慢，最后被洗脱出来。实际所制的胶粒不能绝对均一，每一型胶粒的孔径大小分布可以被控制在一定的范围，即最大极限和最小极限。而被分离的物质的相对分子质量在许多情况下相差并不太大，渗入凝胶颗粒内部的程度则不相同，它们将以不同的速度按先后的顺序洗脱下来。

（2）凝胶

天然凝胶：主要是一些糖类物质，如淀粉、琼脂及琼脂糖等。淀粉凝胶应用较早，但因其理化性质不够稳定，洗脱时的阻力较大，洗脱时间长等缺点影响了它的应用。琼脂来源于一种海藻，是由 D-半乳糖和 L-半乳糖所组成的多聚糖，它能分离相对分子质量较高的物质。其缺点是带有大量的电荷（主要是磺酸基，其次为羧基），层析时常需用较高离子强度的洗脱液,使洗脱物含有一定量盐分,而影响产品的纯度。琼脂糖凝胶(sepharose)应用较多,又称生物凝胶 A(bio-gel A),由琼脂糖溶液冷却后,通过分子间氢键,自发凝集成束,形成稳定的珠状凝胶,稳定性较差,工作 pH 范围在 4～9 之间,40 ℃以上易老化,不能高压和冰冻,其机械强度取决于琼脂糖的含量。它有 2B、4B、6B 三个级别,含琼脂糖的浓度分别为 2%、4%、6%。琼脂糖凝胶结构开放,排阻极限比葡萄糖凝胶大,分离范围广泛,适用于 DNA 大片段分离。

人工合成凝胶:常用的有葡聚糖凝胶和聚丙烯酰胺凝胶两大类。

① 聚糖凝胶:又称交联葡聚糖凝胶(sephadex),由许多右旋葡萄糖单位通过 1,6-糖苷键联结成链状结构,再由交联剂环氧氯丙烷交联而形成多孔网状结构高分子化合物,这一产物是不溶于水的。在合成凝胶时,调节葡聚糖和交联剂的配比,可以获得具有不同大小网眼的葡聚糖凝胶。G 表示交联度,G 越大,网孔结构越紧密,吸水性差,膨胀也小,适用于分离小分子物质;G 越小,网孔结构疏松,吸水量大,适用分离大分子物质。商品凝胶的型号采用"吸水量"的 10 倍数字表示,例如,每 g 凝胶吸水量为 2.5 g,即定为 G-25 型。各种型号葡聚糖凝胶的性质见表 3-3。由表 3-3 可见,G 值越大,吸水量越大,分离范围(相对分子质量)越大。

表 3-3　各种型号葡聚糖凝胶的性质

型号	分离范围(相对分子质量)		吸水量(g/g)干凝胶	膨胀体积(mL/g)干凝胶	浸泡时间(h)	
	蛋白质	多糖			20～25 ℃	90～100 ℃
G-10	<700	<700	1.0±0.1	2～3	3	1
G-15	<1 500	<1 500	1.5±0.2	2.5～3.5	3	1
G-25	1 000～5 000	100～5 000	2.5±0.2	4～6	3	1
G-50	1 500～3 000	500～10 000	5.0±0.3	9～11	3	1
G-75	3 000～70 000	1 000～50 000	7.5±0.5	12～15	24	3
G-100	4 000～150 000	1 000～100 000	10±1.0	15～20	72	5
G-150	5 000～400 000	1 000～150 000	15±1.5	20～30	72	5
G-200	5 000～800 000	1 000～200 000	20±2.0	30～40	72	5

② 聚丙烯酰胺凝胶:其商品名为生物凝胶 P(bio-gel P),是用丙烯酰胺和交联剂亚甲基双丙烯酰胺在催化剂的作用下聚合而成。原料成分要采用高纯度制品,通过改变浓度和交联度,可以将其孔径控制在极广泛的范围,并且制备凝胶的重复性好。由于纯度高及不溶性,因此还适于少量样品的制备,不致污染样品。凝胶浓度与被分离物的相对分子质量大小(Mr)的关系如表 3-4。聚丙烯酰胺凝胶的机械强度好,有弹性,透明,对 pH 和温度变化较稳定,有相对的化学稳定性,在很多溶剂中不溶,是非离子型的、没有吸附和电渗作用。

(3) 操作方式

层析柱是凝胶层析技术中的主体,一般用玻璃管或有机玻璃管。层析柱的直径大小不影响分离度,样品用量大,可加大柱的直径,一般制备用凝胶柱直径大于 2 cm,但在加样时应将样品均匀分布于凝胶柱床面上。此外,直径加大,洗脱液体积增大,样品稀释度大。为

表3-4　被分离物相对分子质量范围与凝胶浓度的关系

M_r 的范围	适用的凝胶浓度(%)
蛋白质　　$<10^4$	$20\sim30$
$1\sim4\times10^4$	$15\sim20$
$4\times10^4\sim1\times10^5$	$10\sim15$
$1\sim5\times10^5$	$5\sim10$
$>5\times10^5$	$2\sim5$
核酸　　　$<10^4$	$15\sim20$
$10^4\sim10^5$	$5\sim10$
$10^5\sim2\times10^6$	$2\sim2.6$

分离不同组分,凝胶柱床必须有适宜的高度,分离度与柱高的平方根相关,但由于软凝胶柱过高易挤压变形而阻塞,因此一般不超过 1 m。分族分离时用短柱,一般凝胶柱长 $20\sim30$ cm,柱高与直径的比为 $5:1\sim10:1$,凝胶床体积为样品溶液体积的 $4\sim10$ 倍。分级分离时柱高与直径之比为 $20:1\sim100:1$,常用凝胶柱有 50 cm$\times25$ cm,10 cm$\times25$ cm。层析柱滤板下的死体积应尽可能的小,如果支撑滤板下的死体积大,被分离组分之间重新混合的可能性就大,其结果是影响洗脱峰形,出现拖尾、分辨力降低。在精确分离时,死体积不能超过总床体积的 $1/1\,000$。

5. 亲和层析

(1) 原理

利用生物大分子间特异的亲和能力来纯化生物大分子。如:抗原和抗体,酶和底物或辅酶或抑制剂,激素和受体,RNA 和其互补的 DNA 等。将待纯化物质的特异配体通过适当的化学反应共价连接到载体上,待纯化的物质可被配体吸附,杂质则不被吸附,通过洗脱杂质即可除去。被结合的物质再用含游离的相应配体溶液把它从柱上洗脱下来。

(2) 基本过程

① 偶联:将欲分离的高分子物质 X(如抗原)的配基 L(如抗体)在不影响其生物功能的情况下与水不溶性的载体相结合(称为固相化或固定化),制成亲和吸附剂或免疫吸附剂。

② 装柱:在层析柱内装入固相化的配基-亲和吸附剂(称为亲和柱)。

③ 亲和吸附:含有高分子物质 X 的混合液(如粗匀浆提取液或血清等),在有利于配基和高分子之间形成复合物的条件下,进入亲和吸附剂的层析柱。混合液中只有能与配基形成复合物的高分子 X 被吸附,而所有不能形成复合物的杂质则直接流出。亲和柱进一步用缓冲液洗涤,以尽可能地除去非亲和吸附的物质。

④ 洗脱:改变洗脱条件,促使亲和吸附剂——高分子复合物解离而释放出高分子的物质 X,便得到欲纯化的活性物质。

⑤ 再生:将欲分离、纯化的生物大分子从亲和吸附剂中洗脱的过程,就是再生的过程。再生后的亲和吸附剂可直接用于又一周期的纯化工作。

(景怡、李东)

第四章　药物制备实验

【本章提要】

　　本章所选实验为一些典型的化学药物、天然药物、生物药物和海洋药物制备基础实验，化学药物在选择时尽可能包含制备中所涉及的单元反应(如酰化反应、酯化反应、环合反应、氯化反应、氧化还原反应等)和后处理操作(如回流、萃取、蒸馏、分馏、重结晶、无水操作、共沸带水及薄层层析等)；天然药物(中药)化学基础实验选择时尽可能涵盖天然药物(中药)化学成分的预实验、常规检识方法、提取与纯化方法；而生物药物则是按结构选择多肽和蛋白质类药物、酶和辅酶类药物、核酸及其降解物和衍生物类药物、糖类药物等典型药物，根据不同结构生物药物的性质采取不同的分离制备方法和检验方法，海洋药物主要选取从海洋动物、海洋植物中提取分离多糖的方法。通过这些实验操作，使实验者掌握药物在制备过程中的基本原理和基本操作技能。

第一节　化学药物制备

实验一　对乙酰氨基酚的合成

一、实验目的

　　(1) 掌握氨基的酰化反应，并了解对氨基的选择性酰化而保留酚羟基的方法；

　　(2) 学习易被氧化产物的重结晶精制方法；

　　(3) 掌握分馏柱的作用及操作。

二、实验原理

　　对乙酰氨基酚，又名扑热息痛，化学名 N-(4-羟基苯基)-乙酰胺，为白色结晶或结晶性粉末，易溶于热水或乙醇，溶于丙酮，略溶于水。结构式如下：

$$HO-\!\!\bigcirc\!\!-NHCOCH_3$$

　　常用的解热镇痛药，临床上用于发热、头痛、神经痛、痛经等，以对氨基酚为原料经醋酐酰化或醋酸酰化反应制得。其中醋酐的价格较贵、生产成本较高，但反应条件较温和、反应速度快；而以冰醋酸为原料则试剂易得、价格便宜，但由于活性较低，需要较长反应时间，难以控制氧化副反应，产品质量较差。合成路线如下：

　　A 法(醋酐为酰化剂)：

$$HO-\!\!\bigcirc\!\!-NH_2 \xrightarrow{(CH_3CO)_2O} HO-\!\!\bigcirc\!\!-NHCOCH_3$$

B法(醋酸为酰化剂):

$$HO-\langle\bigcirc\rangle-NH_2 + CH_3COOH \rightleftharpoons HO-\langle\bigcirc\rangle-NHCOCH_3 + H_2O$$

三、试剂及仪器

试剂:对氨基酚、醋酸酐、亚硫酸氢钠、活性炭。

仪器:100 mL 圆底烧瓶、磁力搅拌器、抽滤瓶、熔点仪。

四、实验步骤

1. A 法:以醋酐为酰化剂

在 100 mL 烧瓶中加入 30 mL 水,准确称量 10.6 g 对氨基酚悬浮于其中,加入 12 mL 醋酸酐,在磁力加热搅拌器上控制温度 60~70 ℃,搅拌 15~20 min,冷却,过滤,用蒸馏水洗涤沉淀;将沉淀溶解于 30 mL 热水,若溶液有色,加入 0.2%的活性炭,煮沸 10 min 后,趁热抽滤,滤液中加入 2~3 滴亚硫酸氢钠饱和溶液①,放冷,析出结晶,抽滤,干燥后称重,计算产率。将产品研细后测定熔点。

2. B 法:以醋酸为酰化剂

在 100 mL 圆底烧瓶中加入 10.9 g 对氨基酚,14 mL 冰醋酸,装一短的刺形分馏柱,其上端装一温度计,支管通过尾接管与接收器相连,接收器外部用冷水浴冷却。将圆底烧瓶低压加热并搅拌,使反应物保持微沸状态回流 15 min,然后逐渐升高温度,当温度计读数达到 90 ℃左右时,支管即有液体流出。维持温度在 90~100 ℃之间反应约 0.5 h,生成的水及大部分醋酸已被蒸出,此时温度计读数下降,表示反应已经完成。在搅拌下趁热将反应物倒入 40 mL 冰水中②,有白色固体析出,冷却后抽滤。于 100 mL 锥形瓶中加入粗品,每克粗品用 5 mL 纯水加热使溶解,稍冷后加入粗品重量 1%~2%的活性炭和 0.5 g 亚硫酸钠,脱色 10 min,趁热过滤,冷却,析出结晶,抽滤干燥后称重,计算产率③。将产品研细后测定熔点(168~172 ℃)。

注释:

① 加入亚硫酸氢钠的目的是防止产物的氧化。

② 反应物冷却后会析出固体产物,黏在瓶壁上不易处理,故须趁热在搅拌下倒入冷水中,以除去过量的醋酸及未作用的苯胺。

③ 可以将实验人数分成两组,分别采用 A、B 两种方法进行合成,比较两组实验条件和结果,从而体会酰化剂的活性及其在反应中的性质。

五、实验装置图

实验装置见图 4-1 所示。

六、预习要求

(1) 氨基乙酰化反应常用的酰化剂有哪些? 各有何特点?

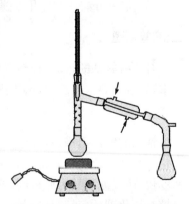

图 4-1 以醋酸为酰化剂制备对
乙酰氨基酚实验装置图

（2）B 法中收集到的水的体积约为多少毫升？

（3）查阅资料完成下表：

化合物	物理常数				用量				理论量 (g)
	相对密度 (g/mL)	沸点 (℃)	熔点 (℃)	溶解度 (mg/mL)	分子量	体积 (mL)	质量 (g)	物质的量 (mol)	
对氨基酚									
醋酐									
醋酸									
扑热息痛									

七、思考题

（1）产品脱色后，为什么要趁热过滤？

（2）比较两种制备方法的不同及其对产物质量的影响。

（3）在操作过程中如何避免易氧化基团的氧化？

八、参考文献

［1］严琳. 药物化学实验［M］. 郑州：郑州大学出版社，2008，pp. 97.

［2］刘芳妹. 药物化学实验［M］. 北京：中国医药科技出版社，1999，pp. 60.

［3］郭孟萍. 制药工程与药学专业实验［M］. 北京：北京理工大学出版社，2011，pp. 123.

实验二　磺胺醋酰钠的合成

一、实验目的

（1）通过磺胺醋酰钠的合成，了解用控制 pH、温度等反应条件纯化产品的方法；

（2）掌握 N-酰化反应的原理及方法。

二、实验原理

磺胺醋酰钠化学名为 N-［（4-氨基苯基）-磺酰基］-乙酰胺钠一水合物，为白色结晶性粉末，无臭味，微苦，易溶于水，微溶于乙醇、丙酮。化学结构式如下：

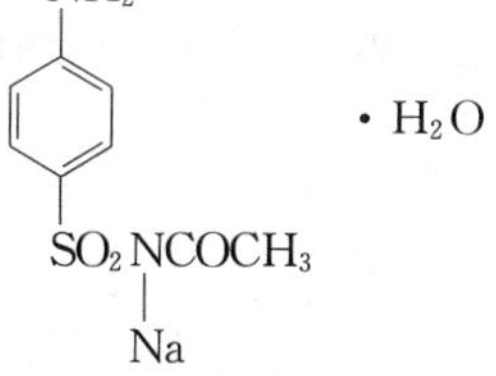

磺胺醋酰钠用于治疗结膜炎、沙眼及其他眼部感染。磺胺醋酰钠的合成以磺胺醋酰为原料，经醋酐酰化而得，但在制备过程中要按实验步骤严格控制每步反应的 pH，以利于除

去杂质，合成路线如下：

三、试剂及仪器

试剂：磺胺、醋酐、氢氧化钠。

仪器：100 mL 三颈瓶、机械搅拌器、25 mL 恒压滴液漏斗。

四、实验步骤

1. 磺胺醋酰的制备

在装有搅拌棒及温度计的 100 mL 三颈瓶中，加入磺胺 17.2 g、22.5% 氢氧化钠 22 mL，开动搅拌，于水浴上加热至 50 ℃ 左右。待磺胺溶解后，分次加入醋酐 13.6 mL、43.5% 氢氧化钠 12.5 mL（首先，加入醋酐 3.6 mL、43.5% 氢氧化钠 2.5 mL；随后，每次间隔 5 min，将剩余的 43.5% 氢氧化钠和醋酐分 5 次交替加入，每次各 2 mL①，因为放热，加醋酐时用滴加法，2 mL NaOH 可一次加入）。加料期间反应温度维持在 50~55 ℃；加料完毕继续保持此温度反应 30 min。反应完毕，停止搅拌，将反应液倾入 250 mL 烧杯中，加水 20 mL 稀释，于冷水浴中用 36% 盐酸调至 pH=7，放置 30 min，并不时搅拌析出固体，抽滤除去。滤液用 36% 盐酸调至 pH 为 4~5②，抽滤，得白色粉末。

用 3 倍量（3 mL/g）10% 盐酸溶解得到的白色粉末，不时搅拌，尽量使单乙酰物成盐酸盐溶解，抽滤除去不溶物。滤液先加少量活性炭室温脱色 10 min，抽滤，再用 40% 氢氧化钠调至 pH 为 5，析出磺胺醋酰，抽滤，压干、干燥，测熔点（179~184 ℃）。若产品不合格，可用热水按质量体积比 1∶5 精制。

2. 磺胺醋酰钠的制备

将磺胺醋酰置于 50 mL 烧杯中，于 90 ℃ 热水浴上滴加计算量的 20% 氢氧化钠至固体恰好溶解③，放冷，析出结晶，抽滤（用丙酮转移），压干，干燥，计算收率。

注释：

① 在反应过程中交替加料很重要，以使反应液始终保持一定的 pH（pH=12~13）。

② 按实验步骤严格控制每步反应的 pH，以利于除去杂质。

③ 将磺胺醋酰制成钠盐时，应严格控制 22.5% NaOH 溶液的用量。因磺胺醋酰钠水溶性大，由磺胺醋酰制备其钠盐时若 22.5% NaOH 的量多，则损失很大。必要时可加少量丙酮，使磺胺醋酰钠析出。

五、实验流程图

实验流程和图 4-2 所示。

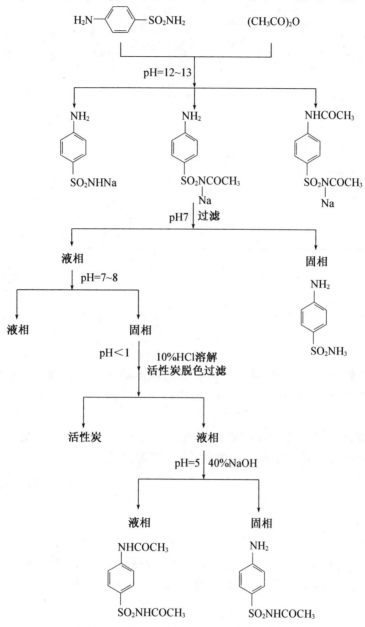

图 4-2　磺胺醋酰钠中副产物分离流程图

六、预习要求

（1）磺胺醋酰钠在制备过程中可能存在哪些副产物？如何除去？

（2）在反应过程中调节不同的 pH 目的是什么？

（3）查阅资料完成下表。

化合物	物理常数				用量				理论量 (g)
	相对密度 (g/mL)	沸点 (℃)	熔点 (℃)	溶解度 (mg/mL)	分子量	体积 (mL)	质量 (g)	物质的量 (mol)	
磺胺									
醋酐									
氢氧化钠 (22.5%)									
氢氧化钠 (43.5%)									
磺胺醋酰钠									

七、实验装置

实验装置见图 4-3 所示。

八、思考题

(1) 酰化液处理的过程中,pH＝7 时析出的固体是什么？pH＝5 时析出的固体是什么？10%盐酸中的不溶物是什么？

(2) 反应碱性过强其结果磺胺较多,磺胺醋酰次之,双乙酰物较少；碱性过弱其结果双乙酰物较多,磺胺醋酰次之,磺胺较少,为什么？

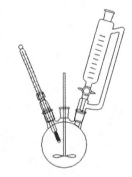

图 4-3 磺胺醋酰制备装置图

九、参考文献

[1] 尤启冬. 药物化学实验与指导[M]. 北京:中国医药工业出版社,2000,pp.53.

[2] 孙铁民. 药物化学实验[M]. 北京:中国医药科技出版社,2008,pp.48.

[3] 林强,张大力,张元. 制药工程专业基础实验[M]. 北京:化学工业出版社,2011,pp.9.

实验三　扑炎痛的合成

一、实验目的

(1) 学习二氯亚砜制备酰氯的方法及有毒尾气吸收的操作；

(2) 通过本实验了解拼合原理在化学结构修饰方面的应用；

(3) 通过本实验了解 Schotten-Baumann 酯化反应原理。

二、实验原理

扑炎痛,又名苯乐来,化学名为 2-乙酰氧基苯甲酸-乙酰胺基苯酯,为白色结晶性粉末,无臭无味,熔点为 174～178 ℃,不溶于水,微溶于乙醇,溶于氯仿、丙酮,化学结构式为:

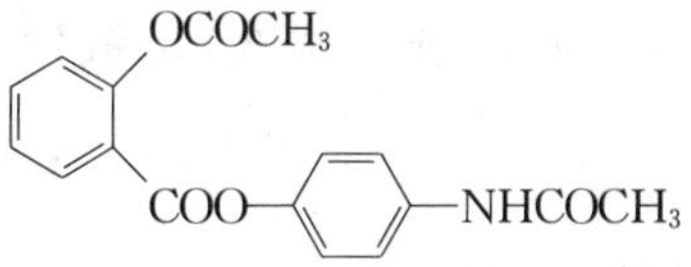

扑炎痛为一种新型解热镇痛抗炎药,是由阿司匹林和扑热息痛经拼合原理制成,它既保留了原药的解热镇痛功能,又减小了原药的毒副作用,并有协同作用,适用于急、慢性风湿性关节炎,风湿痛,感冒发烧,头痛及神经痛等。扑炎痛合成路线如下:

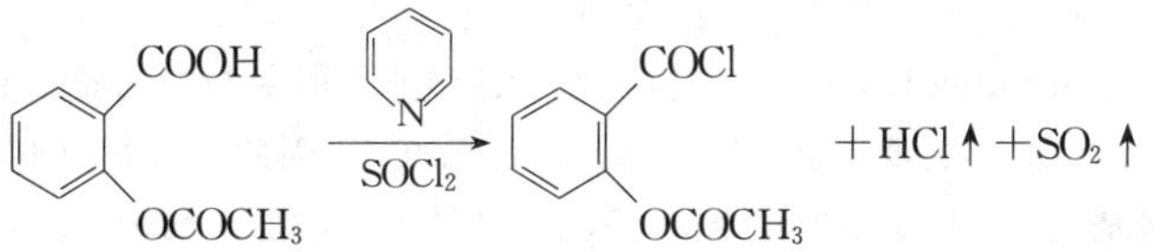

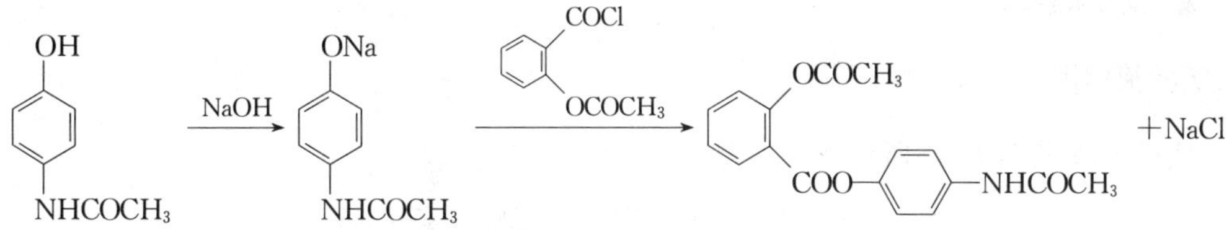

三、试剂与仪器

试剂:阿司匹林、扑热息痛、吡啶、氢氧化钠、乙醇。

仪器:100 mL 圆底烧瓶、250 mL 三颈瓶、球形冷凝管、滴液漏斗。

四、实验步骤

1. 乙酰水杨酰氯的制备

在干燥的 100 mL 圆底烧瓶中,依次加入吡啶 2 滴[①]、阿司匹林 10 g、氯化亚砜 5.5 mL[②],迅速按上球形冷凝管(顶端附有氯化钙干燥管,干燥管连有导气管,导气管另一端通到水池下水口)[③]。置油浴上慢慢加热至 70 ℃(约 10～15 min),维持油浴温度在 70±2 ℃反应 70 min,冷却,加入无水丙酮 10 mL,将反应液倾入干燥的 100 mL 滴液漏斗中,混匀,密闭备用。

2. 扑炎痛的制备[④]

在装有搅拌棒及温度计的 250 mL 三颈瓶中,加入扑热息痛 10 g、水 50 mL。冰水浴冷至 10 ℃左右,在搅拌下滴加氢氧化钠溶液(氢氧化钠 3.6 g 加 20 mL 水配成,用滴管滴加)。滴加完毕,在 8～12 ℃之间,在强烈搅拌下,慢慢滴加上次实验制得的乙酰水杨酰氯丙酮溶液(20 min 左右滴完)。滴加完毕,调至 pH≥10,控制温度在 8～12 ℃之间继续搅拌反应 60 min,抽滤,水洗至中性,得粗品,计算收率。

3. 精制

取粗品 5 g 置于装有球形冷凝器的 100 mL 圆底瓶中,加入 10 倍量(质量/体积)95% 乙醇,在水浴上加热溶解。稍冷,加活性炭脱色(活性炭用量视粗品颜色而定),加热回流 30 min,趁热抽滤(布氏漏斗、抽滤瓶应预热)。将滤液趁热转移至烧杯中,自然冷却,待结晶完全析出后,抽滤,压干;用少量乙醇洗涤两次(母液回收),压干,干燥,测熔点,计算收率。

注释:

① 吡啶作为催化剂,用量不宜过多,否则影响产品的质量。制得的酰氯不应久置。

② 二氯亚砜是由羧酸制备酰氯最常用的氯化试剂,不仅价格便宜而且沸点低,生成的副产物均为挥发性气体,故所得酰氯产品易于纯化。

③ 二氯亚砜遇水可分解为二氧化硫和氯化氢,因此所用仪器均需干燥,加热时不能用水浴,且尾气的排放须经碱吸收;反应用阿司匹林需在 60 ℃ 干燥 4 h。

④ 扑炎痛制备采用 Schotten-Baumann 方法酯化,即乙酰水杨酰氯与对乙酰氨基酚钠缩合酯化。由于扑热息痛酚羟基与苯环共轭,加之苯环上又有吸电子的乙酰胺基,因此酚羟基上电子云密度较低,亲核反应性较弱;成盐后酚羟基氧原子电子云密度增高,有利于亲核反应;此外,酚钠成酯,还可避免生成氯化氢,使生成的酯键水解。

五、实验流程图

实验流程见图 4-4 所示。

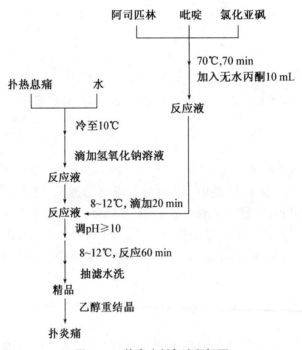

图 4-4 扑炎痛制备流程框图

六、预习要求

（1）乙酰水杨酰氯的制备过程中所用无水丙酮如何制备？

（2）试用所学知识解释吡啶在反应中的催化作用。

（3）查阅资料完成下表。

化合物	物理常数				用量				理论量（g）
	相对密度（g/mL）	沸点（℃）	熔点（℃）	溶解度（mg/mL）	分子量	体积（mL）	质量（g）	物质的量（mol）	
阿司匹林									
化合物									
氯化亚砜									
扑热息痛									
吡啶									
氢氧化钠									
丙酮									
扑炎痛									

七、思考题

（1）乙酰水杨酰氯的制备在操作上应注意哪些事项？

（2）扑炎痛的制备，为什么采用先制备对乙酰胺基酚钠，再与乙酰水杨酰氯进行酯化，而不直接酯化？

（3）通过本实验说明酯化反应在结构修饰上的意义。

八、参考文献

［1］孙铁民. 药物化学实验［M］. 北京：中国医药科技出版社，2008，pp. 5.

［2］唐赟. 药学专业实验教程［M］. 上海：华东理工大学出版社，2010，pp. 76.

［3］师永清. 药物合成反应实验［M］. 兰州：兰州大学出版社，2012，pp. 132.

实验四 苯佐卡因的合成

一、目的要求

（1）通过苯佐卡因的合成，了解药物合成的基本过程；

（2）掌握氧化、酯化和还原反应的原理及基本操作。

二、实验原理

苯佐卡因,化学名为对氨基苯甲酸乙酯,为白色结晶性粉末,味微苦而麻;熔点为 88～90 ℃;易溶于乙醇,极微溶于水。化学结构式为:

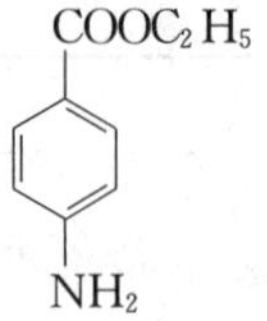

$$\text{COOC}_2\text{H}_5$$

苯佐卡因为局部麻醉药,外用为撒布剂,用于手术后创伤止痛,溃疡痛,一般性痒等。合成路线如下:

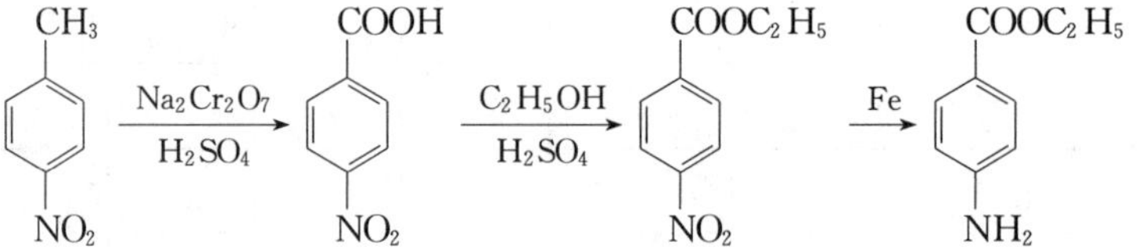

三、试剂与仪器

试剂:对硝基甲苯、重铬酸钠(含两个结晶水)、浓硫酸、冰醋酸、铁粉。

仪器:250 mL 三颈瓶、滴液漏斗、100 mL 圆底瓶、干燥管、机械搅拌器。

四、实验步骤

1. 对硝基苯甲酸的制备(氧化)

在装有搅拌棒和球型冷凝器的 250 mL 三颈瓶中,加入重铬酸钠(含两个结晶水)23.6 g,水 50 mL,开动搅拌,待重铬酸钠溶解后,加入对硝基甲苯 8 g,用滴液漏斗滴加 32 mL 浓硫酸。滴加完毕,直火加热,保持反应液微沸 60～90 min(反应中,球型冷凝器中可能有白色针状的对硝基甲苯析出,可适当关小冷凝水,使其熔融)。冷却后,将反应液倾入 80 mL 冷水中,抽滤,残渣用 45 mL 水分三次洗涤。将滤渣转移到烧杯中,加入 5%硫酸35 mL,在沸水浴上加热 10 min,并不时搅拌,冷却后抽滤,滤渣溶于温热的 5%氢氧化钠溶液 70 mL 中,在 50 ℃左右抽滤①,滤液加入活性炭 0.5 g 脱色(5～10 min),趁热抽滤。冷却,在充分搅拌下,将滤液慢慢倒入 15%硫酸 50 mL 中,抽滤,洗涤,干燥得本品,计算收率。

2. 对硝基苯甲酸乙酯的制备(酯化)

在干燥的 100 mL 圆底瓶中加入对硝基苯甲酸 6 g、无水乙醇 24 mL,逐渐加入浓硫酸 2 mL,振摇使混合均匀,装上附有氯化钙干燥管的球型冷凝器②,油浴加热回流 80 min(油浴温度控制在 100～120 ℃);稍冷,将反应液倾入到 100 mL 水中③,抽滤;滤渣移至乳钵中,研细,加入 5%碳酸钠溶液 10 mL(由 0.5 g 碳酸钠和 10 mL 水配成),研磨 5 min,测 pH(检查反应物是否呈碱性),抽滤,用少量水洗涤,干燥,计算收率。

3. 对氨基苯甲酸乙酯的制备(还原)

A 法:在装有搅拌棒及球型冷凝器的 250 mL 三颈瓶中,加入 35 mL 水、2.5 mL 冰醋酸和已经处理过的铁粉 8.6 g[④],开动搅拌,加热至 95～98 ℃ 反应 5 min,稍冷,加入对硝基苯甲酸乙酯 6 g 和 95％乙醇 35 mL,在激烈搅拌下[⑤],回流反应 90 min。稍冷,在搅拌下,分次加入温热的碳酸钠饱和溶液(由碳酸钠 3 g 和水 30 mL 配成),搅拌片刻,立即抽滤(布氏漏斗需预热),滤液冷却后析出结晶,抽滤,产品用稀乙醇洗涤,干燥得粗品。

B 法:在装有搅拌棒及球型冷凝器的 100 mL 三颈瓶中,加入水 25 mL、氯化铵 0.7 g、铁粉 4.3 g,直火加热至微沸,活化 5 min。稍冷,慢慢加入对硝基苯甲酸乙酯 5 g,充分激烈搅拌,回流反应 90 min。待反应液冷至 40 ℃ 左右,加入少量碳酸钠饱和溶液调至 pH 为 7～8,加入 30 mL 氯仿,搅拌 3～5 min,抽滤;用 10 mL 氯仿洗三颈瓶及滤渣,抽滤,合并滤液,倾入 100 mL 分液漏斗中,静置分层,弃去水层,氯仿层用 5％盐酸 90 mL 分三次萃取,合并萃取液(氯仿回收),用 40％氢氧化钠调至 pH＝8,析出结晶,抽滤,得苯佐卡因粗品,计算收率。

4. 精制

将粗品置于装有球形冷凝器的 100 mL 圆底瓶中,加入 10～15 倍(mL/g)50％乙醇,在水浴上加热溶解。稍冷,加活性炭脱色(活性炭用量视粗品颜色而定),加热回流 20 min,趁热抽滤(布氏漏斗、抽滤瓶应预热)。将滤液趁热转移至烧杯中,自然冷却,待结晶完全析出后,抽滤,用少量 50％乙醇洗涤两次,压干,干燥,测熔点,计算收率。

注释:

① 氧化反应一步在用 5％氢氧化钠处理滤渣时,温度应保持在 50 ℃ 左右,若温度过低,对硝基苯甲酸钠会析出而被滤去。

② 酯化反应须在无水条件下进行,如有水进入反应系统中,收率将降低。无水操作的要点是:原料干燥无水,所用仪器、量具干燥无水,反应期间避免水进入反应瓶。

③ 对硝基苯甲酸乙酯及少量未反应的对硝基苯甲酸均溶于乙醇,但均不溶于水。反应完毕,将反应液倾入水中,乙醇的浓度降低,对硝基苯甲酸乙酯及对硝基苯甲酸便会析出。这种分离产物的方法称为稀释法。

④ A 法中所用的铁粉需预处理,方法为:称取铁粉 10 g 置于烧杯中,加入 2％盐酸 25 mL,在石棉网上加热至微沸,抽滤,水洗至 pH 为 5～6,烘干,备用。

⑤ 还原反应中,因铁粉比重大,沉于瓶底,必须将其搅拌起来,才能使反应顺利进行,故充分激烈搅拌是铁酸还原反应的重要因素。

五、实验流程图

实验流程如图 4－5 所示。

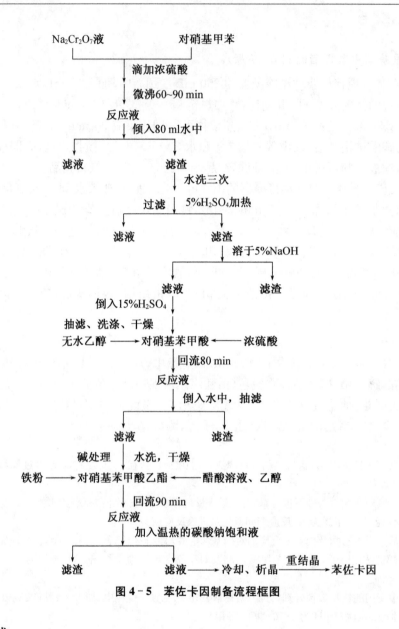

图4-5 苯佐卡因制备流程框图

六、预习要求

（1）酯化反应的特点是什么？

（2）如何提高反应收率？

（3）比较还原反应中 A、B 两种方法的优缺点。

（4）查阅资料完成下表。

化合物	物理常数				用量				理论量 (g)
	相对密度 (g/mL)	沸点 (℃)	熔点 (℃)	溶解度 (mg/mL)	相对分子质量	体积 (mL)	质量 (g)	物质的量 (mol)	
对硝基甲苯									
重铬酸钠									
硫酸									
氢氧化钠									
碳酸钠									
冰醋酸									
铁粉									
乙醇									
苯佐卡因									

七、思考题

(1) 氧化反应完毕,将对硝基苯甲酸从混合物中分离出来的原理是什么?

(2) 酯化反应为什么需要无水操作?

(3) 铁粉还原反应的机理是什么?

八、参考文献

[1] 孙铁民. 药物化学实验[M]. 北京:中国医药科技出版社,2008,pp. 32.

[2] 林璇. 有机化学实验[M]. 厦门:厦门大学出版社,2012,pp. 127.

[3] 于淑萍. 化学制药技术综合实训[M]. 北京:化学工业出版社,2007,pp. 117.

实验五 巴比妥的合成

一、实验目的

(1) 通过巴比妥的合成,掌握无水操作技术;

(2) 了解丙二酸二乙酯合成法的原理及操作;

(3) 掌握萃取、蒸馏等实验原理及操作。

二、实验原理

巴比妥,化学名为 5,5-二乙基巴比妥酸,为白色结晶或结晶性粉末,无臭,味微苦,熔点为 189~192 ℃,难溶于水,易溶于沸水及乙醇,溶于乙醚、氯仿及丙酮。化学结构式为:

巴比妥为长时间作用的催眠药。主要用于神经过度兴奋、狂躁或忧虑引起的失眠。合成路线如下：

三、试剂及仪器

试剂：邻苯二甲酸二乙酯、无水乙醇、金属钠、丙二酸二乙酯、溴乙烷、乙醚、尿素。

仪器：250 mL 三颈瓶、滴液漏斗、250 mL 圆底瓶、干燥管、机械搅拌器、直型冷凝管、球形冷凝管、分液漏斗。

四、实验方法

1. 绝对乙醇的制备

在装有球形冷凝器（顶端附氯化钙干燥管）的 250 mL 圆底烧瓶中加入无水乙醇 180 mL[①]、金属钠 2 g[②]，加几粒沸石，加热回流 30 min，加入邻苯二甲酸二乙酯 6 mL[③]，再回流 10 min。将回流装置改为蒸馏装置，蒸去前馏分。用干燥圆底烧瓶作接收器，蒸馏至几乎无液滴流出为止。量其体积，计算回收率，密封贮存[④]。

2. 二乙基丙二酸二乙酯的制备

在装有搅拌器、滴液漏斗及球形冷凝器（顶端附有氯化钙干燥管）的 250 mL 三颈瓶中，加入制备的绝对乙醇 75 mL，分次加入金属钠 6 g。待反应缓慢时，开始搅拌，用油浴加热（油浴温度不超过 90 ℃），金属钠消失后，由滴液漏斗加入丙二酸二乙酯 18 mL，10～15 min 内加完，然后回流 15 min，当油浴温度降到 50 ℃ 以下时，慢慢滴加溴乙烷 20 mL[⑤]，约 15 min 加完，然后继续回流 2.5 h。将回流装置改为蒸馏装置，蒸去乙醇（但不要蒸干），放冷，药渣用 40～45 mL 水溶解，转到分液漏斗中，分取酯层，水层以乙醚提取 3 次（每次用乙醚 20 mL），合并酯与醚提取液，再用 20 mL 水洗涤一次，醚液倾入 125 mL 锥形瓶内，加无水硫酸钠 5 g，放置。

3. 二乙基丙二酸二乙酯的蒸馏

将上一步制得的二乙基丙二酸二乙酯乙醚液，过滤，滤液蒸去乙醚。瓶内剩余液，用装有空气冷凝管的蒸馏装置于砂浴上蒸馏[⑥]，收集 218～222 ℃ 馏分（用预先称量的 50 mL 锥形瓶接受），称重，计算收率，密封贮存。

4. 巴比妥的制备

在装有搅拌、球型冷凝器（顶端附有氯化钙干燥管），及温度计的 250 mL 三颈瓶中加入绝对乙醇 50 mL，分次加入金属钠 2.6 g，待反应缓慢时，开始搅拌。金属钠消失后，加入二乙基丙二酸二乙酯 10 g、尿素 4.4 g[⑦]，加完后，随即使内温升至 80～82 ℃。停止搅拌，保温反应 80 min(反应正常时，停止搅拌 5～10 min 后，料液中有小气泡逸出，并逐渐呈微沸状态，有时较激烈)。反应毕，将回流装置改为蒸馏装置。在搅拌下慢慢蒸去乙醇[⑧]，至常压不易蒸出时，再减压蒸馏尽。残渣用 80 mL 水溶解，倾入盛有 18 mL 稀盐酸(盐酸：水＝1：1)的 250 mL 烧杯中，调 pH 3～4 之间，析出结晶，抽滤，得粗品。

5. 精制

粗品称重，置于 150 mL 锥形瓶中，用水(16 mL/g)加热使溶，加入活性炭少许，脱色15 min 趁热抽滤，滤液冷至室温，析出白色结晶，抽滤，水洗，烘干，测熔点，计算收率。

注释：

① 制备绝对乙醇所用的无水乙醇，水分不能超过 0.5%，否则反应相当困难。

② 取用金属钠时需用镊子，先用滤纸吸去黏附的油后，用小刀切去表面的氧化层，再切成小条。切下来的钠屑应放回原瓶中，切勿与滤纸一起投入废物缸内，并严禁金属钠与水接触，以免引起燃烧爆炸事故。

③ 加入邻苯二甲酸二乙酯的目的是利用它和氢氧化钠进行如下反应：

$$\text{COOC}_2\text{H}_5 \ / \ \text{COOC}_2\text{H}_5 + 2\text{NaOH} \longrightarrow \text{COONa} \ / \ \text{COONa} + 2\text{C}_2\text{H}_5\text{OH}$$

因此避免了乙醇和氢氧化钠生成的乙醇钠再和水作用，这样制得的乙醇可达到极高的纯度。

④ 检验乙醇是否有水分，常用的方法是取一支干燥试管，加入制得的绝对乙醇 1 mL，随即加入少量无水硫酸铜粉末。如乙醇中含水分，则无水硫酸铜变为蓝色硫酸铜。本实验中所用仪器均需彻底干燥。由于无水乙醇有很强的吸水性，故操作及存放时，必须防止水分侵入。

⑤ 溴乙烷的用量，也要随室温而变。当室温 30 ℃左右时，应加 28 mL 溴乙烷，滴加溴乙烷的时间应适当延长，若室温在 30 ℃以下，可按本实验投料。内温降到 50 ℃，再慢慢滴加溴乙烷，以避免溴乙烷的挥发及生成乙醚的副反应。

$$\text{C}_2\text{H}_5\text{ONa} + \text{C}_2\text{H}_5\text{Br} \longrightarrow \text{C}_2\text{H}_5\text{OC}_2\text{H}_5 + \text{NaBr}$$

⑥ 砂浴传热慢，因此砂要铺得薄，也可用减压蒸馏的方法。

⑦ 尿素需在 60 ℃干燥 4 h。

⑧ 蒸乙醇不宜快，至少要用 80 min，反应才能顺利进行。

五、实验装置图

实验装置如图 4-6 所示。

六、预习要求

(1) 复习丙二酸二乙酯的性质及其在合成中的应用。

(2) 无水反应的操作要点是什么？

(3) 查阅资料完成下表。

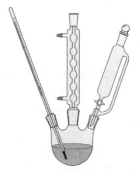

图 4-6 二乙基丙二酸二乙酯和巴比妥制备的装置图

化合物	物理常数				用量				理论量 (g)
	相对密度 (g/mL)	沸点 (℃)	熔点 (℃)	溶解度 (mg/mL)	相对分子质量	体积 (mL)	质量 (g)	物质的量 (mol)	
丙二酸二乙酯									
溴乙烷									
尿素									
无水乙醇									
邻苯二甲酸二乙酯									
金属钠									
乙醚									
无水氯化钙									
巴比妥									

七、思考题

(1) 制备无水试剂时应注意什么问题? 为什么在加热回流和蒸馏时冷凝管的顶端和接收器支管上要装置氯化钙干燥管?

(2) 工业上怎样制备无水乙醇(99.5%)?

(3) 对于液体产物,通常如何精制? 本实验用水洗涤提取液的目的是什么?

八、参考文献

[1] 严琳. 药物化学实验[M]. 郑州:郑州大学出版社,2008,pp. 83.

[2] 孙铁民. 药物化学实验[M]. 北京:中国医药科技出版社,2008,pp. 55.

[3] 王世范. 药物合成实验[M]. 北京:中国医药科技出版社,2007,pp. 48.

实验六 硝苯地平的合成

一、实验目的

(1) 学习硝化反应的特点及操作条件;

(2) 了解对称药物的合成;

(3) 学习环合反应及乙酰乙酸乙酯在环合反应中的应用。

二、实验原理

硝苯地平,化学名为1,4-二氢-2,6-二甲基-4-(2-硝基苯基)-吡啶-3,5-二羧酸二乙酯,为黄色无臭无味的结晶粉末,熔点为162～164 ℃,无吸湿性,极易溶于丙酮、二氯甲烷、氯仿,溶于乙酸乙酯,微溶于甲醇、乙醇,几乎不溶于水。化学结构式为:

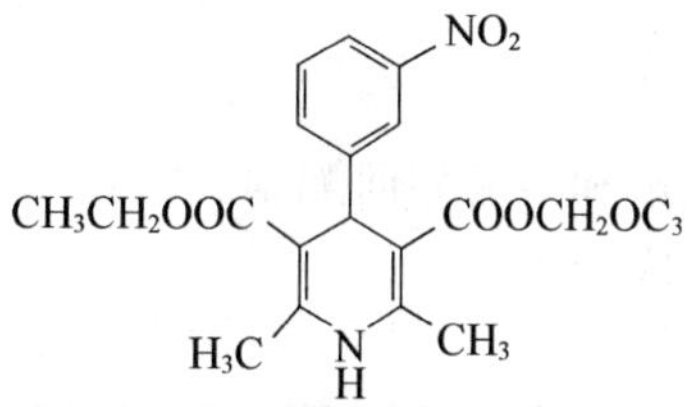

硝苯地平为二氢吡啶钙离子拮抗剂,具有很强的扩血管作用,适用于冠脉痉挛、高血压、心肌梗死等症。在结构上属二氢吡啶衍生物,大多可以通过汉斯反应,由 2 分子酮酸酯和 1 分子醛、1 分子氨缩合成环得到。合成路线如下:

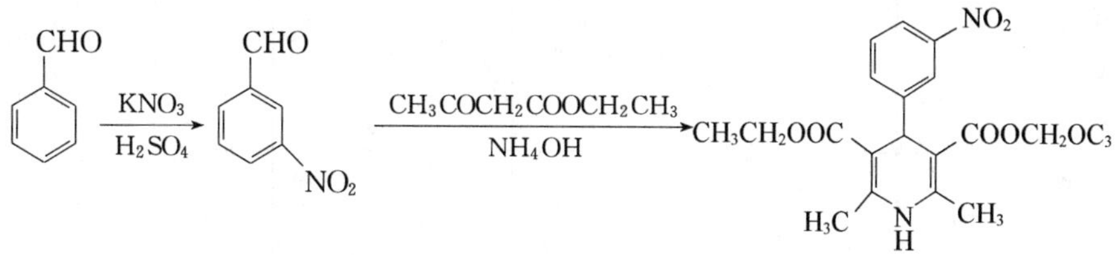

三、试剂及仪器

试剂:硝酸钾、浓硫酸、苯甲醛、乙酰乙酸乙酯、甲醇、氨。

仪器:250 mL 三颈瓶、机械搅拌器、乳钵、恒压滴液漏斗。

四、实验步骤

1. 硝化

在装有搅拌棒、温度计和滴液漏斗的 250 mL 三颈瓶中,将 11 g 硝酸钾溶于 40 mL 浓硫酸中。用冰盐浴冷至 0 ℃以下,在强烈搅拌下,慢慢滴加苯甲醛 10 g(在 60~90 min 左右滴完),滴加过程中控制反应温度在 0~2 ℃之间。滴加完毕,控制反应温度在 0~5 ℃之间继续反应 90 min。将反应物慢慢倾入约 200 mL 冰水中,边倒边搅拌,析出黄色固体,抽滤。滤渣移至乳钵中,研细,加入 5％碳酸钠溶液 20 mL(由 1 g 碳酸钠加 20 mL 水配成)研磨 5 min,抽滤,用冰水洗涤 7~8 次,压干,得间硝基苯甲醛,自然干燥,测熔点(56~58 ℃),称重,计算收率。

2. 环合

在装有球型冷凝器的 100 mL 圆底烧瓶中,依次加入间硝基苯甲醛 5 g、乙酰乙酸乙酯 9 mL、甲醇氨饱和溶液[①]30 mL 及沸石 1 粒,油浴加热回流 5 h,然后改为蒸馏装置,蒸出甲醇至有结晶析出为止,抽滤,结晶用 95％乙醇 20 mL 洗涤,压干,得黄色结晶性粉末,干燥,称重,计算收率。

3. 精制

粗品以 95％乙醇(5 mL/g)重结晶,干燥,测熔点,称重,计算收率。

注释:甲醇氨饱和溶液应新鲜配制。

五、实验装置图

硝化反应装置同图 4－3。

六、预习要求

(1) 查阅资料，了解甲醇氨饱和溶液如何配制。

(2) 查阅资料，写出汉斯反应历程。

(3) 查阅资料完成下表。

化合物	物理常数				用量				理论量 (g)
	相对密度 (g/mL)	沸点 (℃)	熔点 (℃)	溶解度 (mg/mL)	相对分子质量	体积 (mL)	质量 (g)	物质的量 (mol)	
苯甲醛									
硝酸钾									
浓硫酸									
乙酰乙酸乙酯									
95%乙醇									
硝苯地平									

七、思考题

(1) 硝化反应中5%碳酸钠溶液的作用是什么？

(2) 乙酰乙酸乙酯有何化学性质？在本反应中的作用？

八、参考文献

[1] 孙铁民.药物化学实验[M].北京:中国医药科技出版社,2008,pp.77.

[2] 李吉海.基础化学实验2[M].北京:化学工业出版社,2006,pp.104.

实验七　盐酸普鲁卡因的合成

一、实验目的

(1) 通过局部麻醉药盐酸普鲁卡因的合成,学习酯化、还原等单元反应;

(2) 掌握利用水和二甲苯共沸脱水的原理进行羧酸的酯化操作;

(3) 掌握水溶性大的盐类用盐析法进行分离及精制的方法。

二、实验原理

盐酸普鲁卡因,化学名为对氨基苯甲酸-2-二乙胺基乙酯盐酸盐,为白色细微针状结晶或结晶性粉末,无臭,味微苦而麻,熔点为153～157 ℃,易溶于水,溶于乙醇,微溶于氯仿,几乎不溶于乙醚。化学结构式为:

$$H_2N-\bigcirc-COOCH_2CH_2N(C_2H_5)_2 \cdot HCl$$

盐酸普鲁卡因为局部麻醉药,作用强,毒性低。临床上主要用于浸润、脊椎及传导麻醉。

合成路线如下：

$$O_2N-\!\!\!\!\bigcirc\!\!\!\!-COOH \xrightarrow[\text{二甲苯}]{HOCH_2CH_2N(C_2H_5)_2} O_2N-\!\!\!\!\bigcirc\!\!\!\!-COOCH_2CH_2N(C_2H_5)_2$$

$$\xrightarrow{Fe,HCl} H_2N-\!\!\!\!\bigcirc\!\!\!\!-COOCH_2CH_2N(C_2H_5)_2 \cdot HCl \xrightarrow{20\% NaOH}$$

$$H_2N-\!\!\!\!\bigcirc\!\!\!\!-COOCH_2CH_2N(C_2H_5)_2 \xrightarrow{\text{浓盐酸}} N_2N-\!\!\!\!\bigcirc\!\!\!\!-COOCH_2CH_2N(C_2H_5)_2 \cdot HCl$$

在第一步酯化反应中，羧酸和醇之间进行的酯化反应是一个可逆反应，反应达到平衡时，生成酯的量比较少（约 65.2%），为使平衡向右移动，需向反应体系中不断加入反应原料或不断除去生成物。本反应利用二甲苯和水形成共沸混合物的原理，将生成的水不断除去，从而打破平衡，使酯化反应趋于完全。

三、试剂及仪器

试剂：对硝基苯甲酸、β-二乙胺基乙醇、二甲苯、20% 氢氧化钠、铁粉、稀盐酸。

仪器：500 mL 三颈瓶、分水器。

四、实验步骤

1. 对-硝基苯甲酸-β-二乙胺基乙醇（俗称硝基卡因）的制备

在装有温度计、分水器及回流冷凝器的 500 mL 三颈瓶中①，投入对硝基苯甲酸 20 g、β-二乙胺基乙醇 14.7 g、二甲苯 150 mL 及止爆剂，油浴加热至回流（注意控制温度，油浴温度约为 180 ℃，内温约为 145 ℃），共沸带水 6 h②。撤去油浴，稍冷，将反应液倒入 250 mL 锥形瓶中，放置冷却，析出固体。将上清液用倾泻法转移至减压蒸馏烧瓶中，水泵减压蒸除二甲苯③，残留物以 3% 盐酸 140 mL 溶解，并与锥形瓶中的固体合并，过滤，除去未反应的对硝基苯甲酸④，滤液（含硝基卡因）备用。

2. 对-氨基苯甲酸-β-二乙胺基乙醇酯的制备

将上步得到的滤液转移至装有搅拌器、温度计的 500 mL 三颈瓶中，搅拌下用 20% 氢氧化钠调 pH 至 4.0～4.2。充分搅拌下，于 25 ℃ 分次加入经活化的铁粉⑤⑥，反应温度自动上升，注意控制温度不超过 70 ℃（必要时可冷却），待铁粉加毕，于 40～45 ℃ 保温反应 2 h。抽滤，滤渣以少量水洗涤两次，滤液以稀盐酸酸化至 pH=5。滴加饱和硫化钠溶液调至 pH 至 7.8～8.0，沉淀反应液中的铁盐，抽滤，滤渣以少量水洗涤两次，滤液用稀盐酸酸化至 pH=6。加少量活性炭⑦，于 50～60 ℃ 保温反应 10 min，抽滤，滤渣用少量水洗涤一次，将滤液冷却至 10 ℃ 以下，用 20% 氢氧化钠碱化至普鲁卡因全部析出（pH 为 9.5～10.5），过滤，得普鲁卡因，备用。

3. 盐酸普鲁卡因的制备

（1）成盐

将普鲁卡因置于烧杯中，慢慢滴加浓盐酸至 pH 5.5⑧⑨，加热至 60 ℃，加精制食盐至饱和，升温至 60 ℃，加入适量保险粉⑩，再加热至 65～70 ℃，趁热过滤，滤液冷却结晶，待冷至 10 ℃ 以下，过滤，即得盐酸普鲁卡因粗品。

（2）精制

将粗品置烧杯中，滴加蒸馏水至维持在 70 ℃时恰好溶解。加入适量的保险粉，于 70 ℃保温反应 10 min，趁热过滤，滤液自然冷却，当有结晶析出时，外用冰浴冷却，使结晶析出完全。过滤，滤饼用少量冷乙醇洗涤两次，干燥，得盐酸普鲁卡因，熔点为 153～157 ℃，以对硝基苯甲酸计算总收率。

注释：

① 由于水的存在对反应产生不利的影响，故实验中使用的药品和仪器应事先干燥。

② 考虑到教学实验的需要和可能，将分水反应时间定为 6 h，若延长反应时间，收率尚可提高。

③ 也可不经放冷，直接蒸去二甲苯，但蒸馏至后期，固体增多，毛细管堵塞操作不方便。回收的二甲苯可以套用。

④ 对硝基苯甲酸应除尽，否则影响产品质量，回收的对硝基苯甲酸经处理后可以套用。

⑤ 铁粉活化的目的是除去其表面的铁锈，方法是：取铁粉 47 g，加水 100 mL、浓盐酸 0.7 mL，加热至微沸，用水倾泻法洗至近中性，置水中保存待用。

⑥ 该反应为放热反应，铁粉应分次加入，以免反应过于激烈，加入铁粉后温度自然上升。铁粉加毕，待其温度降至 45 ℃进行保温反应。在反应过程中铁粉参加反应后，生成绿色沉淀 $Fe(OH)_2$，接着变成棕色 $Fe(OH)_3$，然后转变成棕黑色的 Fe_3O_4。因此，在反应过程中应经历绿色、棕色、棕黑色的颜色变化。若不转变为棕黑色，可能反应尚未完全。可补加适量铁粉，继续反应一段时间。

⑦ 除铁时，因溶液中有过量的硫化钠存在，加酸后可使其形成胶体硫，加活性炭后过滤，便可使其除去。

⑧ 盐酸普鲁卡因水溶性很大，所用仪器必须干燥，否则影响收率。但是，干燥的、粉末状的普鲁卡因在用浓盐酸调 pH 为 5.5 非常困难，可将普鲁卡因置 150 mL 烧杯中，慢慢加入无水乙醇至饱和，抽滤，滤液慢慢滴加浓盐酸至不同的 pH，即有大量沉淀析出，冷却析晶，抽滤，即得盐酸普鲁卡因粗品。

⑨ 严格掌控 pH＝5.5，以免芳胺基成盐。

⑩ 保险粉为强还原剂，可防止芳胺基氧化，同时可除去有色杂质，以保证产品色泽洁白，若用量过多，则成品含硫量不合格。

五、实验装置图

本实验的装置如图 4-7 所示。

六、预习要求

（1）在盐酸普鲁卡因的制备中，为何用对硝基苯甲酸为原料先酯化，然后再进行还原？能否反之，先还原后酯化，即用对硝基苯甲酸为原料进行酯化？为什么？

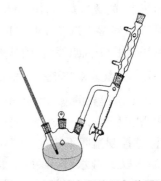

图 4-7 硝基卡因的制备装置图

（2）酯化反应中，为何加入二甲苯作溶剂？

（3）查阅资料完成下表。

化合物	物理常数				用量				理论量 (g)
	相对密度 (g/mL)	沸点 (℃)	熔点 (℃)	溶解度 (mg/mL)	相对分子质量	体积 (mL)	质量 (g)	物质的量 (mol)	
对硝基苯甲酸									
β-二乙胺基乙醇									

化合物	物理常数				用量				理论量 (g)
	相对密度 (g/mL)	沸点 (℃)	熔点 (℃)	溶解度 (mg/mL)	相对分子质量	体积 (mL)	质量 (g)	物质的量 (mol)	
二甲苯									
铁粉									
盐酸普鲁卡因									

七、思考题

（1）酯化反应结束后，放冷除去的固体是什么？为什么要除去？

（2）在铁粉还原过程中，为什么会发生颜色变化？说出其反应机制。

（3）还原反应结束，为什么要加入硫化钠？

（4）在盐酸普鲁卡因成盐和精制时，为什么要加入保险粉？解释其原理。

八、参考文献

［1］尤启冬. 药物化学实验与指导［M］. 北京：中国医药工业出版社，2000.

［2］张慧珍，孟秀芬. 实验室制备盐酸普鲁卡因成盐条件的探索［J］. 山东教育学院学报，2006，1：98－100.

［3］师永清. 药物合成反应实验［M］. 兰州：兰州大学出版社，2012，pp.120.

［4］宋航. 制药工程专业实验［M］. 北京：化学工业出版社，2005，pp.124.

实验八　藜芦酸的制备工艺及过程监控

一、实验目的

（1）掌握氧化反应的基本方法；

（2）了解高锰酸钾氧化有机物的主要影响因素；

（3）熟悉用薄层色谱方法监测反应进程的方法。

二、实验原理

藜芦酸，化学名为 3,4－二甲氧基苯甲酸，为白色针状结晶，无臭，味微苦而麻，熔点 179～182 ℃，微溶于水，易溶于乙醇。化学结构式为：

$$\text{CH}_3\text{O} - \text{（苯环）} - \text{COOH}, \quad \text{CH}_3\text{O}$$

藜芦酸是重要的医药中间体，其合成一般是以香兰醛为原料，在氢氧化钠水溶液中利用硫酸二甲酯为甲基化试剂对香兰醛的酚羟基进行甲基化得到藜芦醛，再将醛基氧化成羧基。合成路线如下：

鉴于硫酸二甲酯的较大毒性和较大用量,香兰醛甲基化制备藜芦醛不宜广泛开展,因此直接以藜芦醛为原料通过氧化反应制备藜芦酸。在有机合成中高锰酸钾是常用的强氧化剂,其在水中的溶解度不大,通常只能配成10%重量比的水溶液,在有机溶剂中的溶解度一般很小,也不稳定(氧化有机溶剂),导致其在实际应用中受限,通常在异相溶液环境中进行反应。高锰酸钾可在酸性、中性和碱性水溶液中进行反应,而叔丁醇、丙酮、醋酸和吡啶由于对高锰酸钾也稳定,因此可以作为中性、酸性和碱性有机反应溶剂。通常认为芳香醛易与高锰酸钾发生氧化反应,但必须认识到:此类氧化反应的难易程度与pH、芳环上取代基的电子效应、芳香醛溶解特性等密切相关,需要针对某一反应进行细致的研究。

藜芦醛在碳酸氢钠水溶液中用高锰酸钾氧化,氧化的进程可利用薄层色谱方法进行监控,薄层色谱检测反应完全后,冷却、抽滤,滤液用盐酸酸化pH至1~2,过滤析出的沉淀,干燥后即得藜芦酸。

三、试剂与仪器

试剂:藜芦醛、高锰酸钾、N,N-二甲基甲酰胺(DMF)、乙醇、碳酸氢钠、二氯甲烷、苯、浓盐酸、乙酸乙酯、硅胶 G_{254} 粉、0.8% CMC-Na、蒸馏水。

仪器:熔点测定仪、温磁力搅拌器、电热套、载玻片、蒸发皿、100 mL 锥形瓶、250 mL 锥形瓶、250 mL 三颈烧瓶、250 mL 圆底烧瓶、紫外光灯、恒压漏斗、烧杯(50、100、250、500 mL)、量筒(10、25、250 mL)、250 mL 容量瓶、色谱缸。

四、操作步骤

1. 薄层板的铺制

在电子天平上称量30 g 薄层层析硅胶 G_{254} 放入匀浆机内,加入100 mL 0.8% CMC-Na 溶液,搅拌2~3 min(直至液体中无气泡)。用玻璃棒蘸取少许液体,润湿25 mm×75 mm 的载玻片,再取适量该液置于载玻片上,保证液面平整,平置,阴干12 h,放入温度为105 ℃ 的真空干燥箱内活化30 min,取出后放入干燥器内,待用。

2. 藜芦醛的氧化

(1) 碱性氧化

在250 mL 三颈烧瓶装入20 mL 水,加热至70 ℃,安装回流冷凝管,分别称取2.4 g NaHCO₃ 和2.4 g 藜芦醛加入,继续加热至80 ℃。取2.1g KMnO₄ 溶于250 mL 水中,于恒压漏斗中缓慢滴加至烧瓶内,加热回流1 h,过滤①,盐酸酸化(使pH为1~2),抽滤,即得粗品①③。

(2) 中性氧化

用250 mL 三颈烧瓶装入20 mL 水,加热至70 ℃,称取1.0 g 藜芦醛加入此热水中,继续加热至80 ℃。取2.1 g KMnO₄ 溶于250 mL 水中,于恒压漏斗中缓慢滴加至烧瓶内,加热回流1 h,过滤,盐酸酸化滤液(使pH为1~2),抽滤。

(3) 有机溶液的氧化

称取 1.5 g 藜芦醛溶于装有 5 mL DMF 的 50 mL 锥形瓶中,取 2.5 g 过量的高锰酸钾固体。将高锰酸钾缓缓加入到藜芦醛溶液中(缓慢少量加入,以防止氧化反应剧烈而产生大量热,致使锥形瓶炸裂)。反应产生黏稠物后加入少量的水稀释。在反应不再放热后,加入 2 mol/L 的 NaOH 溶液调节 pH 到 9～10 左右。用布氏漏斗进行抽滤,所得滤液中加入 2 mol/L 的盐酸调节 pH 为 1.5～2,析出白色沉淀,抽滤,洗涤,烘干,得到粗品藜芦酸。仿上,以叔丁醇为溶液,进行中性和碱性氧化。

3. 藜芦酸的重结晶

将粗品藜芦酸溶于 50 mL 水和 10 mL 乙醇的混合溶液中,加入活性炭以除去颜色和杂质。用电热套加热到 80 ℃,待所有产品均溶解后,在温度为 80 ℃ 的真空干燥箱中趁热常压过滤该溶液,得到澄清无色透明液体。冷却,放入冰箱静置 12 h,得到白色絮状沉淀。过滤,烘干,称量,得一次重结晶产品,测熔点。将上面所得产品用同样的方法进行二次重结晶,最后得到的是白色针状晶体,测熔点。要求二次重结晶产品的熔距在 3 ℃ 以内。

4. 藜芦醛和藜芦酸的薄层色谱检测

将藜芦醛溶解于乙醇中,点样,以 CH_2Cl_2：AcOEt = 9：1 的混合溶剂展开,吹干,在紫外光灯下观察。取 0.1 g 藜芦酸反应混合物溶于 5 mL 乙醇,点样,以 C_6H_6：CH_2Cl_2 = 3：5 的混合溶剂展开,吹干,在紫外灯下进行观察。

注释:

① 热的高锰酸钾溶液有强腐蚀性,应防止反应过于剧烈而爆沸伤人。

② 反应后的玻璃仪器上会有褐色物质残留,可先用少许浓盐酸溶解后再正常清洗。

③ 反应后的锰化合物严禁倾入下水道,应回收于指定容器中。

五、预习要求

(1) 复习薄层层析色谱的分离原理。

(2) 根据藜芦醛的结构,推测其氧化的难易程度。

(3) 本实验的氧化反应中,除了考虑 pH 的影响外,还考虑了什么影响因素?

(4) 查阅资料完成下表。

化合物	物理常数				用量				理论量 (g)
	相对密度 (g/mL)	沸点 (℃)	熔点 (℃)	溶解度 (mg/mL)	相对分子质量	体积 (mL)	质量 (g)	物质的量 (mol)	
藜芦醛									
高锰酸钾									
DMF									
藜芦酸									

六、思考题

(1) 利用藜芦醛、藜芦酸的熔点不同,在加盐酸酸化滤液、冷却后得到的固体中,可否简便判断藜芦醛的氧化是否完全?

(2) 黎芦醛和黎芦酸的薄层色谱展开条件有何不同？为什么？

(3) 对于苯甲醛，可通过过氧酸、康尼扎罗反应等制备苯甲酸，黎芦酸的制备可以采用这些方法吗？试简要说明。

七、参考文献

［1］宋航. 制药工程专业实验［M］. 北京：化学工业出版社，2005，pp. 105.

［2］吴勇，成丽. 现代药学实验教程［M］. 成都：四川大学出版社，2008，pp. 247.

［3］林强，彭兆快，权奇哲. 制药工程专业综合实验实训［M］. 北京：化学工业出版社，2011，pp. 13.

（吴　洁）

第二节　天然药物（中药）化学实验

实验九　海带多糖的提取、检识与含量测定

一、目的要求

(1) 掌握水提醇沉法提取多糖的原理和方法；

(2) 掌握多糖中蛋白杂质的除去方法和原理；

(3) 掌握糖类化合物检查识别的原理和方法；

(4) 掌握分光光度法测定多糖含量的原理和方法。

二、实验原理

1. 海带多糖的理化性质

海带为海带科一种大型海藻海带（*Laminaria japonica* Aresch.），是重要的经济海藻。海带被誉为天然的海洋保健食品，在我国有悠久的食用和药用历史，其中多糖是其主要活性成分。海带多糖（polysaccharide from *La minaria japonica*）是存在于海带细胞间和细胞内的一类天然生物大分子物质，具有免疫调节、抗肿瘤、降血脂、降血糖、抗辐射、抗突变、抗凝血、抗疲劳、抗脂质过氧化等多方面的药理作用，在医药、食品、化妆品、农业等领域具有广泛的应用前景。

目前，从海带中分离已发现了三种多糖：

(1) 褐藻胶（algin），一般指褐藻酸盐类，湿基含量为 19% 左右，是由 α-$(1\rightarrow4)$-L-古洛糖醛酸（gulonic acid，G）和 β-$(1\rightarrow4)$-D-甘露糖醛酸（mannuronic acid，M）为单体构成的嵌段共聚物。

(2) 褐藻糖胶（fucoidan），湿基含量在 0.3%~1.5%，其主要成分是岩藻多糖，即 α-L-岩藻糖-4-硫酸酯的多聚物，以 $(1\rightarrow3)$ 键和 $(1\rightarrow4)$ 键键合，同时还含有不同比例的半乳糖、木糖、葡萄糖醛酸和少量蛋白质。

(3) 褐藻淀粉（laminaran），又称昆布糖，有水溶性和非水溶性两种，主要由葡萄糖的多

聚物组成,湿基含量在 1% 左右。

褐藻酸钠,白色丝状物,溶于水,不溶于乙醇、丙酮、氯仿等有机溶剂,经醋酸纤维素薄膜电泳呈单一色带,凝胶柱色谱为一对称峰,考马斯亮蓝染色反应呈阴性,苯酚-硫酸反应、硫酸-咔唑反应呈阳性,费林试剂、碘-碘化钾反应呈阴性,电导率为 256 μS/cm (5 mg/mL),pH 为 6.12 (2 mg/mL),特性黏度 η 为 84.0×10^{-3} Pa·s(1 mg/mL),相对分子质量大于 2 万。

褐藻糖胶,乳白色粉末,溶于水,不溶于乙醇、丙酮、氯仿等有机溶剂,经醋酸纤维素薄膜电泳呈单一色带,凝胶柱色谱为一对称峰,考马斯亮蓝染色反应呈阴性,苯酚-硫酸反应、硫酸-咔唑反应呈阳性,费林试剂、碘-碘化钾反应呈阴性,电导率为 65 μS/cm (5 mg/mL),pH 为 6.46(2 mg/mL),特性黏度 η 为 6.12×10^{-3} Pa·s(5.0 mg/mL),相对分子质量大于 2 万,且较褐藻酸钠的分子量小。

昆布多糖 F_1,白色多糖,经聚丙烯酰胺凝胶电泳均为一蓝色斑点,Sephadex G-200 柱色谱为一对称峰,其中含有岩藻糖、半乳糖、木糖,物质的量比为 3.4∶1∶0.5,相对分子量为 1.8×10^4。

2. 水提醇沉法

一般操作过程是:将中药水提液浓缩至密度为 1.1~2.0 g/mL,药液放冷后,边搅拌边缓慢加入乙醇使达规定含醇量,密闭冷藏 24~48 h,滤过,滤液回收乙醇,得到精制液。操作时应注意以下问题:① 药液应适当浓缩,以减少乙醇用量。但应控制浓缩程度,若过浓,有效成分易包裹于沉淀中而造成损失。② 浓缩的药液冷却后方可加入乙醇,以免乙醇受热挥发损失。③ 选择适宜的醇沉浓度。一般药液中含醇量达 50%~60% 可除去淀粉等杂质,含醇量达 75% 以上大部分杂质均可沉淀除去。④ 慢加快搅。应快速搅拌,缓缓加入乙醇,以避免局部醇浓度过高造成有效成分被包裹损失。⑤ 密闭冷藏。可防止乙醇挥发,促进析出沉淀的沉降,便于滤过操作。⑥ 洗涤沉淀。沉淀采用乙醇(浓度与药液中的乙醇浓度相同)洗涤可减少有效成分在沉淀中的包裹损失。

3. 去除蛋白质的方法

采用水提醇沉或其他溶剂沉淀所获得的多糖,常混有蛋白质,除去蛋白质常用以下几种方法。

(1) Sevag 法:于多糖的水溶液中加入 1/5 体积的氯仿-丁醇(5∶1,体积比)混合液后,剧烈振摇 20 min,离心,分去水层与溶液层交界处的变性蛋白。此法去蛋白较温和,但需要重复多次才能完全除去蛋白,少量蛋白则用 Sevag 法除去。

(2) 酶解法:在糖水溶液中加入水解蛋白酶,如胃蛋白酶、胰蛋白酶、木瓜蛋白酶等,使糖样品中蛋白质降解。

(3) 三氟三氯乙烷法:于多糖水溶液中加入等体积的三氟三氯乙烷,搅拌 10 min,离心分出水层,水层再同法处理 2 次,可完全除去多糖中的蛋白。

(4) 三氯醋酸法:在多糖水溶液中缓慢加入 3% 三氯醋酸,直到不再浑浊为止,于 5~10 ℃放置过夜,离心除去胶状沉淀即可。

(5) 鞣酸沉淀法:鞣酸易与蛋白形成沉淀。

4. 多糖检识与含量测定原理

(1) α-萘酚-浓硫酸(Molish)反应

单糖、低聚糖和多糖都能在浓硫酸作用下脱水生成糠醛衍生物,衍生物与 α-萘酚的缩合物呈紫色。反应机理如图 4-8 所示。

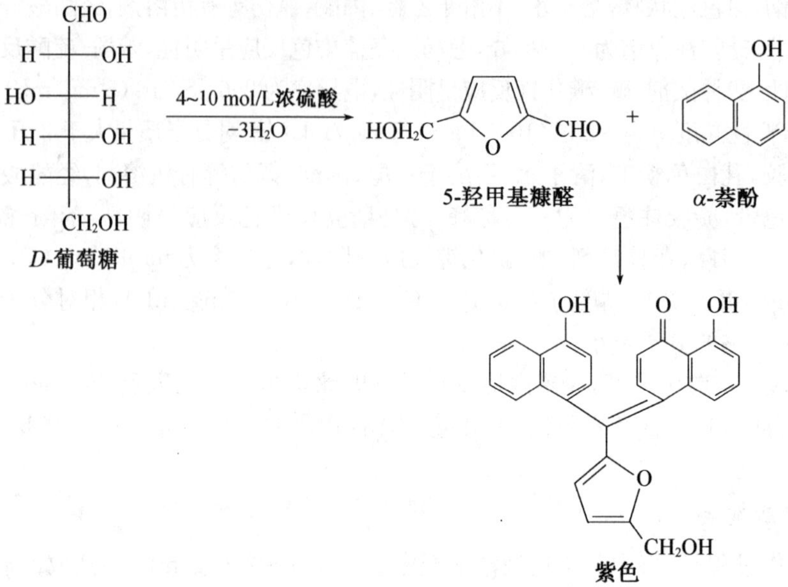

图 4-8　Molish 反应机理示意图

（2）糖醛酸的显色反应

咔唑（carbazole）-硫酸试剂和己糖醛酸反应 2 h 后溶液呈紫色，1 h 内稳定，在 535 nm 处有最大吸收。D-半乳糖醛酸、D-甘露糖醛酸的消光系数，分别是 D-葡糖糖醛酸的消光系数 120% 和 19%，可用于糖醛酸的比色测定。

（3）苯酚-硫酸法测定多糖含量

苯酚-硫酸试剂可与游离的或寡糖、多糖中的己糖、糖醛酸（或甲苯衍生物）发生显色反应，己糖在 490 nm（戊糖及糖醛酸在 480 nm）处有最大吸收，吸收值与糖含量呈线性关系。

三、实验材料

试剂：无水乙醇、95% 乙醇、浓硫酸、α-萘酚、苯酚、咔唑、半乳糖醛酸、甘露糖醛酸、葡萄糖醛酸、古洛糖醛酸、半乳糖、甘露糖、葡萄糖、木糖、氯仿、丁醇、胰蛋白酶、三氟三氯乙烷、三氯醋酸、标准葡聚糖。

实验设备与仪器：分光光度计、旋转蒸发仪、圆底烧瓶、电热套、蒸馏装置、抽滤瓶、布氏漏斗、烧杯、陶瓷板、试管等。

原料：海带。

四、实验步骤与工艺流程

1. 试液配制

（1）10% α-萘酚-乙醇溶液；

（2）0.1% 咔唑-乙醇溶液；

（3）80% 苯酚溶液：80 g 苯酚（分析纯重蒸试剂）加 20 g 水使之溶解，置于冰箱中避光

长期贮存,临用前用 80% 苯酚溶液稀释成 6% 的苯酚溶液;

(4) 各种单糖、糖醛酸试液的配制,浓度均为 0.1 mg/mL;

(5) 0.1 mg/mL 葡萄糖或 0.04 mg/mL 标准葡聚糖溶液的配制。

2. 海带多糖的提取

提取流程见图 4-9。

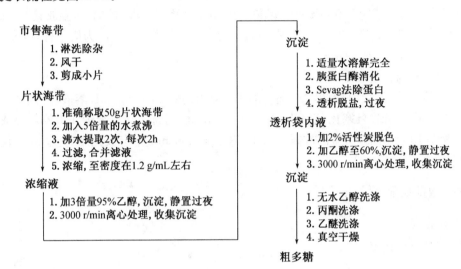

图 4-9 海带多糖提取流程示意图

(1) 多糖提取、浓缩及沉淀

准确称取 50 g 片状海带,加入 5 倍量蒸馏水,小心煮沸提取 2 次,每次 2 h。趁热过滤,合并滤液,冷却至室温,再过滤除去不溶性杂质,得提取液。

将上述减压浓缩至 50 mL,在搅拌下加入 95% 乙醇,使醇含量达 80%,过夜静置(不少于 12 h),过滤,收集沉淀,低温干燥。

(2) 去除杂蛋白、透析、脱色、沉淀

胰蛋白酶除蛋白:再将干燥物溶于 30 mL 蒸馏水中,加入 0.1 g 胰蛋白酶,37 ℃ 水浴下温浴 4 h,煮沸后灭酶,趁热过滤除去不溶物。

Sevag 法除去微量蛋白:滤液中加入 1/5 体积的氯仿-丁醇(5:1,体积比)混合液后,剧烈振摇 20 min,离心,分去水层与溶液层交界处的变性蛋白。再重复 2 次,分去变性蛋白,加热煮沸除去氯仿-丁醇。

透析脱盐:将上述 Sevag 法除蛋白后的溶液装入透析袋中,置于 500 mL 蒸馏水中,过夜透析,并至少更换水 2 次,以便脱盐彻底。

脱色:在上述透析袋内液中加入 2% 活性炭,搅拌 10 min,过滤,收集滤液。

沉淀:在上述滤液中加入 95% 乙醇至 60% 醇浓度,沉淀,过夜静置,离心收集沉淀。

用无水乙醇、丙酮、乙醚再将上述沉淀依次进行洗涤,以彻底除去杂质,即得海带粗多糖。

3. 多糖检识反应

Molish 反应:取适量样品溶解于水中,滴加 1~2 滴 10% α-萘酚乙醇溶液,振摇后,沿管壁加入浓硫酸适量,两液界面处呈紫色环反应。

4. 多糖含量测定

(1) 标准曲线的制作

分别准确吸取 0.4 mL、0.6 mL、0.8 mL、1.0 mL、1.2 mL、1.4 mL、1.6 mL、1.8 mL 的 0.1 mg/mL 葡萄糖溶液(或 0.04 mg/mL 标准葡聚糖溶液)于 10 mL 具塞比色管中,补水至 2 mL,然后加入 6％苯酚 1.0 mL 及浓硫酸 5.0 mL,静置 10 min,摇匀,室温放置 20 min 以后于 490 nm 测定吸光度,以 2.0 mL 水作为空白。以多糖微克数(x)为横坐标,吸光度(y)为纵坐标,绘制标准曲线 $y=ax+b$。

(2) 海带多糖含量测定

准确称取海带粗多糖样品 W(g)适量溶于水,配制成 0.04 mg/mL 溶液,分别准确吸取 1.0、2.0 mL 于 10 mL 具塞比色管中,补水至 2 mL,然后加入 6％苯酚 1.0 mL 及浓硫酸 5.0 mL,静置10 min,摇匀,室温放置 20 min 以后于 490 nm 测定吸光度(y_{s1}, y_{s2}),代入标准曲线中计算。

五、结果与数据处理

(1) 计算提取率;
(2) 计算多糖含量。

六、注意事项

(1) 胰蛋白酶去杂蛋白时,反应温度不宜过高,否则会使胰蛋白酶失活致去杂蛋白效果不佳。

(2) 多糖干燥温度不宜过高,否则会脱水变成凝胶。

(3) 影响多糖提取率的因素主要有提取溶剂用量、pH、煎煮时间、煎煮次数,其中煎煮次数影响较大。

七、预习与思考题

(1) 列出提取率、含量的计算公式。
(2) 从多糖中除去杂蛋白的方法有哪些? 其中胰蛋白酶除蛋白的原理是什么?
(3) 采用硫酸-苯酚法测定多糖的原理是什么? 为什么 6％苯酚要临时配制?

八、参考文献

[1] 杨义芳,孔德云. 中药提取分离手册[M]. 北京:化学工业出版社,2009,pp. 63.
[2] 天津大学等编. 制药工程专业实验指导[M]. 北京:化学工业出版社,2005,pp. 81.
[3] 宋航. 制药工程专业实验[M]. 北京:化学工业出版社,2005,pp. 147.
[4] 张惟杰. 糖复合物生化研究技术(第二版)[M]. 杭州:浙江大学出版社,1999,pp. 11.

实验十　柳树皮与叶中水杨苷的提取、检识及含量测定

一、目的要求

（1）掌握苷类化合物的常用提取原理与方法；

（2）掌握苷类化合物的检识原理与方法；

（3）掌握水杨苷的含量测定方法。

二、实验原理

1. 水杨苷

水杨苷广泛存在于多种柳属和杨属植物的树皮和叶子中，例如紫柳树皮中含水杨苷可达 25%。水杨苷具有解热、镇痛作用及治疗风湿病，可用作香料、医药等原料或添加剂，用于退热和治疗关节炎等疾病。近年来天然水杨苷成分的提取及其应用越来越受到重视，而且国外需求量较大，被广泛用作阿司匹林的天然替代品。

水杨苷为白色结晶，味苦，熔点为 $199 \sim 202\ ^\circ\text{C}$，比旋光度 α 为 $45.6°$，可溶于水，易溶于沸水，难溶于乙醇（1∶90），不溶于醚或氯仿，但能溶于碱溶液、吡啶或冰醋酸，结构见图 4-10。其水溶液呈中性反应，分子中无游离酚羟基，属于酚苷类化合物。经稀酸或苦杏仁酶水解，可生成葡萄糖和水杨醇。水杨醇的分子式为 $C_7H_8O_2$，为斜方无色针晶，熔点 $86 \sim 87\ ^\circ\text{C}$，热至 $100\ ^\circ\text{C}$ 升华，可溶于水、苯，易溶于乙醇、醚、氯仿，遇硫酸呈红色。

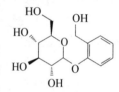

图 4-10　水杨苷结构

2. 苷类检识原理与方法

（1）取 10 mL 水提取液加 20 mL 费林试剂，在沸水浴上加热数分钟，滤去所产生沉淀，取滤液少许，滴加费林试剂，确证已无沉淀反应，然后在滤液中加入 2 mL 盐酸，煮沸 20 min，加氢氧化钠溶液呈碱性，再加费林试剂沸水浴上加热，如又产生沉淀，则证明含有苷或多糖。

（2）进一步证明含苷：水浸液 5 mL，加醋酸铅水溶液。如产生沉淀，就可能含有机酸、黏液质、鞣质、蛋白和苷类。待沉淀完全后，滤去沉淀，滤液中加入碱式醋酸铅水溶液，如果产生沉淀，证明可能含有苷类化合物。

3. 水杨苷含量测定：水杨苷在 269 nm 处具有最大吸收和特征吸收。

三、实验材料

硫酸铜、酒石酸钾、氢氧化钠、醋酸铅、碱式醋酸铅、盐酸、水杨苷对照品、色谱纯乙腈、柳树枝皮或柳树叶。

四、实验步骤与工艺流程

1. 试液的配制

（1）费林试液：取 69.3 g 结晶硫酸铜溶液于 1 000 mL 水，配制 A 溶液；349 g 酒石酸钾

和 100 g 氢氧化钠溶于 1 000 mL 水中,配制成 B 液。分别过滤 A、B 溶液,除去混悬物;临用前等体积混合即得费林试液。

(2) 水杨苷对照品溶液配制:用水配制成 0.20 mg/mL 水杨苷对照品溶液。

2. 水杨苷的提取、精制

(1) 提取:准确称取 1～2 cm 小颗粒状柳树皮 50 g,加入 250 mL 蒸馏水,置于超声清洗器超声处理 2 h,过滤处理,再重复提取一次,合并滤液。

(2) 精制:上步的滤液经减压浓缩至 100 mL,加入 95％乙醇至 50％醇浓度,静置沉淀,过滤,收集滤液。

(3) 回收溶剂:上步的滤液经减压浓缩回收乙醇,浓缩至干,并恒温干燥处理,收集柳树皮提取物。

3. 水杨苷的检识

按实验原理部分进行检识。

4. 含量测定

(1) 色谱测定条件:色谱柱 Rp - C18(150 mm×4.6 mm,5 μm),流动相乙腈-水(5：95,体积比),流速 1.0 mL/min,检测波长 269 nm,柱温 25 ℃。

(2) 标准曲线绘制:精密吸取上述对照品储备液,依次配制成 0.04、0.08、0.10、0.12、0.16、0.20 mg/mL。分别吸取 10 μL 按上述色谱条件进行测定,以峰面积为纵坐标,水杨苷浓度为横坐标,绘制标准曲线。

(3) 含量测定:取适量的提取物溶于水,分别吸取 10 μL 进行测定,代入标准曲线进行计算。

五、结果与数据处理

(1) 提取率计算;

(2) 水杨苷含量计算。

六、注意事项

(1) 水杨苷因易被酸、酶等水解,注意控制提取液的酸碱性。

(2) 苷类检识时,一定要沉淀完全,否则会影响结果判断。

七、预习与思考题

(1) 水杨苷的理化性质有哪些?

(2) 苷类化合物提取的注意事项有哪些?

八、参考文献

[1] 闫雪. 白柳皮中水杨苷的分离与纯化[D]. 无锡:江南大学硕士学位论文,2006.

[2] 惠玉虎,王让成. RP - HPLC 法测定白柳皮提取物中水杨苷的含量[J]. 中草药,2004,5:524 - 525.

[3] 段红,翟科峰,曹稳根,等. 响应面发优化八角枫中水杨苷的提取工艺[J]. 北京中医药大学学报,2011,34(5):322 - 325,332.

实验十一 盐酸小檗碱的提取、精制及检识

一、目的要求

(1) 掌握渗滤提取法的操作要点
(2) 掌握生物碱的提取原理与方法；
(3) 掌握碱水法从黄柏中提取小檗碱的操作技术；
(4) 掌握生物碱的检识原理与方法；
(5) 掌握生物碱的精制原理与方法。

二、实验原理

1. 含小檗碱中药材及药理作用

小檗碱又称黄连素,是在高等植物中分布比较广的有明显生理作用的化学成分,主要存在于黄连、黄柏、三颗针等中草药中,这些草药均属于清热、性味苦寒的中药,具有泻火解毒、清热燥湿的作用。黄连主治温病热甚心烦、吐血衄血,湿热痞满、痢疾、肠炎、目赤肿痛等。黄柏主治湿热下痢、黄疸、淋证、带下、遗精等。三颗针主治里热诸证如下痢后重、咽喉肿痛、肺热咳嗽等。小檗碱具有显著的抗微生物抗原虫的作用,并具有降压之功。临床广泛用于细菌性感染如痢疾、急性胃肠炎、呼吸道感染,也用于中耳炎、结膜炎、高血压等症,还可作为苦味健胃药。

2. 小檗碱性质

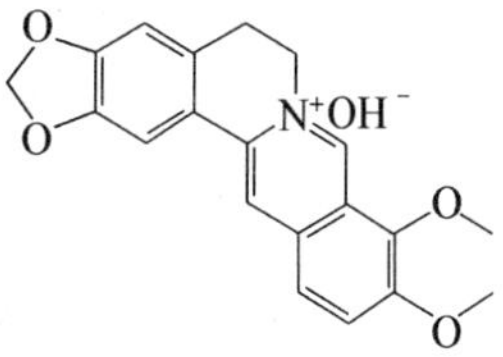

小檗碱(berberine),黄色长针状结晶,具有 5.5 个结晶水,熔点为 145 ℃,能缓慢溶于冷水中(1：20),微溶于冷乙醇(1：100),易溶于热水和热乙醇,微溶或不溶于苯、氯仿、丙酮,结构见图 4-11。与酸结合成盐时失去一分子水,其硝酸盐和氢碘酸盐极难溶于水;盐酸盐微溶于冷水,较易溶于沸水;其硫酸盐、柠檬酸盐在水中溶解度较大。盐酸小檗碱为黄色结晶,含 2 分子结晶水,220 ℃左右分解为棕红色小檗红碱,285 ℃左右完全熔融,紫外最大吸收波长为 265 nm,343 nm。游离小檗碱易和 1 分子丙酮或 1 分子氯仿或 1.5 分子苯结合成黄色络合物晶体。

图 4-11 小檗碱结构

3. 小檗碱提取原理

小檗碱属于季铵碱,其游离型在水中的溶解度最大,含氧酸盐在水中溶解度较大,不含氧酸盐难溶于水,盐酸盐在水中溶解度更小。根据黄柏富含黏液质的特点,利用小檗碱的溶解性和黏液质能被石灰乳沉淀的性质,还可从黄柏中提取小檗碱。

三、实验材料

生石灰、盐酸、氯化钠、刚果红试纸、黄柏、浓硝酸、160 目中性氧化铝、硅胶 G 板。

四、实验步骤与工艺流程

1. 试液配制

盐酸试液,碘化铋钾试剂。

2. 小檗碱的提取、精制

流程见图4-12。

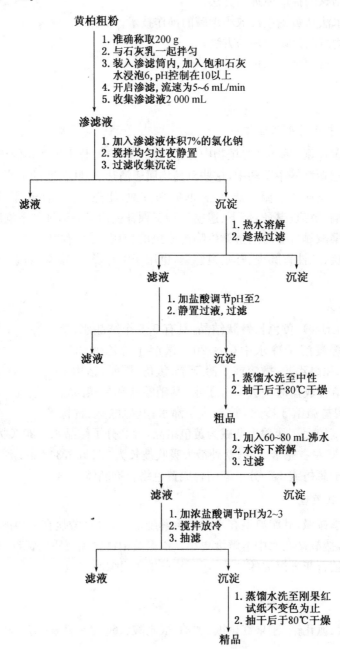

图4-12 小檗碱提取与精制流程图

(1) 小檗碱提取

称取黄柏粗粉 200 g 置于大蒸发皿中,加入石灰乳搅拌均匀,常规法转入渗滤筒中,加入饱和石灰水浸泡 6 h 后(pH 控制 10 以上)开启渗滤,控制流速 5～6 mL/min,收集渗滤液 2 L,加入渗滤液体积 7%(质量/体积)的氯化钠,搅拌后过夜放置,过滤沉淀用热水溶解,趁热过滤。滤液加盐酸调至 pH 为 2,放置过夜,过滤,沉淀用蒸馏水洗至中性,抽干后于 80 ℃下干燥,即得盐酸小檗碱粗品。

(2) 小檗碱的精制

将粗品加入 60～80 mL 沸水中于水浴上溶解,趁热过滤,滤液于水浴上加热至澄清后,加浓盐酸调 pH 为 2～3,搅拌后放冷,然后抽滤,沉淀用蒸馏水洗至对刚果红试纸不变色为止,于 80 ℃下干燥,即得盐酸小檗碱精品。

3. 小檗碱的检识

(1) 取小檗碱水溶液 1 mL,加入 0.1 mol/L 碘溶液,生成黄色沉淀。

(2) 取本品少许,加 1 mL 水溶解,加稀盐酸 1 滴,加新配制的氯水饱和溶液,振摇后显暗红色。

(3) 取盐酸小檗碱 0.05 g,溶于 50 mL 热水中,加入 10% 氢氧化钠 2 mL,混合均匀后,于水浴中加热至 50 ℃,加入丙酮 5 mL,放置,即有柠檬黄色丙酮小檗碱结晶析出,抽滤,水洗后干燥,测其熔点与标准品或文献值对照。

(4) 取盐酸小檗碱水溶液 2 mL,加入浓硝酸,可得黄绿色硝酸小檗碱沉淀。

(5) 取盐酸小檗碱少许,加稀盐酸 2 mL 溶解后,加漂白粉少许,即产生樱红色。

4. 小檗碱薄层鉴定

吸附剂:硅胶 G 板。

样品:① 样品盐酸小檗碱制成甲醇溶液;② 盐酸小檗碱对照品甲醇溶液。

展开剂:① 正丁醇-醋酸-水(7:1:2);② 甲醇-丙酮-乙酸(4:5:1)。

显色剂:345 nm 紫外显色,展开后观察荧光斑点。

五、结果与数据处理

(1) 小檗碱的提取率计算;

(2) 小檗碱精制过程中回收率计算。

六、注意事项

在渗滤过程中注意 pH 的控制,否则会影响小檗碱的提取效果。

七、预习与思考题

(1) 根据小檗碱的理化性质解释酸水与碱水提取的原理。

(2) 小檗碱的化学检识除了一般生物碱沉淀反应外,还有什么特殊的化学反应?

八、参考文献

[1] 冀春茹,王浴铭. 中药化学实验技术与实验[M]. 郑州:河南科学技术出版社,1986.

[2] 谢平,罗永明. 天然药物化学实验技术[M]. 南昌:江西科学技术出版社,1993.

实验十二　大黄中游离蒽醌的提取、分离与检识

一、目的要求

(1) 掌握 pH 梯度萃取法的原理和操作技术；

(2) 学习用色谱柱分离大黄酚和大黄素甲醚的方法；

(3) 掌握羟基蒽醌类化合物的检识方法。

二、实验原理

1. 大黄游离蒽醌

大黄是蓼科多年生草本植物掌叶大黄(*Rheum palmatum* L.)、唐古特大黄(*Rheum tanguticum* Maxim. ex Balf.)或药用大黄(*Rheum officinale* Baill.)的干燥根及根茎。该药味苦,性寒,具有泻热通肠,凉血解毒,逐瘀通经的功效。用于实热便秘,积滞腹痛,泻痢不爽,湿热黄疸,血热吐衄,目赤,咽肿,肠痈腹痛,痈肿疔疮,淤血经闭,跌打损伤,外治水火烫伤,上消化道出血等。

大黄中含有多种羟基蒽醌及苷类化合物,总含量约为 2%～5%,主要有大黄酸(rhein)、大黄素(emodin)、大黄酚(chrysophanol)、芦荟大黄素(aloeemodin)、大黄素甲醚(physcion)以及它们的葡萄糖苷,大黄酚、芦荟大黄素、大黄酸的双葡萄糖苷以及大黄素甲醚-8-O-β-D-龙胆双糖苷,此外还含有番泻苷 A、B、C、D 等。大黄游离蒽醌结构见图 4-13 所示。

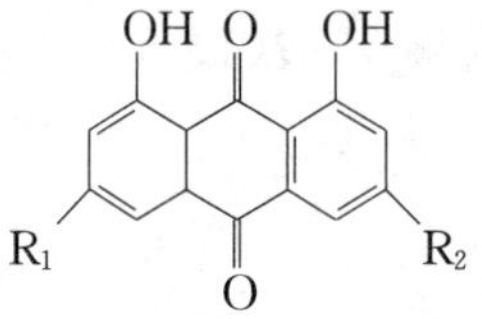

	R_1	R_2
rhein	—H	—COOH
emodin	—CH$_3$	—OH
aloe-emodin	—H	—CH$_2$OH
physcion	—CH$_3$	—OCH$_3$
chrysophanol	—H	—CH$_3$

图 4-13　大黄游离蒽醌结构

(1) 大黄酸。黄色针状结晶,熔点为 321～322 ℃(升华),几乎不溶于水,溶于碳酸氢钠水溶液和吡啶,微溶于乙醇、苯、氯仿、乙醚和石油醚。

(2) 大黄素。橙黄色长针晶,熔点为 256～257 ℃(乙醇或冰醋酸),能升华,其溶解度如下:四氯化碳 0.01%、氯仿 0.071%、二硫化碳 0.009%、乙醚 0.14%、苯 0.0415%。易溶于乙醇,可溶于稀氨水、碳酸钠水溶液,几乎不溶于水。

(3) 大黄酚。金黄色六角形片状结晶,熔点为 196～197 ℃(乙醇或苯),能升华,可溶于丙酮、冰醋酸、氯仿、甲醇、乙醇、热苯和氢氧化钠水溶液,微溶于石油醚、乙醚,不溶于水、碳酸氢钠和碳酸钠水溶液。

(4) 芦荟大黄素。橙黄色针状结晶,熔点为 223～224 ℃(甲苯),能升华,可溶于乙醚、热乙醇、苯、稀氨水、碳酸钠和氢氧化钠水溶液。

(5) 大黄素甲醚。砖红色针状结晶,熔点为 206 ℃(苯),能升华,溶解度与大黄酚相似。

(6) 羟基蒽醌苷类。大黄素甲醚葡萄糖苷(physcion monoglueoside),黄色针状结晶,熔点为

235 ℃；芦荟大黄素葡萄糖苷(aloeemodin monoglucoside)，熔点为 239 ℃；大黄素葡萄糖苷(emodin monoglucoside)，浅黄色针状结晶，熔点为 190～191 ℃；大黄酸葡萄糖苷(rhein-8-monoglucoside)，熔点为 266～270 ℃；大黄酚葡萄糖苷(chrysophanol monoglucoside)，熔点为 245～246 ℃；大黄素-1-O-β-D-葡萄糖(1-O-βD-glucopyranosyl emodin)，熔点为 239～241 ℃；芦荟大黄素-ω-O-β-D-葡萄糖(ω-O-β-D-glucopyranosylaloe-emodin)，熔点为 187～189 ℃。

2. 提取原理

利用蒽醌苷类成分酸水解形成的苷元极性较小，溶于有机溶剂的性质，采用两相酸水解法提取总蒽醌苷元。

大黄中游离羟基蒽醌类成分由于结构中羟基、酚羟基和醇羟基的数目及位置的不同而表现出不同程度的酸性，其大小顺序为：含有—COOH 的大黄酸＞含有 β—OH 的大黄素＞含有苄醇—OH 的芦荟大黄素＞大黄酚(具有1,8-二酚羟基，含有—CH$_3$)＞大黄素甲醚(具有1,8-二酚羟基，含有—OCH$_3$ 和—CH$_3$)。根据游离蒽醌苷元可溶于氯仿，萃取出总提取物中的脂溶性成分后，再利用各羟基蒽醌类化合物酸性不同，采用梯度 pH 萃取法分离。

三、实验材料与设备

实验设备：粉碎机、圆底烧瓶、冷凝管、研钵、索氏提取器、水浴锅、分液漏斗、烧杯、柱色谱。

实验材料：大黄粗粉、盐酸、硫酸、氨水、碳酸氢钠、碳酸钠、氢氧化钠、磷酸氢二钠、柠檬酸、冰醋酸、甲醇、苯、甲苯、氯仿、吡啶、乙酸乙酯、石油醚(沸程 60～90 ℃)、硅胶 G 板、纤维素粉、醋酸镁、对照品(大黄酸、大黄素、大黄酚、芦荟大黄素、大黄素甲醚)。

四、实验步骤与工艺流程

1. 试液的配制

(1) pH＝8 磷酸氢二钠-柠檬酸缓冲液配制：取 0.2 mol/L 磷酸氢二钠溶液 194.5 mL 与 0.1 mol/L 柠檬酸溶液 5.5 mL 混合，即得。

(2) pH＝9.9 碳酸氢钠-碳酸钠缓冲液配制：取 0.1 mol/L 碳酸氢钠 50 mL 与 0.1 mol/L 碳酸钠 50 mL 混合，即得。

2. 游离蒽醌的提取

称取大黄粗粉 50 g，置于 1 000 mL 圆底烧瓶中，加入 28％硫酸溶液 200 mL，氯仿 500 mL，水浴回流 4 h，过滤，滤液置于分液漏斗中，放置分层，氯仿层含有总游离蒽醌，而水层含有蒽醌苷类。用蒸馏水洗氯仿层 2 次，每次 100 mL，收集氯仿层，回收氯仿至近 200 mL，即得游离蒽醌总提取物氯仿溶液。

3. 游离蒽醌苷元的分离

(1) 大黄酸的分离：向氯仿层一次性加入 pH＝8 的磷酸氢二钠-柠檬酸缓冲液 70 mL，振摇萃取，静置，充分分层后，分取出缓冲液层于烧杯内，保留氯仿层。缓冲液层用盐酸调节 pH 为 3，析出黄色大黄酸沉淀，静置，过滤，沉淀用蒸馏水洗至近中性，低温干燥，再用冰醋酸重结晶，得到大黄酸针状结晶。

(2) 大黄素的分离：向上述保留的氯仿层，一次性加入 pH＝9.9 的碳酸钠-碳酸氢钠缓冲液 100 mL，振摇萃取，静置，充分分层后，分取出缓冲液层于烧杯内，保留氯仿层。缓冲液层用盐酸调节 pH 为 3,析出大黄素沉淀,静置,过滤,沉淀用蒸馏水洗至近中性,低温干燥,再用吡啶重结晶,得到大黄素橙色结晶。

(3) 芦荟大黄素的分离:分离大黄素的氯仿层,一次性加入 5％碳酸钠-5％氢氧化钠(9∶1)碱性溶液 200 mL,振摇萃取,静置,充分分层后,分取碱性溶液层于烧杯内,保留氯仿层。碱性溶液层用盐酸调节 pH 为 3,析出芦荟大黄素沉淀,静置,过滤,沉淀用蒸馏水洗至近中性,低温干燥,再用乙酸乙酯重结晶,得到芦荟大黄素橙色结晶。具体流程见图 4 - 14。

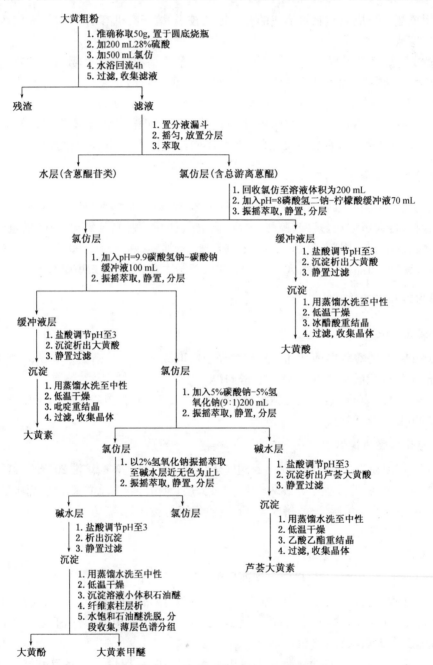

图 4 - 14　大黄游离蒽醌的提取与精制流程

（4）大黄酚和大黄素甲醚的分离：分离芦荟大黄素的氯仿，以 2％氢氧化钠水溶液振摇萃取至碱水层近无色为止（3～4 次），合并氢氧化钠萃取液于烧杯中，用盐酸调节 pH 为 3，析出芦荟大黄素沉淀，静置，过滤，沉淀用蒸馏水洗至近中性，低温干燥。干燥后的沉淀用于校体积石油醚中，作为柱色谱的样品溶液。

装柱：取纤维素粉约 8 g，加入已装有水饱和石油醚（沸程 60～90 ℃）的色谱柱中，待纤维素粉完全沉降后，打开色谱柱下端活塞，将色谱柱内液体放至与柱床面平齐，关闭活塞。

样品上样：将样品溶液用移液管小心加入色谱柱柱床顶端。

洗脱：用水饱和石油醚洗脱，分段收集，每份 10 mL，分别浓缩，经薄层色谱鉴定，相同组分合并，分别得到大黄酚和大黄素甲醚。

4. 游离蒽醌化合物的检识

（1）碱液显色反应

取分离到的大黄素结晶少许，置于试管中，加 1 mL 乙醇溶解，加数滴 10％氢氧化钠，观察颜色变化，羟基蒽醌应显红色或紫红色。

（2）醋酸镁显色反应

分别取大黄酸、大黄素、芦荟大黄素少许，置于试管中，加 1 mL 乙醇溶解，滴加 0.5％醋酸镁乙醇溶液，观察颜色变化，1-羟基蒽醌或 1,8-二羟基蒽醌应显橙红色。

（3）色谱鉴定

薄层板：硅胶 G 板、聚酰胺板。

点样：上述分离获得的大黄酸、大黄素、芦荟大黄素、大黄酚、大黄素甲醚的 1％氯仿溶液及各相应对照品的 1％氯仿溶液。

展开剂：硅胶 G 板、氯仿-乙酸乙酯（8∶2）；聚酰胺板、甲醇-苯（4∶1）。

展开方式：上行展开。

显色：在可见光下观察，记录黄色斑点的位置，然后再用浓氨水熏，斑点鲜红色可作为蒽醌类成分的检识。

五、结果与数据处理

（1）记录大黄总蒽醌的提取方法；

（2）总蒽醌的薄层色谱检查结果及色谱图；

（3）根据总蒽醌的薄层色谱图，说明它对总蒽醌分离方案设计有何启示；

（4）记录总蒽醌的分离程序及各分离物粗品的薄层色谱检查结果，与原设计有何出入，原因何在；

（5）记录大黄素、大黄酸、芦荟大黄素的精制方法及薄层色谱鉴定结果。

六、注意事项

（1）本实验提取方法是采用酸水解法，使药材中蒽醌苷水解为游离蒽醌化合物，用连续回流的方法，使游离蒽醌被氯仿提取出来，这样提取的游离蒽醌类成分较为完全，收率高。

（2）酸水解后的滤饼一定要水洗至中性，为了节约时间，可将第一次抽滤得到的滤饼悬在水中，加 10％氢氧化钠水溶液调 pH 至 6，抽滤后再水洗至中性。

（3）分离萃取时一定要将乳化层分出，不要混入，并且每步都要用新鲜氯仿洗涤碱液。

(4) 缓冲液的配制和碱液的配制要准确,严格进行检查。

(5) pH 梯度萃取法分离羟基蒽醌,是利用羟基蒽醌的酸性不同,可溶于不同 pH 的碱液,在分离时,应注意萃取的次数不宜过多,否则被分离的成分之间分界线不明显,每步萃取时用薄层对照品检查跟踪萃取效果,如未达到预期结果应及时纠正。

七、预习与思考题

(1) 简述大黄中 5 种游离蒽醌化合物的酸性与结构关系。

(2) pH 梯度萃取法的原理是什么? 如何利用该方法分离大黄中的 5 种游离蒽醌化合物?

(3) 大黄中 5 种游离羟基蒽醌化合物的极性与结构的关系如何? 薄层鉴别是常用何类吸附剂? R_f 值顺序是什么?

(4) 羟基蒽醌常用的鉴别方法有哪些? 如何进行这些鉴别试验? 结果如何?

八、参考文献

[1] 天津大学,等. 制药工程专业实验指导[M]. 北京:化学工业出版社,2005,pp. 88.

[2] 刘斌,倪健. 中药有效部位及成分提取工艺和检测方法[M]. 北京:中国中医药出版社,2007,pp. 14.

实验十三　秦皮中七叶内酯和七叶苷的提取与检识

一、目的要求

(1) 掌握用溶剂法和酸碱法提取、分离七叶苷和七叶内酯的基本方法和技能;

(2) 掌握香豆素类成分的一般检识反应。

二、实验原理

1. 概述

秦皮为木犀科植物苦枥白蜡树(*Fraxinus rhynchophylla* Hance.)、白蜡树(*F. chinensis* Roxb.)、尖叶白蜡树(*F. szaboana* Lingelsh.)或宿柱白蜡树(*F. stylosa* Lingelsh.)的干燥枝皮或干皮。秦皮为常用中药,《神农本草经》列为上品,味苦、涩、性寒,具有清热燥湿、清肝明目、止痢等功效,用于痢疾、泄泻、赤白带下、目赤肿痛等症。现代药理研究表明,秦皮对福氏、宋氏及史氏痢疾杆菌有抑制作用,并有止咳祛痰和平喘作用。商品中有以核桃楸树皮代用秦皮。

苦枥白蜡树皮中主要含有香豆素类化合物,其中七叶内酯(aesculetin)及七叶苷(aesculin)是抗痢疾杆菌的有效成分,另外还含有鞣质;碱液白蜡树皮含七叶内酯、七叶苷、秦皮苷(fraxin)、东莨菪素(scopoletin)、2,6 -二甲氧基对苯醌和微量的 N -苯基- 2 -萘胺;白蜡树皮含七叶内酯、秦皮素(fraxetin);宿柱白蜡树皮含七叶内酯、七叶苷、秦皮苷、丁香苷(syringin)、宿柱白蜡苷(stylosin)。

七叶内酯(aesculetin):又名秦皮乙素、七叶素、马栗树皮素、七叶亭、七叶树内酯、esculetin、cichorigenin，分子式 $C_9H_6O_4$，分子量 178.14。棱状结晶（冰醋酸）或叶针状结晶（真空升华），熔点为 268～270 ℃，$[\alpha]_D^{18}$ 为 −30°（吡啶）。溶于稀碱液显蓝色荧光，易溶于热乙醇及冰醋酸、氢氧化钠溶液，可溶于乙醇、醋酸乙酯，稍溶于沸水，微溶于冷水，几乎不溶于乙醚、氯仿。七叶内酯具有还原性，与三氯化铁试剂有绿色反应，在日光下，其水溶液不显荧光。七叶内酯有止咳、祛痰、平喘作用，有较强的选择性抑制脂氧酶的活性。

七叶苷（aesculin）：又名马粟树皮苷、七叶灵、七叶树苷、esculin、esculoside、bicolorin、escosyl，分子式 $C_{15}H_{16}O_9$，分子量 340.28。含有 1.5 分子结晶水，针状结晶（热水），熔点为 205～206 ℃，$[\alpha]_D^{18}$ 为 −78.4°（$c=3$，50% 二氧六环烷）。易溶于热水（1∶13），可溶于乙醇（1∶24），溶于热乙醇、甲醇、吡啶、乙酸乙酯和醋酸，微溶于冷水（1∶610），难溶于醋酸乙酯，不溶于乙醚、氯仿。在稀酸中可水解，水溶液具有蓝色荧光。

秦皮素（fraxetin）：又名秦皮亭、白蜡树内酯、fraxetol。分子式 $C_{10}H_8O_5$，分子量 208.16。片状结晶（乙醇水溶液），熔点为 227～228 ℃。溶于乙醇及盐酸水溶液，微溶于乙醚和沸水。

秦皮苷（fraxin）：又名白蜡树苷、paviin、fraxoside。分子式 $C_{16}H_{18}O_{10}$，分子量 370.30。水合物为黄色针状结晶（水或稀乙醇），无水物熔点为 205 ℃，微溶于冷水，易溶于热水及热乙醇，不溶于乙醚。

四种主要成分的结构见图 4-15 所示。

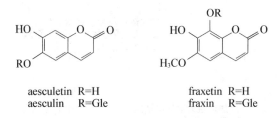

aesculetin　R=H
aesculin　　R=Gle

fraxetin　R=H
fraxin　　R=Gle

图 4-15　秦皮中主要香豆素结构

2. 提取原理

（1）溶剂提取法

利用七叶苷、七叶内酯均可溶于沸乙醇的性质，采用乙醇回流的方法将二者从药材中提取出来；再利用二者在乙酸乙酯中溶解度的差异进行分离。

（2）酸碱提取法

利用稀酸下可水解七叶苷为七叶内酯的性质。七叶内酯在碱性条件内酯环易开环，酸化后又闭环为内酯环。

三、实验材料

试剂：秦皮粗粉、乙醇、氯仿、乙酸乙酯、甲醇、无水硫酸钠、活性炭、七叶苷及七叶内酯对照品、甲苯、甲酸甲酯、甲酸。

实验设备：500 mL 圆底烧瓶、电热套、烧杯、分液漏斗（500、250 mL）、旋转蒸发仪、水浴锅、渗滤筒。

四、实验步骤与工艺流程

1. 有机溶剂提取法

流程图如图 4-16 所示。

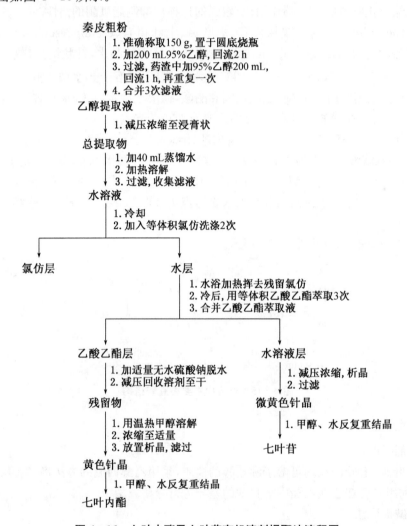

图 4-16　七叶内酯及七叶苷有机溶剂提取法流程图

（1）七叶内酯提取流程：称取秦皮粗粉 150 g，加 200 mL 95％乙醇连续回流 2 h，滤过，药渣再加 200 mL 95％乙醇回流 1 h，再重复一次，合并 3 次滤液，减压回收乙醇至浸膏状，加蒸馏水 40 mL，加热溶解，滤过，待滤液冷却后，加等体积氯仿洗涤两次。经氯仿萃取的水溶液，于水浴上加热除去残留的氯仿，待水冷却后，用等体积的乙酸乙酯萃取 3 次，合并乙酸乙酯萃取液，加无水硫酸钠适量，放置，减压回收乙酸乙酯至干，残留物溶于温热甲醇中，在经适当浓缩后放置过夜，析出黄色结晶，滤出结晶，用甲醇反复重结晶，即得七叶内酯。

（2）七叶苷提取流程：将上述乙酸乙酯萃取后的水溶液层，经浓缩、结晶、滤过收集晶体，再用甲醇、水反复重结晶，即得七叶苷。

2. 酸水解提取法

其流程图如图 4 - 17 所示。

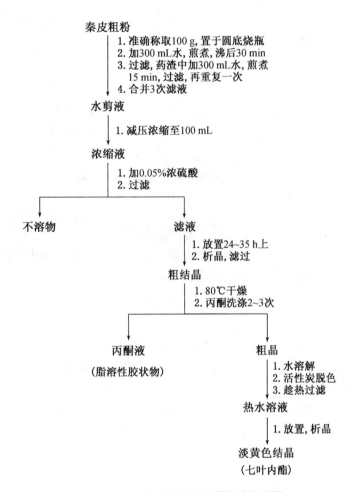

图 4 - 17　七叶内酯酸水解提取法流程图

秦皮粗粉 100 g,加 3 倍量水煎煮 3 次,第一次 30 min,第二、三次各 15 min,合并水煎液,浓缩至(1∶1)生药(约为 100 mL),浓缩液加浓硫酸(0.05%),滤去不溶物,将澄清滤液放置 24～35 h,析出粗结晶,80 ℃干燥,丙酮洗涤,溶去可溶性胶状物。粗晶用 100～130 倍水溶,加 5～8%活性炭脱色,加热过滤,热水溶液放置,结晶,析出淡黄色结晶,即得七叶内酯。

3. 碱溶解提取法

其提取流程如图 4 - 18 所示。

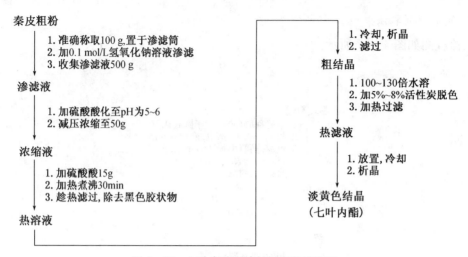

图4-18　七叶内酯碱溶解提取法流程图

　　秦皮粗粉 100 g,用 0.1 mol/L 氢氧化钠溶液渗滤,共得渗滤液 500 g,加硫酸酸化至 pH 为 5~6,并浓缩至 50 g,再加浓硫酸 15 g,加热煮沸 30 min,滤过,除去黑色胶状物,溶液冷却,滤过,得黄色粗结晶。粗晶用 100~130 倍水溶,加 5%~8%活性炭脱色,加热过滤,热水溶液放置,结晶,析出淡黄色结晶,即得七叶内酯。

　　4. 检识

　　(1) 观察荧光

　　取七叶苷和七叶内酯的甲醇溶液分别滴一滴于滤纸上,于 254 nm 的紫外灯下观察荧光的颜色,然后在原斑点上滴一滴氢氧化钠溶液,观察荧光有何变化。

　　(2) 异肟酸铁反应

　　取七叶苷和七叶内酯,分别置于试管内,加入盐酸羟胺甲醇溶液 2~3 滴,再加 1%氢氧化钠溶液 2~3 滴,于水浴上加热数分钟,至反应完全,冷却,再用盐酸调至 pH 为 3~4,加 1%三氯化铁试液 1~2 滴,溶液呈红到紫红色。

　　(3) 薄层检识

　　样品:七叶苷、七叶内酯及其对照品溶液。

　　吸附剂:硅胶 G 板。

　　展开剂:甲苯-甲酸甲酯-甲酸(5:4:1)。

　　显色剂:重氮化对硝基苯胺试液或紫外灯 254 nm 下观察荧光。

五、结果与数据处理

　　(1) 记录提取分离过程中各阶段提取率;

　　(2) 纯化过程的回收率。

六、注意事项

　　(1) 商品秦皮混杂品种较多,有些伪品中并不含香豆素,应注意选择原植物品种;

　　(2) 秦皮由于品种和产地差异,含有七叶苷和七叶内酯含量差别较大;

（3）萃取振摇时，注意防止乳化，以轻轻旋转式萃取为宜；

（4）酸碱法不适合提取苷类化合物；

（5）对未知香豆素类化合物，也不宜用酸碱法提取；

（6）酸碱法实验中使用强酸强碱，应注意实验安全。

七、预习与思考题

（1）了解香豆素的性质和一般提取分离方法。

（2）熟悉溶剂提取法和酸碱提取法的操作程序及其原理。

（3）萃取时，如何选择溶剂？

（4）一般情况下，都有哪几种方法用于分离苷和苷元？

（5）酸碱法为什么能提取分离香豆素？该法有什么优缺点？

（6）酸碱法提取分离香豆素，可能的副产物是什么？

八、参考文献

［1］裴月湖. 天然药物化学实验［M］. 北京：人民卫生出版社，2005，pp. 127.

［2］杨义芳，孔德云. 中药提取分离手册［M］. 北京：化学工业出版社，2009，pp. 106.

［3］刘斌，倪健. 中药有效部位及成分提取工艺和检测方法［M］. 北京：中国中医药出版社，2007，pp. 394.

实验十四　槐花米中芦丁的提取和鉴定

一、目的要求

（1）掌握碱溶酸沉淀提取黄酮类化合物的原理和方法；

（2）掌握黄酮类化合物的一般鉴别原理及方法。

二、实验原理

1. 芦丁及槲皮素的性质

槐花米为一常用中药，为豆科植物槐（*Sophora japonica* L.）的干燥花蕾，自古作为止血药，具有清肝泻火、治疗肝热目赤、头痛眩晕的功效，治疗子宫出血、吐血、鼻出血。槐花米中主要含有黄酮类成分，其中芦丁的含量高达 12%～20%，另含有少量的皂苷。

芦丁（rutin），$C_{27}H_{30}O_6 \cdot 3H_2O$，淡黄色针状结晶，熔点为 177～178 ℃，无水物的熔点为 188～190 ℃，214～215 ℃发泡分解。溶解度：热水（1∶200），冷水（1∶8000），热乙醇（1∶30），冷乙醇（1∶300），微溶于乙酸乙酯、丙酮，不溶于苯、氯仿、乙醚、石油醚等溶剂，易溶于碱液，呈黄色，酸化后又析出，可溶于硫酸和盐酸，呈棕黄色，加水稀释又可析出。

芦丁亦称芸香苷，有减少毛细血管通透性的作用，临床上主要为防治高血压的辅助治疗药物，此外芦丁对于放射线伤害所引起的出血症亦有一定作用。其广泛存在于植物中，现已发现含有芦丁的植物有 70 多种，其中以槐花米和荞麦叶中含量较高，可作为提取芦丁的原料。

槲皮素(quercetin),$C_{15}H_{10}O_7 \cdot 2H_2O$,黄色结晶,熔点为 313～314 ℃,无水物的熔点为 316 ℃。溶解度:热乙醇(1:23),冷乙醇(1:290),可溶于吡啶、乙酸乙酯、甲醇、丙酮、冰醋酸等溶剂,不溶于苯、氯仿、乙醚、石油醚和水。

芦丁和槲皮素结构如图 4-19 所示。

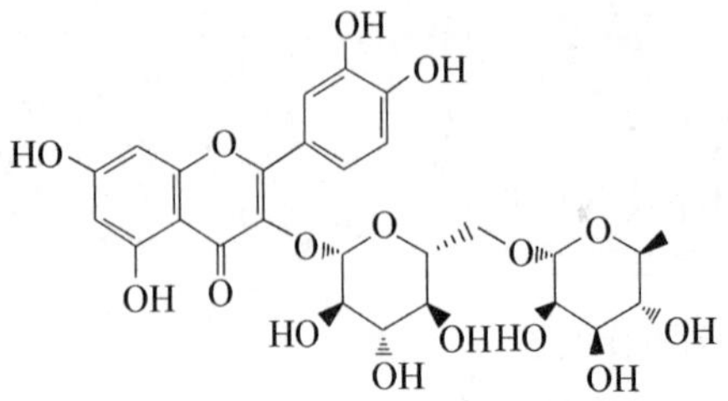

图 4-19 芦丁及槲皮素的化学结构

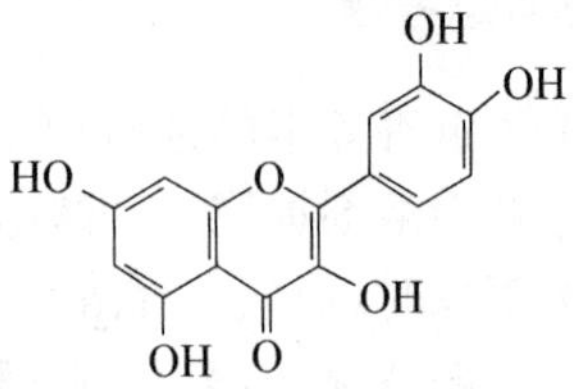

2. 提取原理

热提冷沉法:利用芦丁在冷热水中的溶解度差异进行提取。

碱溶酸沉法:利用芦丁分子中具有酚羟基,显弱酸性,在碱水中成盐增大溶解能力,用碱水为溶剂煮沸提取,提取液加酸酸化后又成为游离的芦丁而析出。

精制:利用芦丁对冷水和热水的溶解度相差悬殊的特性进行精制,并通过显色反应和纸色谱法进行检识。

三、实验材料

试剂:硼砂、槐花米、石灰乳、尼泊金、蒸馏水、正丁醇、醋酸、乙醇、三氯化铝、α-萘酚、浓硫酸、金属镁粉、盐酸、甲醇、$ZrOCl_2$。

仪器:烧杯、新华色谱滤纸、纱布、电炉、圆底烧瓶、三角烧瓶、玻璃棒、电子天平、抽滤瓶、布氏漏斗、真空泵、分液漏斗、三用紫外分析仪、试管、冰箱。

四、实验步骤与工艺流程

1. 芦丁的提取

(1)热提冷沉法:取槐花米粗粉 20 g(压碎),置于 500 mL 烧杯中,加沸水 300 mL。加热煮沸 30 min,补充失去的水分,用 4 层纱布趁热过滤,滤渣同法重复提取一次。合并滤液,放置冰箱中析晶,待全部析出后减压抽滤,用去离子水洗芦丁结晶,抽干,放置空气中自然干燥得粗芦丁,称重。流程如图 4-20 所示。

(2)碱溶酸沉法:取槐花米粗粉 20 g(压碎),置于 500 mL 烧杯中(用冷水快速清洗去掉泥沙等杂质,用纱布滤干水),加 0.4%硼砂水沸腾溶液 200 mL,在搅拌下以石灰乳调至 pH 为 8～9,加热微沸 30 min,补充失去的水分,并保持 pH 为 8～9,倾出上清液,用 4 层纱布过滤,重复提取一次。合并滤液,将滤液用 6 mol/L 盐酸调 pH 为 5 左右,再加 0.5 mL 尼泊金,放置析晶,过夜。抽滤,用水洗 3～4 次,放置空气中自然干燥得粗芦丁,称重。流程如图 4-21 所示。

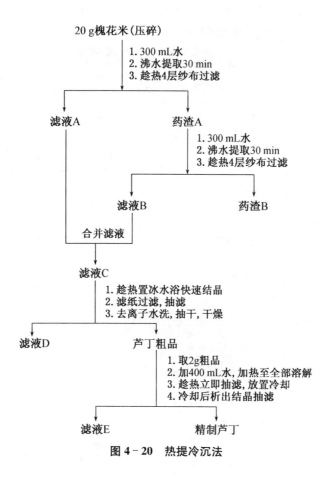

图 4-20 热提冷沉法

2. 芦丁的精制

取粗芦丁 2 g,加 400 mL 蒸馏水,煮沸至芦丁全部溶解,趁热立即抽滤,放置冷却。冷却后即可析出结晶,抽滤得芦丁精制品。

3. 芦丁的鉴别

取芦丁精制品约 4~5 mg,用 8~10 mL 乙醇溶解,制成样品溶液,分成四份做下述试验。

(1) 三氯化铝纸片反应:在一张滤纸条上滴加样品溶液后,加 1%三氯化铝乙醇溶液两滴,于紫外光灯下观察荧光变化,记录现象。

(2) Molish 反应:取样品溶液 1 mL,加 1 mL 10% α-萘酚溶液,振摇后斜置试管,沿管壁滴加浓硫酸,静置,观察并记录液面交界处颜色变化。

(3) 盐酸-镁粉反应:取样品溶液少量于试管中,加入金属镁粉少许,盐酸 2~3 滴,观察并记录颜色变化。

(4) $ZrOCl_2$/柠檬酸反应:取上述溶液 1~2 mL,然后滴加 2%柠檬酸/甲醇溶液,注意观察颜色变化情况,再继续向试管中加入 2% $ZrOCl_2$/甲醇溶液,并详细记录颜色变化情况。

(5) 芦丁的纸色谱鉴定。色谱材料:新华色谱滤纸。点样:样品溶液和芦丁标准品的乙醇溶液。展开剂:正丁醇-醋酸-水(4:1:5)上层溶液。展开方式:预饱和后,上行展开。显色:喷三氯化铝试剂前后,置日光及紫外光(365 nm)灯下检视色斑的变化。

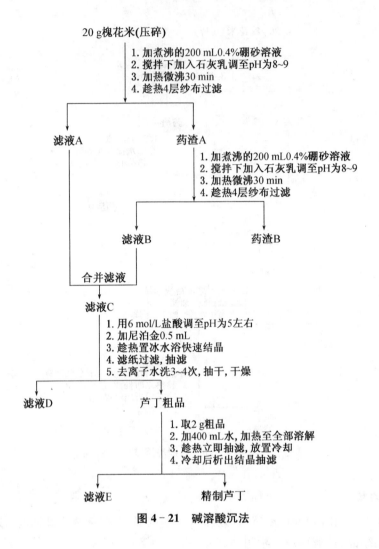

20 g槐花米(压碎)

1. 加煮沸的200 mL0.4%硼砂溶液
2. 搅拌下加入石灰乳调至pH为8~9
3. 加热微沸30 min
4. 趁热4层纱布过滤

滤液A　　　　药渣A

1. 加煮沸的200 mL0.4%硼砂溶液
2. 搅拌下加入石灰乳调至pH为8~9
3. 加热微沸30 min
4. 趁热4层纱布过滤

滤液B　　　　药渣B

合并滤液

滤液C

1. 用6 mol/L盐酸调至pH为5左右
2. 加尼泊金0.5 mL
3. 趁热置冰水浴快速结晶
4. 滤纸过滤,抽滤
5. 去离子水洗3~4次,抽干,干燥

滤液D　　　　芦丁粗品

1. 取2 g粗品
2. 加400 mL水,加热至全部溶解
3. 趁热立即抽滤,放置冷却
4. 冷却后析出结晶抽滤

滤液E　　　　精制芦丁

图4－21　碱溶酸沉法

五、结果与数据处理

(1) 实验数据处理。

① 提取率计算;

② 两种提取方法的提取率的比较。

(2) 实验现象与结果分析。

(3) 讨论。

六、注意事项

(1) 芦丁粉碎时不可过细,以免过滤时速度过慢。

(2) 精制时一定要趁热抽滤。

(3) 加入石灰乳既可达到碱溶解提取芦丁的目的,还可以除去槐花米中含有的大量多糖黏液质,但 pH 不能过高,否则钙能与芦丁形成螯合物而沉淀析出。

(4) pH 过低会使芦丁形成氧盐重新溶解,降低收率(最佳 pH 为 5)。

（5）利用芦丁在冷热水中的溶解度差异来达到热提取和重结晶的目的。得到的沉淀要粗称一下，按照芦丁在热水中1：200的溶解度加蒸馏水进行重结晶，也可以用冷、热乙醇进行重结晶、精制。

（6）在样品溶液中加入2％ ZrOCl$_2$的甲醇溶液之后，如溶液呈黄色，示可能有C$_3$—OH和C$_5$—OH。如再加入2％柠檬酸甲醇溶液，黄色不褪，示有C$_3$—OH；如黄色褪去，加水稀释后转为无色，示无C$_3$—OH，但有C$_5$—OH（上述两种条件生成的锆络合物对酸的稳定性不同，其中C$_3$—OH与4-羰基形成的络合物的稳定性大于C$_5$—OH与4-羰基形成的络合物）。

（7）若结晶色泽呈灰绿色或暗黄色，表示杂质未除尽。

七、预习与思考题

（1）比较两种方法的提取率，哪种方法提取率较高呢？分析原因。
（2）在碱溶酸沉提取法中，从芦丁的结构分析为什么加入硼砂。

八、参考文献

［1］裴月湖.天然药物化学实验［M］.北京：人民卫生出版社，2005，pp.154.

［2］阚毓铭，黄泰康.中药化学实验操作技术［M］.北京：中国医药科技出版社，1988，pp.158.

［3］宋航.制药工程专业实验［M］.北京：化学工业出版社，2005，pp.135.

实验十五　八角茴香中莽草酸的提取及精制

一、目的要求

（1）掌握有机酸的常规提取方法；
（2）掌握醇沉除杂原理与方法；
（3）掌握莽草酸的微沸水浸提和乙醇回流的两种提取方法。

二、实验原理

八角茴香又称为八角或八角茴香，为木兰科植物八角（*Illicium verum* Hook. f.）的果实，性味辛、温，有温中理气、健胃止呕之功效，主治呕吐、腹胀、腹痛、疝气痛，为我国非林木特色林产品，产量和种植面积均占世界85％，用作香辛料和中药，也是居家必备调料，在食品工业和香料工业中广泛应用。其乙醇提取液对金黄色葡萄球菌、肺炎球菌、白喉杆菌、霍乱弧菌、右寒杆菌、副伤寒杆菌、痢疾杆菌及一些常见病菌有较强的抑制作用。八角的果实八角茴香中含有大量的莽草酸（shikimic acid），其甲醇提取物中含有10％以上的莽草酸，因此八角被作为提取莽草酸的资源植物。经研究，八角类植物果实普遍含有莽草酸，为莽草酸的丰富资源之一，广西八角茴香中含莽草酸最高达12.57％。现代药理学研究表明，莽草酸具有较强的抗炎、镇痛和抑制血小板聚集作用。上世纪90年代，莽草酸衍生物作为抗病毒药物，尤其是2003年以来莽草酸作为H5N1禽流感、H1N1甲流感等流感特效药达菲

(Tamiflue)的重要合成原料,应广泛关注其发展前途:一是抗菌抗肿瘤作用,二是对心血管系统的作用。

1. 莽草酸的理化性质

莽草酸(shikimic acid)为针状结晶体,是一种单体化合物,呈弱酸性,易溶于水,在水中的溶解度为 18 g/100 mL,难溶于氯仿、苯和石油醚,熔点为 178~180 ℃,$[\alpha]_D^{22}$ 为 $-157°$($c=1$,水),气味辛酸。莽草酸通过影响花生四烯酸代谢,抑制血小板聚集,抑制动脉、静脉血栓及脑血栓形成,具有抗炎、镇痛作用,是抗病毒和抗癌药物的一种重要中间体,其结构如图 4-22。

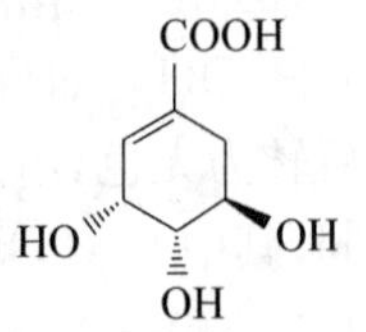

图 4-22 莽草酸结构

2. 提取分离原理

利用莽草酸易溶于水,从八角茴香浸提出来。再利用莽草酸在乙醇中有较大的溶解性能,采用醇沉除去水浸提液中杂质。

三、实验材料

(1) 试剂:八角茴香粗粉、乙醇、乙酸乙酯、丙酮、甲醇、莽草酸对照品。

(2) 设备:圆底烧瓶、水浴锅、电热套、糖度计、烧杯等。

四、实验步骤与工艺流程

1. 莽草酸溶剂提取

称取八角茴香粗粉 200 g,用 500 mL 95％乙醇回流提取 20 min,过滤,药渣再用 500 mL 95％乙醇回流提取 20 min,过滤,再重复一次。合并 3 次乙醇提取滤液,减压浓缩至干,所得褐色浸膏用 40 mL 乙酸乙酯于 50 ℃浸泡数分钟,倾去乙酸乙酯溶液,残留物再用 40 mL 重复浸洗一次。残留物用 40 mL 丙酮回流数分钟,过滤,收集固体,再用 40 mL 丙酮回流处理固体一次,过滤得淡黄色固体,即为莽草酸粗品,用甲醇-丙酮重结晶 2 次后,得到固体莽草酸。其流程如图 4-23 所示。

2. 水提醇沉法

称取 100 g 八角茴香粗粉,置于圆底烧瓶中,加入 800 mL 蒸馏水,水浴加热至 95 ℃,浸提 2 h,过滤收集浸提液。药渣中再加入 600 mL 蒸馏水,95 ℃下浸提 1.5 h,过滤,合并 2 次浸提液。减压浓缩浸提液至糖度为 62°左右为止(用糖度计测定),冷却,待自然析晶后,分离水层和晶体层,即得莽草酸粗晶。将粗晶反复用少量乙醇洗涤后,放置过夜,析出结晶后,过滤,晶体主要为莽草酸。多次洗涤的滤液合并一起进行浓缩,浓缩液留用再次析晶。其提取流程如图 4-24 所示。

3. 莽草酸含量测定

采用色谱法测定莽草酸含量。

色谱条件:硅胶键合氨基柱(4.6 mm×150 mm,5 μm),流动相为乙腈-2％磷酸溶液(95∶5,体积比),柱温 30 ℃,进样量 5 μL,流速为 1 mL/min,检测波长为 213 nm。

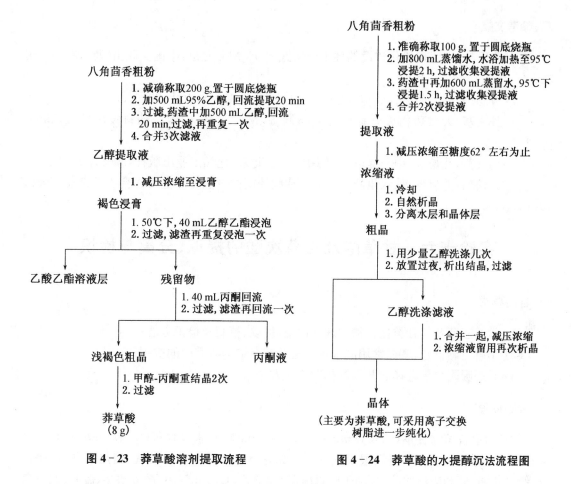

图 4-23 莽草酸溶剂提取流程　　图 4-24 莽草酸的水提醇沉法流程图

样品溶液:取样品及对照品各 0.1 g,用甲醇配制溶液。

五、结果与数据处理

（1）标准曲线制作；

（2）提取率计算；

（3）纯化回收率计算；

（4）产品纯度计算。

六、注意事项

提取温度不能超过 100 ℃或局部过热,防止将八角茴香中的精油馏出,以影响产品纯度和后续处理。

七、预习与思考题

（1）学习有机酸的一般性质。

（2）掌握莽草酸的理化性质,如何利用其理化性质选择合适的提取分离方法?

（3）对两种提取法结果进行比较分析。

八、参考文献

[1] 张巨功. 中国现代化建设的理论与实践 2008[M]. 北京:中国文联出版社,2008,pp. 507.

[2] 方志杰. 糖类药物合成与制备[M]. 北京:化学工业出版社,2010,pp. 362.

[3] 孙文基. 天然药物成分提取分离与制备[M]. 北京:中国医药科技出版社,1999,pp. 375.

[4] 杨义芳,孔德云. 中药提取分离手册[M]. 北京:化学工业出版社,2009,pp. 327.

[5] 孙快麟,尤启冬. 从八角茴香分离莽草酸的简便方法[J]. 上海医药工业杂志,1988,19(11):489.

实验十六　甘草酸及甘草次酸的提取、分离与检识

一、目的要求

(1) 学习三萜及其苷类化合物的理化性质、提取、精制及检识方法;

(2) 了解三萜皂苷,掌握常用的水解方法及其在结构研究中的应用;

(3) 掌握吸附层析选择展开剂及相关检识方法。

二、实验原理

甘草为豆科植物甘草(*Glycyrrhiza uralensis* Fisch.)、胀果甘草(*G. inflata* Bat.)、光果甘草(*G. glabra* L.)的干燥根及根茎。其味甘,性平,具有补脾益气、清热解毒、祛痰止咳、缓急止痛、调和诸药的功效,用于脾胃虚弱,倦怠乏力,心悸气短,咳嗽痰多,脘腹、四肢挛急诊疼痛,痈肿疮毒,缓解药物毒性、烈性。甘草的主要化学成分有三萜皂苷类、黄酮类、香豆素类、桂皮酸衍生物及氨基酸等,产生甘草甜味的代表成分是甘草酸(一种三萜皂苷成分)。其中三萜类成分主要有甘草酸(glycyrrhizic acid)和甘草次酸(glycyhetinic acid),结构如图 4-25 所示。

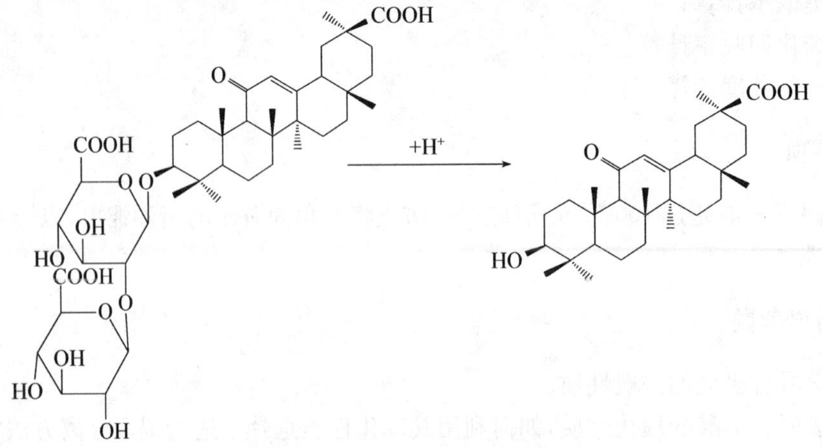

图 4-25　甘草酸酸水解为甘草次酸的机理图

甘草酸(glycyrrhizic acid)：在甘草中含量达 10%，为无色柱状结晶(冰乙酸)，熔点为 170 ℃，加热至 220 ℃分解，$[\alpha]_D^{20}$ 为+46.2°(乙醇)。易溶于热水，可溶于热稀乙醇，几乎不溶于无水乙醇或乙醚，其水溶液有微弱的起泡性及溶血性。甘草酸与 5%稀硫酸在加压下，110~120 ℃进行水解，生成 2 分子葡萄糖醛酸及其苷元甘草次酸。

甘草次酸(glycyhetinic acid)：有 α 型和 β 型两种晶型。α 型为小片状结晶，熔点为 283 ℃，$[\alpha]_D^{20}$ 为+140°(乙醇)；β 型为针状结晶，熔点为 296 ℃，$[\alpha]_D^{20}$ 为+86°(乙醇)。两种结晶均易溶于乙醇或氯仿。

各主要成分的性质详见表 4-1。

表 4-1 甘草中主要成分的物化性质

中英文名称	晶体形状	旋光性/°	熔点/ ℃	分子式	溶解性能
甘草酸 glycyrrhizic acid	柱状	+46.2 (乙醇)	220 (分解)	$C_{42}H_{62}O_{16}$	易溶于热水，可溶于热稀乙醇，几乎不溶于无水乙醇
18α-H 型-甘草次酸 18α-H-glycyrrhetinic acid	片状	+140 (乙醇)	283	$C_{30}H_{46}O_4$	易溶于氯仿和乙醇
18β-H 型-甘草次酸 18β-H-glycyrrhetinic acid	针状	+86 (乙醇)	296	$C_{42}H_{62}O_{16}$	易溶于氯仿和乙醇
甘草酸单钾盐 potassium glycyrrhizic	针状	+46.9 (40%乙醇)	212~217	$C_{42}H_{61}KO_{16}$	易溶于稀碱溶液，可溶于冷水(1∶50)，难溶于甲醇
甘草次酸甲酯 methyl glycyrrhetate	白色针晶	/	257~258	$C_{31}H_{48}O_4$	溶于氯仿、乙酸乙酯、甲醇、乙醇，不溶于水

甘草酸多以钾盐或钙盐的形式存在于甘草中，其盐易溶于水，于水溶液中加浓硫酸即可析出甘草酸，利用此性质提取甘草酸。甘草酸经酸水解，其苷元不溶于水而析出，可分离得到甘草次酸。

三、实验材料

试剂与材料：甘草或甘草浸膏、硫酸、甲醇、丙酮、氢氧化钾、冰醋酸、盐酸。

四、实验步骤与工艺流程

1. 提取

取甘草粗粉 200 g，置于圆底烧瓶中，加水 600 mL，煮沸后回流 20 min，过滤，药渣再加水 400 mL，重复回流提取两次，每次 20 min，合并三次提取液，减压浓缩至原体积的 1/5，冷却，在搅拌下滴加浓硫酸至不再产生沉淀为止，放置片刻，倾去上清液，下层黏状棕色沉淀用水洗涤三次，室温自然干燥，研成细粉，即为甘草酸粗品。

2. 甘草酸三钾盐的制备

取甘草酸粗品，置索氏提取器中，加丙酮抽提，至虹吸管中的丙酮无色为止。丙酮放冷，在搅拌下加入 20%氢氧化钾乙醇溶液至呈弱酸性(pH=8~9)，放置过夜，抽滤，即得甘草酸三钾盐。

3. 甘草酸单钾盐的制备

取干燥的甘草酸三钾盐置于三角烧瓶中,加冰醋酸加热溶解,放冷后析出甘草酸单钾盐,抽滤,用少量无水乙醇洗涤,抽干,即得甘草酸单钾盐粗品,用75%乙醇重结晶,得精品,测定熔点。

4. 甘草次酸的制备

取甘草酸单钾盐置圆底烧瓶中,加入10倍量的5%硫酸溶液,水浴回流约10 h,析出白色沉淀,过滤,滤液保留作葡萄糖醛酸鉴定。白色沉淀为甘草次酸,水洗至中性,低温干燥,即得甘草次酸粗品。

5. 甘草次酸的低压柱色谱分离

将30 g薄层用硅胶H装填入色谱柱。将200 mg甘草次酸粗品,用适量乙醇溶解,拌入400 mg硅胶H,置通风橱中挥发干乙醇,将硅胶研细,干法上样于硅胶柱中。在0.3～0.5 kg/cm² 的压力下洗脱,先用50 mL氯仿洗脱后,依次用100 mL氯仿-丙酮(10:1,体积比)、100 mL氯仿-丙酮(8:1,体积比)、适量氯仿-丙酮(6:1,体积比)洗脱,每10 mL收集一次,薄层层析检识后合并单一色点,浓缩,得到甘草次酸,再用稀乙醇重结晶,得甘草次酸纯品(图4-26)。

6. 检识

(1) 葡萄酸醛酸纸层析鉴定

取上述4项中水解后滤去苷元的水溶液,分去1/5量,滴加饱和氢氧化钡溶液至pH为3,过滤,除去硫酸钡,滤液浓缩至2 mL,用葡萄酸醛酸作对照,进行纸层析。展开剂为正丁醇-乙酸-水(4:1:5,上层),显色剂为苯胺-邻苯二甲酸的水饱和正丁醇溶液(0.93 g苯胺和1.6 g邻苯二甲酸溶于100 mL水饱和的正丁醇溶液中)。

(2) 显色反应

Liebermann-Burchard反应:取甘草酸或甘草次酸少许,加乙酸酐溶液,置反应瓷板,加浓硫酸1滴,观察呈色变化。

香草醛浓硫酸反应:取少许皂苷或苷元置试管,加乙醇0.5 mL溶解,加入2 mL 0.5%香草醛浓硫酸试液,溶液变成黄色,加入水5滴变成红色,再加水10滴变成紫色,即为正反应。

(3) 薄层检识

甘草酸:吸附剂为硅胶G板,展开剂为正丁醇-醋酸-水(6:4:3),先喷1%碘的四氯化碳溶液呈黄色斑点,4 min后再喷0.1%甲紫乙醇溶液,黄色斑点变为紫色。

甘草次酸:吸附剂为硅胶G板,展开剂为石油醚-苯-乙酸乙酯-乙酸(10:20:7:0.5),喷氯磺酸-乙酸(1:3)后,100 ℃下烘烤5 min,甘草次酸显黄色斑点。

五、结果与数据处理

(1) 甘草酸粗品提取率;

(2) 甘草酸单钾盐、三钾盐及甘草次酸的产率;

(3) 纯化回收率计算;

(4) 产品纯度计算。

甘草粗粉

　　1. 准确称取200 g, 置于圆底烧瓶
　　2. 加水回流三次 (600 mL, 20 min;
　　　 2×400 mL, 20 min)
　　3. 合并3次浸提液

提取液

　　1. 减压浓缩至原体积的1/5

浓缩液

　　1. 搅拌下加浓硫酸至不在产生沉淀, 放置
　　2. 倾去上清液
　　3. 收集沉淀

棕色沉淀

　　1. 水洗至中性
　　2. 60℃干燥
　　3. 磨粉

甘草酸粗晶

　　1. 用滤纸包裹
　　2. 置索氏提取器
　　3. 丙酮提取至提取液无色

丙酮提取液

　　1. 放冷, 搅拌下加入20%
　　　 氢氧化钾乙醇溶液至弱
　　　 碱性 (pH8~9)
　　2. 放置, 抽滤

甘草酸三钾盐

　　1. 加冰醋酸加热溶解
　　2. 放冷, 析出结晶
　　3. 过滤, 95%乙醇洗涤

醋酸溶液　　　　　甘草酸单钾盐

　　　　　　　　　1. 置圆底烧瓶, 加入10
　　　　　　　　　　 倍量的5%硫酸溶液
　　　　　　　　　2. 水浴回流约105 h, 放冷
　　　　　　　　　3. 析出白色沉淀, 抽滤

滤液　　　　　　　　固体
(留作糖鉴定试验)
　　　　　　　　　　1. 水洗至中性
　　　　　　　　　　2. 干燥

甘草次酸粗品

　　　　　　　　　　1. 硅胶低压柱层析
　　　　　　　　　　2. 氯仿, 氯仿-丙酮
　　　　　　　　　　　 (10:1, 8:1, 6:1) 梯度洗脱
　　　　　　　　　　3. 薄层分组, 收集甘草次酸部分
　　　　　　　　　　4. 重结晶

甘草次酸纯品

图 4-26　甘草酸及甘草次酸提取分离流程

六、注意事项

(1) 在低压柱色谱时，一定要注意将玻璃柱固定密封好，并且压力不要过大，以防玻璃柱破裂。

(2) 实验中应用到强酸、强碱，注意实验安全。

七、预习与思考题

(1) 提取甘草酸还可用哪些方法？

(2) 如何鉴别中草药中含有皂苷？怎样区分甾体皂苷与三萜皂苷？

八、参考文献

[1] 谢平,罗永明. 天然药物化学实验技术[M]. 南昌：江西科学技术出版社,1993,pp. 246.

[2] 阚毓铭,黄泰康. 中药化学实验操作技术[M]. 北京：中国医药科技出版社,1988,pp. 187.

[3] 裴月湖. 天然药物化学实验[M]. 北京：人民卫生出版社,2005,pp. 210.

（喻春皓）

第三节　生物药物制备

实验十七　肝素钠的提取和精制

一、实验目的

(1) 掌握离子交换树脂在生物大分子药物提取中的应用；

(2) 了解肝素钠的提取过程及其应用。

二、实验原理

肝素是一种由动物结缔组织的肥大细胞产生的粘多糖，由含硫酸酯的氨基葡萄糖、艾杜糖醛酸和葡萄糖酸三种生物活性物质组成。从生物化学角度来讲，三硫酸双糖和二硫酸双糖单位是肝素的主要双糖单位，L-艾杜糖醛酸是三硫酸双糖的糖醛酸，二硫酸双糖的糖醛酸是 D-葡萄糖醛酸，三硫双糖和二硫双糖以约 3∶1 的比例交替联结。

肝素广泛存在于哺乳动物肝、肺、肠黏膜中，多与蛋白质结合成复合体存在，是一种天然抗凝血物质，它在抗凝血、促进脂蛋白酶释放和补体系统的溶细胞作用等方面具有活性，被广泛用于治疗血栓塞、暴发性流脑、败血症、肾炎、急性心肌梗塞、动脉硬化等疾病，还具有澄清血浆脂质，降低胆固醇等作用。酶解蛋白可分离出肝素，在 pH=8~9 时，其带负电荷，采用阴离子交换树脂吸附，然后以 NaCl 溶液洗脱，得到粗品多糖溶液，多糖液在高浓度乙醇中沉淀进行精纯。

三、仪器、材料和试剂

1 000 mL 烧杯、100 mL 烧杯、抽滤装置、磁力搅拌器、水浴锅、真空干燥箱；

猪小肠、氯化钠、胰蛋白酶、氢氧化钠、盐酸、D-254 阴离子交换树脂、95％乙醇、过氧化氢、丙酮、纱布、pH 试纸。

四、实验步骤

1. 实验流程(见图 4-27)

猪肠黏膜

酶解
1. 加胰酶
2. 调 pH 至 8.5～9.0
3. 40～45℃保温 2～3 h
4. 调 pH6.5,90℃保温 20 min
5. 过滤

酶解液

吸附
1. 滤液冷至 50℃
2. 调 pH 至 7
3. D-254 树脂搅拌吸附 2 h

吸附物

洗涤 洗脱
1. 1 倍体积 2 mol/L NaCl 搅拌洗涤 15 min
2. 过滤,弃洗涤液
3. 2 倍体积 1.2mol/L NaCl 搅拌洗涤 2 次,每次 15 min
4. 0.5 倍体积 5mol/L NaCl 搅拌洗脱 1 h,收集洗脱液
5. 1/3 倍体积 3 mol/L NaCl 洗脱 2 次,收集洗脱液
7. 合并洗脱液

洗脱液

沉淀
1. 过滤洗脱液
2. 加入 0.9 倍滤液体积的 95％乙醇
3. 冷冻 1 h,沉淀,过滤
4. 收集沉淀

肝素钠粗品

脱色 沉淀 干燥
1. 沉淀用 15 倍 1％NaCl 溶解
2. 按 3％加入 H_2O_2(30％)
3. 调 pH 11,25℃放置氧化 12 h
4. 调 pH 6.5,加入等体积的 95％乙醇
5. 冷冻 1～2 h,收集沉淀
6. 沉淀用丙酮脱水 2 次
7. 真空干燥

肝素钠精品

图 4-27 肝素提取流程图

2. 工艺

(1) 酶解提取:洗净猪小肠,用刀片刮取黏膜,称取猪小肠黏膜碎片 250 g 于 1000 mL 烧杯中,加 3% 的氯化钠 500 mL 搅拌,加胰蛋白酶 0.5 g,用 30%～40% 的氢氧化钠调 pH 至 8.5～9,40 ℃保温 2 h,保持 pH 为 8.0;再升温至 90 ℃,用 6 mol/L 盐酸调节 pH 至 6.5,保温 20 min,布袋过滤得滤液。

(2) 树脂吸附、洗涤:滤液冷却至 50 ℃以下,用 6 mol/L 氢氧化钠溶液调节 pH 至 7,加入 15 g D-254 强碱性阴离子交换树脂,搅拌 2 h 左右,吸附完毕,弃去液体,用自来水漂洗树脂至水清。

(3) 洗涤、洗脱:用与树脂等体积的 2 mol/L 的氯化钠溶液搅拌洗涤 15 min,弃去洗涤液,再用 2 倍树脂体积的 1.2 mol/L 氯化钠溶液洗涤两次。用约树脂体积一半的 5 mol/L 的氯化钠溶液洗脱 1 h,然后用约为树脂体积 1/3 的 3 mol/L 氯化钠溶液洗脱 2 次,合并洗脱液。

(4) 沉淀:将洗脱液过滤,加入约为滤液体积 0.9 倍的 95% 乙醇,冷冻 1 h,收集沉淀,得肝素钠粗品。

(5) 脱色、沉淀、干燥:沉淀用 15 倍 1% 的氯化钠溶液溶解,按 3% 加入过氧化氢(浓度为 30%),用 5 mol/L 氢氧化钠溶液调 pH 至 11,25 ℃放置,氧化 12 h,过滤,用 6 mol/L 盐酸调节 pH 至 6.5,加入等量的 95% 乙醇,冷冻、收集沉淀,丙酮脱水两次,真空干燥得肝素钠精品。

3. 实验记录

记录每步的实验现象,计算肝素钠粗品和精品的收率。

五、预习要求

(1) 查阅资料,了解肝素的基本性质与应用;

(2) 熟悉工艺路线和流程;

(3) 设计实验记录表。

六、思考题

(1) 离子交换树脂提取肝素钠的原理是什么? NaCl 的浓度对洗涤和洗脱有什么影响?

(2) 乙醇沉淀肝素钠的原理是什么?

(3) 肝素钠的效价如何测定?

七、参考文献

[1] 张龙翔. 生化实验方法和技术[M]. 北京:高等教育出版社,1982.

[2] 李良铸,李明晔. 最新生化药物制备技术[M]. 北京:中国医药科技出版社,2006.

[3] 高向东. 生物制药工艺学实验与指导[M]. 北京:中国医药科技出版社,2008.

实验十八　细胞色素 c 的制备及测定

一、实验目的

(1) 掌握细胞色素 c 的制备工艺;

(2) 了解并掌握有关蛋白纯化技术。

二、实验原理

细胞色素 c 是呼吸链的一个重要组成成分,是一种含铁卟啉基团的蛋白质,在线粒体呼吸链上位于细胞色素 b 和细胞色素 aa_3 之间,细胞色素 c 的作用是在生物氧化过程中传递电子,用于组织缺氧的急救和辅助用药。由于细胞色素 c 在心肌组织和酵母中含量丰富,常以此为材料进行分离制备。本实验以猪心为材料,经过酸溶液提取,人造沸石吸附,硫酸铵溶液洗脱,三氯醋酸沉淀等步骤制备细胞色素 c。

细胞色素 c 分子中含赖氨酸较高,等电点偏碱(pI 为 10.8),分子量为 12 000～13 000,易溶于水及酸性溶液,且较稳定,不易变性,组织破碎后,用酸性水溶液即能从细胞中浸提出来。细胞色素 c 分为氧化型和还原型两种,因为还原型较稳定并易于保存,一般都将细胞色素 c 制成还原型的,氧化型细胞色素 c 在 408、530 nm 有最大吸收峰,还原型细胞色素 c 的最大吸收峰为 415 nm、520 nm 和 550 nm,这一特性可用于细胞色素 c 的含量测定。

三、仪器、材料和试剂

匀浆机、电磁搅拌器、电动搅拌器、离心机、722 型分光光度计、玻璃层析柱(2.5 cm×30 cm)、下口瓶、烧杯(2 000、1 000、500 mL)、量筒、移液管、玻璃漏斗和纱布、玻璃棒、透析袋。

浓硫酸、氨水、硫酸铵、氯化钠、氯化钡、三氯醋酸、人造沸石(60～80 目)、亚硫酸钠($Na_2S_2O_4 \cdot 2H_2O$),细胞色素 c 标准品。

四、实验步骤

1. 细胞色素 c 的制备

(1) 材料处理

取新鲜或冰冻猪心,除去脂肪和韧带,用水洗去积血,将猪心切成小块,放入匀浆机绞碎。

(2) 提取

称取绞碎猪心肌肉 500 g,放入 2 000 mL 烧杯中,加蒸馏水 1 000 mL,在电动搅拌器搅拌下以 2 mol/L H_2SO_4 调 pH 至 4.0(此时溶液呈暗紫色),室温下继续搅拌提取 2 h,在提取过程维持抽提液的 pH 在 4.0 左右。在即将提取完毕,停止搅拌之前,以 1 mol/L NH_4OH 调 pH 至 6.0,停止搅拌。用八层普通纱布压挤过滤,收集滤液。滤渣加入 750 mL 蒸馏水,再按上述条件提取 1 h,两次提取液合并。

（3）中和

用 1 mol/L NH₄OH 调整上述提取液 pH 至 7.2,沉淀部分杂蛋白,静置 30～40 min 中后过滤,所得滤液准备吸附。

（4）吸附与洗脱

人造沸石容易吸附细胞色素 c,吸附后能被 25％的硫酸铵洗脱下来,利用此特性将细胞色素 c 与其他杂蛋白分开。

① 人造沸石的预处理:称取人造沸石 11 g,放入 500 mL 烧杯中,加水搅拌,用倾泻法除去 12 s 内不下沉的过细颗粒。

② 装柱:选择一个干净的玻璃层析柱(2.5 cm×30 cm),柱中加入蒸馏水至 2/3 体积,保持柱垂直,然后将已处理好的人造沸石带水装填入柱,注意一次装完,避免柱内出现气泡。

③ 上样:柱装好后,打开活塞放水至柱面上方约 0.5 cm,将准备好的提取液引入,通过人造沸石柱进行吸附,控制柱下端流出液的速度为 1.0 mL/min。随着细胞色素 c 的被吸附,柱内人造沸石逐渐由白色变为红色,流出液应为黄色或微红色。

④ 洗脱:吸附完毕,将红色人造沸石从柱内取出,放入 500 mL 烧杯中,用自来水、蒸馏水搅拌洗涤至水清,再用 100 mL 0.2％NaCl 溶液分三次洗涤沸石,最后用蒸馏水洗至水清,按第一次装柱方法将人造沸石重新装入柱内,用 25％硫酸铵溶液洗脱,流速大约 2 mL/min,收集含有细胞色素 c 的红色洗脱液,当洗脱液红色开始消失时,即洗脱完毕。人造沸石可再生使用（人造沸石再生:将使用过的沸石,先用自来水洗去硫酸铵,再用 0.25 mol/L氢氧化钠和 1 mol/L 氯化钠混合液洗涤至沸石成白色,前后用蒸馏水反复洗至 pH 为 7～8,即可重新使用）。

（5）盐析

在收集的洗脱液中,加入固体硫酸铵(按每 100 mL 洗脱液加入 20 g 固体硫酸铵的比例,使溶液硫酸铵的饱和度为 45％),边加边搅拌,放置 30 min 后,杂蛋白便从溶液中沉淀析出,而细胞色素 c 仍留在溶液中,过滤（或离心）除去杂蛋白,即得红色透亮细胞色素 c 溶液。

（6）三氯醋酸沉淀

在搅拌情况下向所得溶液加入 20％三氯醋酸(2.5 mL 三氯醋酸溶液/100 mL 细胞色素 c 溶液),细胞色素 c 立即沉淀(此时沉淀出来的细胞色素 c 属可逆变性),立即于 3 000 r/min 离心 15 min,收集沉淀。加入少许蒸馏水,用玻棒搅拌,使沉淀溶解。

（7）透析

将沉淀的细胞色素 c 溶解于少量的蒸馏水后,装入透析袋,透析除盐(电磁搅拌器搅拌),15 min 换水一次,换水 3 至 4 次后;检查透析外液 SO_4^{2-} 是否已被除净(检查方法是:取 2 mL BaCl₂ 溶液于试管中,滴加 2 至 3 滴透析外液至试管中,若出现白色沉淀,表示 SO_4^{2-} 未除净,反之,说明透析完全),将透析液过滤,即得细胞色素 c 水溶液。

2. 含量测定

所得制品是还原型细胞色素 c 水溶液,在波长 520 nm 处有最大吸收值,根据这一特性,可用分光光度法测定其含量。先用标准细胞色素 c 溶液制作标准曲线,然后根据测得的待测样品溶液的光密度值就可以由标准曲线求出待测样品的含量。

（1）标准曲线的绘制

取 1 mL 125.0 mg/mL 细胞色素 c 标准溶液，稀释至 25 mL，从中分别取 0.2、0.4、0.6、0.8、1.0 mL，分别置于五支比色管中，加入 0.5 mL 1 mol/L 亚硫酸钠，蒸馏水定容至 10 mL，在 520 nm 处测得各管的光密度，以浓度为横坐标，光密度值为纵坐标，作出标准曲线。

（2）样品测定

取 1 mL 样品，稀释适当倍数，加入 0.5 mL 1 mol/L 亚硫酸钠，在波长 520 nm 处测定光密度。最后根据标准曲线的斜率计算其细胞色素 c 的含量。

3. 实验记录

（1）记录每步实验现象及原料、试剂等的用量；

（2）记录标准溶液及样品溶液的吸光度，计算样品溶液浓度；

（3）计算细胞色素 c 的收率。

五、预习要求

（1）了解有关蛋白纯化的技术与原理；

（2）画出本实验分离纯化的流程图；

（3）设计实验记录表。

六、思考题

（1）制备细胞色素 c 通常选取什么动物组织？为什么？

（2）本实验采用的酸溶液提取，人造沸石吸附，硫酸铵溶液洗脱，三氯醋酸沉淀等步骤制备细胞色素及含量测定，各是根据什么原理？

（3）列出其他提取和纯化细胞色素 c 的方法？请写出相关的方法及原理。

七、参考文献

［1］张龙翔. 生化实验方法和技术［M］. 北京：高等教育出版社，1982.

［2］李良铸，李明晔. 最新生化药物制备技术［M］. 北京：中国医药科技出版社，2006.

［3］安帮涛，徐英权. 提取细胞色素 c 的研究［J］. 生物技术，1994，4(6)：16.

［4］高向东. 生物制药工艺学实验与指导［M］. 北京：中国医药科技出版社，2008.

［5］张天民. 动物生化制药学［M］. 上海：上海科学技术出版社，1984.

实验十九　溶菌酶的制备及纯度检查

一、实验目的

（1）掌握凝胶层析法纯化生物大分子的方法与操作；

（2）掌握 SDS-聚丙烯酰胺电泳法检测蛋白质纯度的方法与操作；

（3）了解并掌握溶菌酶活力测定方法。

二、实验原理

溶菌酶(Lysozyme)是由弗莱明在 1922 年发现的,它是一种有效的抗菌剂,全称为 1, 4 - β - N - 溶菌酶,又称作粘肽 N-乙酰基胞壁酰水解酶或胞壁质酶。活性中心为天冬氨酸 52 和谷氨酸 35,是一种糖苷水解酶,能催化水解粘多糖的 N-乙酰氨基葡萄糖(NAG)与 N-乙酰胞壁酸(NAM)间的 β-1,4-糖苷键,相对分子质量 14 700,由 129 个氨基酸残基构成,由于其中含有较多碱性氨基酸残基,所以其等电点高达 10.8 左右,最适温度为 50 ℃,最适 pH 为 6~7 左右。在 280 nm 的消光系数 $[A_{1\ cm}^{1\%}]$ 为 13.0。该酶活性可被一些金属离子 Cu^{2+}、Fe^{2+}、Zn^{2+}($10^{-5}\sim10^{-3}$ mol/L)以及 N-乙酰葡萄糖胺所抑制,能被 Mg^{2+}、Ca^{2+} ($10^{-5}\sim10^{-3}$ mol/L)、NaCl 所激活。

溶菌酶广泛存在于动植物及微生物体内,鸡蛋(含量约 2%~4%)和哺乳动物的乳汁是溶菌酶的主要来源,目前溶菌酶广泛应用于医学临床,具有抗感染、消炎、消肿、增强体内免疫反应等多种药理作用。溶菌酶常温下在中性盐溶液中具有较高天然活性,在中性条件下溶菌酶带正电荷,因此在分离制备时,先后采用等电点法,D - 152 型树脂柱层析法除杂蛋白,再经 Sephadex G - 50 层析柱进一步纯化。纯化后的溶菌酶采用聚丙烯酰胺凝胶电泳 (SDS-PAGE)鉴定其纯度。

SDS-PAGE 是对蛋白质进行量化比较及特性鉴定的一种经济、快速、可重复的方法,该法主要依据蛋白质的分子量对其进行分离。SDS-PAGE 因易于操作和广泛的用途,使它成为许多研究领域中一种重要的分析技术。

SDS 是十二烷基硫酸钠(sodium dodecyl sulfate)的简称,它是一种阴离子表面活性剂,加入到电泳系统中能使蛋白质的氢键和疏水键打开,并结合到蛋白质分子上(在一定条件下,大多数蛋白质与 SDS 的结合比为 1.4 g SDS/g 蛋白质),使各种蛋白质- SDS 复合物都带上相同密度的负电荷,其数量远远超过了蛋白质分子原有的电荷量,从而掩盖了不同种类蛋白质间原有的电荷差别。这样就使电泳迁移率只取决于分子大小这一因素,于是根据标准蛋白质分子量的对数和迁移率所作的标准曲线,可求得未知物的分子量。SDS 与蛋白质的疏水部分相结合,破坏其折叠结构,并使其稳定地存在于一个广泛均一的溶液中。SDS - 蛋白质复合物的长度与其分子量成正比,由于在样品介质和聚丙烯酰胺凝胶中加入离子去污剂和强还原剂后,蛋白质亚基的电泳迁移率主要取决于亚基分子量的大小,而电荷因素可以被忽略。

三、仪器、材料和试剂

循环水式真空泵,蛋白紫外检测仪,记录仪,紫外分光光度计,梯度混合器(500 mL), 722 型光分光光度计,冷冻离心机,冰箱,透析袋,酸度计,部分收集器,恒流泵,垂直电泳装置,恒温水浴锅,层析柱(1.6 cm×50 cm,1.6 cm×30 cm),布氏漏斗(500 mL),抽滤瓶 (1 000 mL),G - 3 砂芯漏斗(500 mL),电泳仪,微量注射器(50 μL 或 100 μL),干胶器,摇床。

鸡蛋清(鲜鸡蛋),微球菌粉,D - 152 大孔弱酸性阳离子交换树脂,氯化钠(NaCl),硫酸铵$(NH_4)_2SO_4$,磷酸氢二钠$(Na_2HPO_4 \cdot 12H_2O)$,磷酸二氢钠$(NaH_2PO_4 \cdot 2H_2O)$,磷酸钠 (Na_3PO_4),乙醇,甲醇,考马斯亮蓝,三氯醋酸,丙酮,溶菌酶标准品,Sephadex G - 50,

Tris-HCl,SDS,甘油,溴酚蓝,丙烯酰胺,甲叉双丙烯酰胺,过硫酸铵,TEMED,冰醋酸,考马斯亮蓝 R-250,聚乙二醇(PEG 20000)。

四、实验步骤

1. 蛋清的制备

将 4~5 个新鲜的鸡蛋两端各敲一个小洞,使蛋清流出(鸡蛋清 pH 不得小于 8),轻轻搅拌 5 min,使鸡蛋清的稠度均匀,用两层纱布过滤除去脐带块,量体积约为 100 mL。

2. 鸡蛋清粗分离

按过滤好的蛋清量边缓慢搅拌边加入等体积的去离子水,均匀后在不断搅拌下用 1 mol/L HCl 调 pH 至 7 左右,用脱脂棉过滤收滤液。

3. D-152 大孔弱酸性阳离子交换树脂层析

(1) D-152 树脂处理:将 D-152 树脂先用蒸馏水洗去杂物,滤出,用 1 mol/L NaOH 搅拌浸泡 4~8 h,抽滤,用蒸馏水洗至近 pH 为 7.5,抽滤,再用 1 mol/L HCl 按上述方法处理树脂,直到全部转变成氢型,抽干 HCl,用蒸馏水洗至近 pH 为 5.5,保持过夜,如果 pH 不低于 5.0,抽干 HCl,用 2 mol/L NaOH 处理树脂使之转变为钠型,pH 不小于 6.5。抽滤溶液,加 0.02 mol/L pH=6.5 的磷酸盐缓冲液平衡树脂。

(2) 装柱:取直径 1.6 cm、长度为 30 cm 的层析柱,自顶部注入经处理的上述树脂悬浮液,关闭层析柱出口,待树脂沉降后,放出过量的溶液,再加入一些树脂,至树脂沉积至 15~20 cm 高度即可。于柱子顶部继续加入 0.02 mol/L pH=6.5 磷酸盐缓冲液平衡树脂,使流出液 pH 为 6.5 为止,关闭柱子出口,保持液面高出树脂表面 1 cm 左右。

(3) 上柱吸附:将上述蛋清溶液仔细直接加到树脂顶部,打开出口使其缓慢流入柱内,流速为 1 mL/min。

(4) 洗脱:用柱平衡液洗脱杂蛋白,在收集洗脱液的过程中,逐管用紫外分光光度计检验杂蛋白的洗脱情况,当基线开始走平后,改用含 1.0 mol/L NaCl,pH 为 6.5,浓度为 0.02 mol/L 磷酸钠缓冲液洗脱,收集洗脱液。

(5) 聚乙二醇浓缩:将上述洗脱液合并装入透析袋内,置容器中,外面覆以聚乙二醇,容器加盖,酶液中的水分很快就透析到膜外被聚乙二醇所吸收。当浓缩到 5 mL 左右时,用蒸馏水洗去透析膜外的聚乙二醇,小心取出浓缩液。

(6) 透析除盐:蒸馏水透析除盐 24 h。

4. Sephadex G50 分子筛柱层析

(1) 装柱:先将用 20% 乙醇保存的 Sephadex G-50 抽滤除去乙醇,用 6 g/L NaCl 溶液搅拌 Sephadex G-50 数分钟,再抽滤,反复多次直至无醇味为此。加入胶体积 1/4 的 6 g/L NaCl 溶液,充分搅拌,超声除去气泡,装入玻璃层析柱(1.6 cm×50 cm),柱床 45 cm。

(2) 上样。

(3) 洗脱:样品流完后,先分次加入少量 6 g/L NaCl 洗脱液洗下柱壁上的样品,连接恒流泵,使流速为 0.5 mL/min,用部分收集器收集,每 10 min 一管。

(4) 聚乙二醇浓缩:合并含活性物质溶液,用聚乙二醇浓缩到 5 mL 左右时,用蒸馏水洗去透析膜外的聚乙二醇,小心取出浓缩液。

（5）透析除盐：蒸馏水透析除盐 24 h，收集透析液，真空冷冻干燥。

5. 溶菌酶活力测定

（1）酶液配制：准确称取溶菌酶样品 5 mg，用 0.1 mol/L，pH＝6.2 磷酸缓冲液配成 1 mg/mL 的酶液，再将酶液稀释成 50 μg/mL。

（2）底物配制：取干菌粉 5 mg 加上述缓冲液少许，在乳钵中（或匀浆器中）研磨 2 min，倾出，稀释到 15～25 mL，此时在分光光度计上的吸光度最好在 0.5～0.7 范围内。

（3）活力测定：先将酶和底物分别放入 25 ℃恒温水浴预热 10 min，吸取底物悬浮液 4 mL 放入比色杯中，在 450 nm 波长测出吸光度，此为零时读数。然后加入酶液 0.2 mL（相当于 10 μg 酶），每隔 30 s 读 1 次吸光度，到 90 s 时共计下四个读数。

活力单位的定义是：在 25 ℃，pH＝6.2，波长为 450 nm 时，每分钟引起吸光度下降 0.001 为 1 个活力单位。

$$酶的活力单位数 = \frac{\Delta A_{450\ nm}}{t \times 0.001}$$

$$比活力 = \frac{酶的活力单位数}{蛋白质量}$$

6. 纯度检测

（1）试剂配制

① 2 mol/L Tris-HCl（pH＝8.8）：取 24.2 g Tris，加 50 mL 蒸馏水，缓慢的加浓盐酸至 pH＝8.8（约加 4 mL）；让溶液冷却至室温，加蒸馏水至 100 mL。

② 1 mol/L Tris-HCl（pH＝6.8）：取 12.1 g Tris，加 50 mL 蒸馏水，缓慢的加浓盐酸至 pH＝6.8（约加 8 mL）；让溶液冷却至室温，加蒸馏水至 100 mL。

③ 10%（质量/体积）SDS：取 10 g 的 SDS，加蒸馏水至 100 mL。

④ 50%（体积比）甘油：取 50 mL 100%甘油，加入 50 mL 蒸馏水。

⑤ 1%（质量/体积）溴酚蓝：取 100 mg 溴酚蓝，加蒸馏水至 10 mL，搅拌，直到完全溶解，过滤除去聚合的染料。

⑥ A 液：丙烯酰胺储备液（配制含 30%（质量/体积）丙烯酰胺和 0.8%（质量/体积）甲叉双丙烯酰胺的溶液 100 mL，在通风柜中操作），取 29.2 g 丙烯酰胺、0.8 g 甲叉双丙烯酰胺，加蒸馏水至 100 mL，缓慢搅拌直至丙烯酰胺粉末完全溶解，用石蜡膜封口，可在 4 ℃存放数月。

⑦ B 液：4×分离胶缓冲液，取 75 mL 2 mol/L Tris-HCl（pH＝8.8），加入 4 mL 10% SDS，加 21 mL 蒸馏水，混匀，可在 4 ℃存放数月。

⑧ C 液：4×浓缩胶缓冲液，取 50 mL 1 mol/L Tris-HCl（pH＝6.8），加入 4 mL 10% SDS，加 46 mL 蒸馏水，混匀，可在 4 ℃存放数月。

⑨ 10%过硫酸铵：取 0.5 g 过硫酸铵，加入 5 mL 蒸馏水，可保存在密封的管内，于 4 ℃存放数月。

⑩ 电泳缓冲液：取 3 g Tris、14.4 g 甘氨酸、1 g SDS，加蒸馏水至 1 L，pH 约为 8.3，也可配制成 10×的储备液，在室温下长期保存。

⑪ 5×样品缓冲液：取 0.6 mL 1mol/L Tris-HCl（pH＝6.8），加入 2 mL 10% SDS、5 mL 50%的甘油、0.5 mL 2-疏基乙醇、1 mL 1%溴酚蓝、0.9 mL 的蒸馏水混匀，可在 4 ℃

保存数周,或在－20 ℃保存数月。

⑫ 考马斯亮蓝染液:1.0 g 考马斯亮蓝 R－250,加入 450 mL 甲醇、450 mL 蒸馏水及 100 mL 冰醋酸即成。

⑬ 考马斯亮蓝脱色液:将 100 mL 甲醇、100 mL 冰醋酸、800 mL 蒸馏水混匀备用。

(2)灌制分离胶

① 组装凝胶模具:可按照使用说明书装配好灌胶用的模具。

② 将 A、B 液及蒸馏水在一个小烧瓶或试管中混合,丙烯酰胺(A 液中)是神经毒素,操作时必须戴手套。加入过硫酸铵和 TEMED 后,轻轻搅拌使其混匀(气泡的产生会干扰聚合)。凝胶很快会聚合,操作要迅速。小心将凝胶溶液用吸管沿隔片缓慢加入模具内,这样可以避免在凝胶内产生气泡。

③ 加入适量的分离胶溶液时(对于小凝胶,凝胶液加至约距前玻璃板顶端 1.5 cm 或距梳子齿约 0.5 cm),轻轻在分离胶溶液上覆盖一层 1～5 mm 的水层,这使凝胶表面变得平整。当凝胶聚合后,在分离胶和水层之间将会出现一个清晰的界面。

(3)灌制浓缩胶

① 吸尽覆盖在分离胶上的水后,将 A、C 液和蒸馏水在三角烧瓶或小试管中混合。加入过硫酸铵和 TEMED,并轻轻搅拌使其混匀。

② 将浓缩胶溶液用吸管加至分离胶的上面,直至凝胶溶液到达前玻璃板的顶端。将梳子插入凝胶内,直至梳子齿的底部与前玻璃板的顶端平齐。必须确保梳子齿的末端没有气泡。将梳子稍微倾斜插入可以减少气泡的产生。

③ 凝胶聚合后,小心拔出梳子,不要将加样孔撕裂。将凝胶放入电泳槽内,接好电极。将电泳缓冲液加入内外电泳槽中,使凝胶的上下端均能浸泡在缓冲液中。

(4)制备样品和上样

① 将蛋白质样品与 5×样品缓冲液(20 μL＋5 μL)在一个 Eppendorf 管中混合。100 ℃加热 2～10 min。离心,如果有大量蛋白质碎片则应延长离心时间。

② 用微量注射器将样品加入样品孔中。将蛋白质样品加至样品孔的底部,并随着染料水平的升高而升高注射器针头。避免带入气泡,气泡易使样品混入到相邻的加样孔中。

(5)制备样品和上样

① 将电极插头与适当的电极相接。电流流向阳极。将电压调至 200 V(保持恒压;对于两块 0.75 mm 的胶来说,电流开始时为 100 mA,在电泳结束时应为 60 mA;对于两块 1.5 mm的胶来说,开始时应为 110 mA,结束时应为 80 mA)。

② 对于两块 0.75 mm 的凝胶,染料的前沿迁移至凝胶的底部约需 30～40 min (1.5 mm的凝胶则需 40～50 min)。关闭电源,从电极上拔掉电极插头,取出凝胶玻璃板,小心移动两玻璃板之间的隔片,将其插入两块玻璃板的一角,轻轻撬开玻璃板,凝胶便会贴在其中的一块板上。

(6)考马斯亮蓝染色

① 戴上手套,避免将手指印留在电泳凝胶上,将凝胶移入一个小的盛有少量考马斯亮蓝(约 20 mL)的容器内(小心不要将胶撕破),或将玻璃板连同凝胶浸在染料中轻轻振荡直至凝胶脱落。

② 对于 0.75 mm 的凝胶,可在摇床上缓慢震荡 5～10 min,对于 1.5 mm 的凝胶,则需

10~20 min,在染色和脱色过程中要用盖子或封口膜密闭容器口。弃去染液,戴手套将凝胶在水中漂洗数次。

③ 加入考马斯亮蓝脱色液 50 mL,清晰的条带很快会显现出来,大部分凝胶脱色需要 1 h,为了脱色完全,需数次更换脱色液并震荡过夜。

(7) 干胶

① 用一张 10 cm×12 cm 的滤纸覆盖凝胶,用一张玻璃纸或塑料保鲜膜覆盖在凝胶的另一个表面,小心不要将气泡裹进去,这样会导致凝胶的破裂,可用一个试管作为卷轴推赶,可以有效地除去气泡。

② 将滤纸置于干胶器上,开启加热和抽真空开关,并盖上带有密封圈的盖子。待凝胶烘干后小心取出即可。

五、预习要求

(1) 了解有关凝胶层析、蛋白电泳的技术与原理;

(2) 画出本实验分离纯化的流程图;

(3) 设计实验记录表。

六、思考题

(1) 有其他提取和纯化溶菌酶的方法吗? 请写出相关的方法及原理。

(2) 利用 SDS-聚丙烯酰胺电泳法测定蛋白质的分子量与利用凝胶层析测定蛋白质的分子量有何不同? SDS 在该电泳方法中的作用是什么?

七、参考文献

[1] 张龙翔. 生化实验方法和技术[M]. 北京:高等教育出版社,1982.

[2] 李良铸,李明晔. 最新生化药物制备技术[M]. 北京:中国医药科技出版社,2006.

[3] 周先碗,胡晓倩. 生物化学仪器分析与实验技术[M]. 北京:化学工业出版社,2003.

[4] 高向东. 生物制药工艺学实验与指导[M]. 北京:中国医药科技出版社,2008.

[5] 郭勇. 生物制药技术[M]. 北京:中国轻工业出版社,2000,pp. 616-617.

实验二十　胃蛋白酶及胃蛋白酶合剂的制备

一、实验目的

(1) 掌握胃蛋白酶的制备方法;

(2) 掌握常用溶液型液体制剂制备方法;

(3) 了解酶制剂质量检查方法。

二、实验原理

胃蛋白酶(pepsin)是一种消化性蛋白酶,由胃部中的胃黏膜主细胞所分泌,功能是将食物中的蛋白质分解为小的肽片段。胃蛋白酶的前体被称为胃蛋白酶原,胃腺主细胞分泌的蛋白酶,初分泌时为无活性的胃蛋白酶原,在胃酸或已激活的胃蛋白酶的作用下转变为具活性的胃蛋白酶,在适宜环境下(pH 约为 2)可将蛋白质分解为胨,很少产生小分子肽或氨基酸。

胃蛋白酶一般自猪、牛、羊等胃黏膜提取,经自溶,氯仿、丙酮或乙醚分离沉淀获得,用作助消化药,常与稀盐酸同时用于消化不良性腹泻和慢性萎缩性胃炎。

胃蛋白酶合剂属于高分子溶液型液体制剂,胃蛋白酶在溶液中以胶体形式存在。胶体溶液按胶粒与分散媒之间的亲和力不同可分为亲液胶体与疏液胶体,若以水为分散媒则称为亲水胶体和疏水胶体。亲水胶体的制备,药物溶解要经过溶胀过程,宜将其分次撒布于水面上,使之自然吸水膨胀,然后搅拌或加热使溶解;疏水胶体的制备采用分散法或凝聚法,处方中如含具有脱水作用的电解质、高浓度醇、糖浆、甘油等物质时,宜先行溶解或稀释后再加入,而且用量不宜过大。如需滤过时,所用滤材应与胶体溶液的荷电性相适应,最好采用不带电荷的滤器,以免凝聚。

三、仪器、材料和试剂

500 mL 烧杯、100 mL 烧杯、100 mL 量筒、25 mL 比色管、水浴锅、500 mL 分液漏斗、纱布、真空干燥箱、研钵、80～100 目筛、pH 计;

猪胃黏膜、盐酸、乙醚、血红蛋白、酪氨酸、橙皮酊、单糖浆、尼泊金、乙醇、糖浆。

四、实验步骤

1. 胃蛋白酶粉的制备

(1) 提取流程(图 4-28)

$$猪胃黏膜 \xrightarrow[\substack{1.\ 0.5\ mol/L\ HCl \\ 2.\ 50\ ℃,保温\ 2\ h}]{自溶,过滤} 自溶液 \xrightarrow[20\%乙醚]{脱脂,去杂} 清酶液 \xrightarrow[40\ ℃以下]{浓缩,干燥} 胃蛋白酶粉$$

图 4-28　胃蛋白酶提取流程图

(2) 工艺

① 自溶、过滤:在 500 mL 烧杯内加入 100 mL 0.5 mol/L 盐酸,加热至 50 ℃,在搅拌下加入 200 g 猪胃黏膜,快速搅拌,保持 50 ℃,消化 2 h,自溶液用纱布滤去未消化的组织蛋白,收集滤液。

② 脱脂、去杂质:将滤液降温 30 ℃以下,加入 15～20％的乙醚,充分搅匀后,静置,沉淀杂质,分去有机相,得脱脂清酶液。

③ 浓缩、干燥:取清酶液,在 40 ℃以下减压浓缩至原体积的 1/4 左右,再将浓缩液真空干燥,研磨,过 80～100 目筛,得胃蛋白酶粉。

2. 胃蛋白酶合剂的制备

(1) 处方

胃蛋白酶,0.2g;稀盐酸,0.2 mL;橙皮酊,0.5 mL;单糖浆,1.0 mL;5％尼泊金-乙醇液,0.5 mL;纯水,加至 10 mL。

（2）制法

取稀盐酸、单糖浆加于 8 mL 纯水中，混匀，将胃蛋白酶分次缓慢撒于液面上，待全溶后，徐徐加入橙皮酊，5%尼泊金-乙醇液，加纯水至 10 mL，轻轻摇匀，即得。

【注意】

胃蛋白酶极易吸潮，称取操作宜迅速。

强力搅拌以及用棉花、滤纸过滤，对其活性和稳定性均有影响，故宜注意操作，其活性通过实验可以比较。

质量检查如下：

（1）pH

使用 pH 计检查制剂 pH，要求 pH 为 1.5～2.5。

（2）效价测定

① 对照品溶液的制备：精密称取酪氨酸对照品适量，加盐酸溶液（取 1 mol/L 盐酸溶液 65 mL，加水至 1 000 mL）溶解并定量稀释成每 1 mL 含有 0.5 mg 的溶液。

② 供试品溶液的制备：精密量取本品适量，加上述盐酸溶液稀释成每 1 mL 中约含有 0.2～0.4 单位的溶液。

③ 测试方法：取试管 6 支，其中 3 支各精密加入对照品溶液 1 mL，另 3 支各精密加入供试品溶液 1 mL，置 37±0.5 ℃水浴中，保温 5 min，精密加入预热至 37±0.5 ℃的血红蛋白试液 5 mL，摇匀，并准确计时在 37±0.5 ℃水浴中反应 10 min，立即精密加入 5%三氯乙酸溶液 5 mL，摇匀，滤过，取续滤液备用。另取试管 2 支，各精密加入血红蛋白试液 5 mL，置于 37±0.5 ℃水浴中保温 10 min，再精密加入 5%三氯乙酸溶液 5 mL，其中一支加入供试品溶液 1 mL，另一支加入上述盐酸溶液 1 mL，摇匀，滤过，取续滤液，分别作为供试品和对照品的空白对照，紫外分光光度法测定 275 nm 的吸光度，算出平均值 A_s 和 A 按照下式计算。

$$胃蛋白酶活力（U/mL）=\frac{A \times W_s \times n}{A_s \times 10 \times 181.19}$$

式中：A_s 为对照品的平均吸光度；A 为供试品的平均吸光度；W_s 为每 1 mL 对照品溶液含有的酪氨酸的量（μg）；n—供试品稀释倍数。

在上述条件下，每分钟能催化水解血红蛋白生成 1 μmol 的酪氨酸的酶量为一个酶活单位。

3. 实验记录

（1）记录每步实验现象；

（2）计算胃蛋白酶提取收率；

（3）记录胃蛋白酶合剂质量检查结果。

五、预习要求

（1）查阅资料，了解胃蛋白酶的基本性质与应用；

（2）熟悉工艺路线和流程；

（3）熟悉液体制剂的制备方法。

六、思考题

（1）胃蛋白酶的活性与哪些因素有关？

（2）查阅资料，写出由胃蛋白酶粉制备胃蛋白酶结晶的过程。

（3）举例说明不同类型胶浆剂的制备方法。

七、参考文献

[1] 张龙翔. 生化实验方法和技术[M]. 北京：高等教育出版社，1982.

[2] 李良铸，李明晔. 最新生化药物制备技术[M]. 北京：中国医药科技出版社，2001.

[3] 崔福德. 药剂学实验指导[M]. 北京：人民卫生出版社，2007.

[4] 国家药典委员会. 中华人民共和国药典（三部）[M]. 北京：中国医药科技出版社，2010.

实验二十一　水蛭素的提取与分离纯化

一、实验目的

（1）掌握多肽药物的提取纯化方法；

（2）了解水蛭素的提取纯化过程及其应用。

二、实验原理

水蛭素是水蛭及其唾液腺中已提取出多种活性成分中活性最显著并且研究得最多的一种成分，它是由 65～66 个氨基酸组成的小分子蛋白质（多肽）。水蛭素对凝血酶有极强的抑制作用，是迄今为止所发现最强的凝血酶天然特异抑制剂。

水蛭素是一类很有前途的抗凝化瘀药物，它可用于治疗各种血栓疾病，尤其是静脉血栓和弥漫性血管凝血的治疗；也可用于外科手术后预防动脉血栓的形成，预防溶解血栓后或血管再造后血栓的形成；改善体外血液循环和血液透析过程。研究还表明，水蛭素在肿瘤治疗中也能发挥作用，它能阻止肿瘤细胞的转移，已证明有疗效的肿瘤（如纤维肉瘤、骨肉瘤、血管肉瘤、黑素瘤、白血病等）。水蛭素还可配合化学治疗和放射治疗，由于促进肿瘤中的血流而增强疗效。水蛭素比较稳定，胰蛋白酶和糜蛋白酶并不破坏其活性，而且水蛭素的某些水解片段仍有抑制凝血作用。

蛋白质（多肽）的分离纯化方法很多，主要有：① 根据蛋白质溶解度不同的分离方法，包括盐析、等电点沉淀、低温有机溶剂沉淀等；② 根据蛋白质分析大小的差异的分离方法，例如渗析、超滤、凝胶过滤等；③ 根据蛋白质电性质进行分离，比如电泳、离子交换层析等；④ 根据配体特异性的分离方法——亲和色谱法。采取何种分离纯化方法要由所提取的组织材料、所要提取物质的性质决定。本实验采用水有机溶剂混合体系提取水蛭素粗品，DE-AE-52 纤维素离子交换柱进一步纯化。

三、仪器和材料

1 000 mL 烧杯、100 mL 烧杯、50 mL 烧杯、25 mL 试管、离心机、玻璃棒、层析柱(2.5 cm×25 cm)、蠕动泵(带梯度)、紫外可见分光光度计、微量移液器。

水蛭干、氯化钠、三氟乙酸、DEAE-52、醋酸铵、醋酸、Tris、盐酸、氢氧化钠、人纤维蛋白原、凝血酶。

四、实验步骤

1. 水蛭素粗品的提取

将水蛭干制品粉碎,称取粉末 50 g 置于 1 000 mL 烧杯中,然后加入 10 倍体积的 80% 预冷丙酮(−18 ℃),4 ℃下搅拌 10 min,再加入 9 g 氯化钠和 15 g 三氯乙酸搅拌 30 min。然后离心(3 000 r/min×10 min),弃上清液,沉淀中加入其体积 1/3 的 80% 冷丙酮,抽提 2 次,每次 3 000 r/min 离心 5 min,收集上清液。合并两次抽提液,加入 2 倍体积的冷丙酮(−18 ℃),静置 2 h,再 5 000 r/min 离心 15 min,弃上清液,收集沉淀,干燥得水蛭素粗品。

2. DEAE-纤维素的处理及装柱

(1) 处理

本实验采用的是 DEAE-纤维素 DE 52 是弱酸型阴离子交换剂,先将 DE52 阴离子交换剂干粉浸泡于纯水中,去除杂质;在 0.5 mol/L 的 HCl 溶液中浸泡 1～2 h,用无离子水或蒸馏水洗至 pH 在 4 以上,抽干;再用 0.5 mol/L 的 NaOH 溶液中浸泡 1～2 h,用纯水将其洗至中性。

(2) 装柱

将层析柱清洗干净垂直固定到层析架上,加 1/3 体积的纯水,打开下出液口,即刻将柱材轻轻倒入层析柱中,让其自然慢慢沉降至层析柱底部,直到离层析柱上端 1.5～2 cm 处,停止装柱,层析柱上端进液口连接蠕动泵。

(3) 平衡

用乙酸氨缓冲液(pH=6.5,0.03 mol/L)平衡层析柱。

3. 阴离子交换层析

将水蛭素粗品以 0.25 g/mL 的浓度溶于乙酸胺缓冲液中,以不超过 15% 柱床体积的量加样,再以 NaCl 溶液线性梯度洗脱(3 h 内 NaCl 浓度从 0.18 mol/L 增加到 0.3 mol/L),流速 25 mL/h,每 15 min 收集一管,280 nm 测定紫外吸收值,绘制流出曲线。

4. 水蛭素活力的测定

取流出曲线峰值位置的洗脱液 50 μL,加至溶有 0.5% 的人纤维蛋白原的 200 μL 的 Tris-HCl-NaCl 缓冲液(pH=7.4,0.05 moL/L Tris,0.042 mol/L HCl,0.05 mol/L NaCl)中,混合均匀后以 5 μL/min 的速度加入 25 IU/mL 标准凝血酶稀释液并及时搅拌,让其与人纤维蛋白原待测样品充分混合均匀。当出现胶冻状凝块时即为滴定终点,从滴定的凝血酶量推算出待测样品中的水蛭素的活力单位数。

5. 实验记录

记录每步的实验现象,判断哪一个组分为水蛭素。

五、预习要求

（1）查阅资料，了解水蛭素的基本性质与应用；

（2）绘制工艺路线和流程；

（3）了解 DEAE 离子交换分离蛋白的机理及层析操作；

（4）设计实验记录表。

六、思考题

（1）如果要进一步纯化水蛭素，获得其固体，还要采用哪些方法？

（2）水蛭素活力测定的方法还有哪些？如何测定其比活力？

七、参考文献

［1］张龙翔.生化实验方法和技术［M］.北京：高等教育出版社，1982.

［2］陈曦，刘光明，胡强，等.天然水蛭素的提取和纯化［J］.华东师范大学学报（自然科学版），2004，2：104 - 108.

［3］高向东.生物制药工艺学实验与指导［M］.北京：中国医药科技出版社，2008.

实验二十二　　酵母 RNA 的提取

一、实验目的

掌握用浓盐法提纯 RNA 的基本原理和方法。

二、实验原理

核酸（RNA）是一类不稳定的生物大分子，在制备过程中很容易发生降解。因此，要使制得的核酸尽可能保持其在生物体内的天然状态，制备核酸必须采取温和的条件，例如避免过酸过碱，避免剧烈的搅拌，防止核酸降解酶类的作用。

由于 RNA 种类较多，所以制备方法也各异。工业上制备 RNA 一般选用成本较低、适宜于大规模操作的稀碱法和浓盐法。稀碱法是用 1％ NaOH 溶液，将细胞壁溶解，用酸中和，升高温度使蛋白质变性，将蛋白质与核酸分离，然后除去菌体，将 pH 调至 RNA 的等电点（pH＝2.5），使 RNA 沉淀出来。稀碱法的优点是抽提时间短，但 RNA 在此条件下不稳定，容易分解。浓盐法是用 10％ NaCl 溶液改变细胞膜的通透性，使核酸从细胞内释放出来，该法提取 RNA 时要注意掌握温度，避免在 20～70 ℃之间停留时间过长，因为这是磷酸二酯酶和磷酸单酯酶作用活跃的温度范围，会使 RNA 因降解而降低提取率。利用加热至 90～100 ℃，使蛋白质变性，破坏该酶类，有利于 RNA 的提取。

若要提取接近天然状态 RNA，可采用苯酚法或氯仿-异戊醇法去蛋白，然后用乙醇沉淀 RNA，离心收集。

本实验采用浓盐法（10％NaCl）。

三、仪器和试剂

量筒（50 mL）、三角瓶（100 mL）、烧杯（250 mL、100 mL）、滴管及玻棒、温度计（100 ℃）、离心机、恒温水浴箱（100 ℃）、台秤、试管木夹、精密 pH 试纸（0.5～5.0）；

酵母粉、NaCl、HCl、95％乙醇、碳酸氢钠。

四、实验步骤

1. 提取

称取干酵母粉 5 g 于 100 mL 三角瓶内，加 10％ NaCl 溶液 25 mL，搅拌均匀，然后于沸水浴中提取 0.5 h。

2. 分离

将上述提取液取出，用自来水冷却，分装在离心管内，以 3 500 r/min 离心 10 min，使提取液与菌体残渣等分离。

3. 沉淀 RNA

将离心得到的上清液倾于 100 mL 烧杯内，并置于放有冰块 250 mL 烧杯中冷却。待溶液冷至 10 ℃以下时，在搅拌下小心地用 6 mol/L HCl 溶液调节 pH 至 2.0～2.5。随着 pH 的下降，溶液中白色沉淀逐渐增加，到等电点时沉淀量最多（注意严格控制 pH）。调好后继续于冰浴中静置 10 min，使沉淀充分，颗粒变大。

4. 洗涤

上述悬浮液 3 000 r/min 离心 5 min，得到 RNA 沉淀。小心弃去上清液，加入 3 mL 0.5mol/L 碳酸氢钠溶液溶解沉淀（必要时用玻棒搅拌沉淀物以助溶解，如有不溶物则为杂质）；在 4 000 r/min 离心 1 min；取上清液于另一离心管中，加入 2 倍体积的 95％乙醇，混匀，重新沉淀 RNA，3 000 r/min 离心 5 min，即得湿 RNA 粗制品（若要得到精品可进行多次沉淀）。

5. 真空干燥

将所得湿品置于真空干燥箱内烘干。

五、预习要求

(1) 写出 RNA 提取的方法，并进行比较；
(2) 绘制出实验工艺流程图。

六、思考题

如要提取 mRNA 可以采用什么方法？

七、参考文献

[1] 张龙翔. 生化实验方法和技术[M]. 北京：高等教育出版社，1982.
[2] 李良铸，李明晔. 最新生化药物制备技术[M]. 北京：中国医药科技出版社，2006.
[3] 高向东. 生物制药工艺学实验与指导[M]，北京：中国医药科技出版社，2008.

实验二十三　酵母 RNA 的水解及四种核苷酸的离子交换柱层析分离

一、实验目的

(1) 了解和掌握 RNA 碱水解的原理和方法；

(2) 掌握离子交换柱层析的分离原理和方法；

(3) 熟练掌握紫外吸收分析方法。

二、实验原理

1. RNA 的碱水解

制备单核苷酸一般用化学水解法(酸、碱水解)和酶解法。RNA 用酸水解可得到嘧啶核苷酸和嘌呤碱基；用碱水解可得到 $2'$-核苷酸和 $3'$-核苷酸的混合物；用 $5'$-磷酸二酯酶或 $3'$-磷酸二酯酶水解则分别可得到 $5'$-核苷酸或 $3'$-核苷酸。

碱水解一般采用 0.3 mol/L 的 KOH，37 ℃保温 18～20 h，即能水解完全(为了加快反应速度也可以用 1 mol/L KOH，80 ℃水解 60 min 或 0.1 mol/L KOH 100 ℃水解 20 min)。水解完毕，用 2 mol/L HClO$_4$ 中和并逐滴调节 pH 至 2 左右，生成的 KClO$_4$ 沉淀，离心去除之，上清液即为各单核苷酸的混合液。根据所选离子交树脂的类型，将上清液调至适当的 pH，作样品液备用。一般用阳离子交树脂时，pH 调至 1.5 左右，用阴离子交换树脂时，pH 调至 8～9。

2. 单核苷酸的离子交换柱层析分离

离子交换层析是根据各种物质带电状态(或极性)的差别来进行分离的。电荷不同的物质对离子交换树脂有不同的亲和力，因此，要成功地分离某种混合物，必须根据其所含物质的解离性质，带电状态选择适当类型的离子交换树脂，并控制吸附和洗脱条件(主要是洗脱液的离子强度和 pH)，使混合物中各组分按亲和力大小顺序依次从层析柱中洗脱下来。

在离子交换层析中，分配系数或平衡常数(K_d)是一个重要的参数：

$$K_d = \frac{C_s}{C_m}$$

式中：C_s 是某物质在固定相(交换树脂)上物质的量的浓度，C_m 是该物质在流动相中物质的量的浓度。

可以看出，与交换树脂的亲和力越大，C_s 越大，K_d 值也越大。各种物质 K_d 值差异的大小决定了分离的效果。差异越大，分离效果越好。影响 K_d 值的因素很多，如被分离物带电荷多少、空间结构因素、离子交换树脂的非极性亲和力大小、温度高低等。实验中必须反复摸索条件，才能得到最佳分离效果。

核苷酸分子中各基团的解离常数(pK)和等电点 pI 值见表 4-2。由表 4-2 可见，含氮环亚氨基的解离常数(pK)值相差较大，它在离子交换分离四种核苷酸中将起决定作用。

表 4 - 2　四种核苷酸的解离常数(pK)和等电点 pI 值

核苷酸	第一磷酸基 pK_{a1}	第二磷酸基 pK_{a2}	含氮环的亚氨基 ($-NH^+=$) pK_{a3}	等电点 pI 值*
尿苷酸 UMP	1.0	6.4	—	—
鸟苷酸 GMP	0.7	6.1	2.4	1.55
腺苷酸 AMP	0.9	6.2	3.7	2.35
胞苷酸 CMP	0.8	6.3	4.5	2.65

* 注:pI=(pK_{a1}+pK_{a3})/2

　　用离子交换树脂分离核苷酸,可通过调节样品溶液的 pH 使它们的可解离基团解离,带上正电荷或负电荷,同时减少样品溶液中除核苷酸外的其他离子的强度。这样,当样品液加入到层析柱时,核苷酸就可以与离子交换树脂相结合,洗脱时,通过改变 pH 或增加洗脱液中竞争性离子的强度,使被吸附的核苷酸的相应电荷降低,与树脂的亲和力降低,结果使核苷酸得到分离。

　　混合核苷酸可以用阳离子或阴离子交换树脂进行分离。采用阳离子交换时,控制样品液 pH 在 1.5,此时 UMP 带负电,而 AMP、CMP、GMP 带正电,可被阳离子树脂吸附。然后通过逐渐升高 pH,将各核苷酸洗脱下来,次序是:UMP、GMP、CMP、AMP。AMP 与 CMP 洗脱位置的互换,是由于聚苯乙烯树脂母体对嘌呤碱基的非极性吸附力大于对嘧啶碱基的吸附力造成的。

　　本实验采用聚苯乙烯-二乙烯苯三甲胺季铵碱型粉末阴离子树脂(201×8)分离四种核苷酸。首先使 RNA 碱水解液中的其他离子强度降至 0.02 以下,然后调 pH 至 6 以上,使样品核苷酸都带上负电荷,它们都能与阴离子交换树脂结合。结合能力的强弱,与核苷酸的 pI 值有关,pI 越大,与阴离子交换树脂的结合力越弱,洗脱时越易交换下来。由表 4-3-2 可见,当用含竞争性离子的洗脱液进行洗脱时,洗脱下来的次序应该是 CMP、AMP、GMP 和 UMP。由于本实验所用的树脂的不溶性基质是非极性的,它与嘌呤碱基的非极性亲和力大于与嘧啶碱基的非极性亲和力。所以,实际洗脱下来的次序为:CMP、AMP、UMP 和 GMP。对于同一种核苷酸的不同异构体而言,它们之间的差别仅在于磷酸基位于核糖的不同位置上,$2'$-磷酸基较 $3'$-磷酸基距离碱基更近,因而它的负电性对碱基正电荷的电中和影响较大,其 pK 值也较大。例如 $2'$-胞苷酸的 $pK_1=4.4$,$3'$-胞苷酸的 $pK_1=4.3$,因此 $2'$-核苷酸更易被洗脱下来。

　　注意:样品不易过浓,洗脱的流速不宜过快,洗脱液的 pH 要严格控制。否则将使吸附不完全,洗脱峰平坦而使各核苷酸分离不清。

　　3. 核苷酸的鉴定

　　由于核苷酸中都含有嘌呤与嘧啶碱基,这些碱基都具有共轭双键($-C=C-C=C-$),它能够强烈地吸收 250~280 nm 波段的紫外光,而且有特征的紫外吸收比值。因此,通过测定各洗脱峰溶液在 220~300 nm 波长范围内的紫外吸收值,作出紫外吸收光谱图,与标准吸收光谱进行比较,并根据其吸光度比值(250 nm/260 nm,280 nm/260 nm,290 nm/260 nm)以及最大吸收峰与标准值比较后,即可判断各组分为何种核苷酸。

　　根据各组分在其最大吸收波长(λ_{max})处总的吸光度(总 A_{max})以及相应的摩尔消光系数

（$E_{260\,nm}$），可以计算出 RNA 中四种核苷酸的微摩尔数和碱基摩尔数百分组成。

$$某核苷微摩尔数＝\frac{该核苷酸峰合并液\,A_{max}×该峰体积(mL)×10^3}{该核苷酸\,E_{260\,nm}}$$

$$某碱基＝\frac{该核苷酸微摩尔数}{四种核苷酸摩尔总数}×100\%$$

溶液的 pH 对核苷酸的紫外吸收光度值影响较大，测定时需要调至一定的 pH。

三、仪器和试剂

层析柱、梯度洗脱器、电磁搅拌器、恒流泵、自动部分收集器、酸度计、紫外分光光度计、旋涡混合器、核酸蛋白检测仪、台式离心机；

酵母 RNA、强碱型阴离子交换树脂 201×8（聚苯乙烯-二乙烯苯-三甲胺季铵碱型，全交换量大于 3 mmol/g 干树脂，粉末型 100～200 目）、甲酸、甲酸钠、KOH、高氯酸 $HClO_4$、NaOH、HCl、$AgNO_3$ 溶液。

四、实验步骤

1. RNA 的碱水解

称取 20 mg 酵母 RNA，置于刻度离心试管中，加 2 mL 新配制的 0.3 mol/L KOH，用细玻璃棒搅拌溶解，于 37 ℃水浴中保温水解 20 h。然后用 2 mol/L $HClO_4$（高氯酸）调水解液 pH 至 2 以下（要少量多次，只需几滴即可）。由于核苷酸在过酸的条件下易脱嘌呤，所以滴加 $HClO_4$ 时需用旋涡混合器迅速搅拌，防止局部过酸，置冰浴中 10 min 以沉淀完全，再以 4000 r/min 的转速离心 15 min。将清液倒入另一刻度试管中，用 2 mol/L NaOH 逐滴将清液 pH 调至 8～9，作上样样品液备用。样品液上柱前，取 0.1 mL 稀释到 500 倍，测定其在 260 nm 波长处的光吸收值，用以最后计算离子交换柱层析的回收率。

2. 离子交换树脂的预处理

取 201×8 粉末型强碱型阴离子交换树脂 8 g（湿），先用蒸馏水浸泡 2 h，浮选除去细小颗粒，同时用减压法除去树脂中存留的气泡，然后用四倍树脂量的 0.5 mol/L NaOH 溶液浸泡 1 h，除去树脂中的碱溶性杂质。用去离子水洗至近中性后，再用四倍量 1 mol/L HCl 浸泡 0.5 h，以除去树脂中酸溶性杂质。接着用蒸馏水洗至中性（可以上柱洗），此时阴离子交换树脂为氯型。

3. 离子交换层析柱的装柱

离子交换层析柱可使用内径约 1 cm、长 10 cm 的层析柱，层析柱夹在铁架台上，调成垂直，关闭下端出口，向柱内加入蒸馏水至 2/3 柱高，再用滴管将经过预处理的离子交换树脂加入柱内，使树脂自由沉降至柱底，打开出口，使蒸馏水缓慢流出，再继续加入树脂，使树脂最后沉降的高度约为 6～7 cm（注意在装柱和以后使用层析柱的过程中切勿干柱），树脂不能分层，树脂面以上要保持一定高度的液面（不能太高，约 1 cm），以防气泡进入树脂内部，影响分离效果。

4. 树脂的转型

树脂的转型处理就是使树脂带上洗脱时所需要的离子。本实验需要将阴离子交换树脂由氯型转变为甲酸型,先用 200 mL 1 mol/L 甲酸钠洗柱,用 1‰ $AgNO_3$ 检查柱流出液,直至不出现白色 AgCl 沉淀为止。然后改用约 200 mL 0.2 mol/L 甲酸继续洗柱,测定流出液的 $A_{260} \leqslant$ 0.020 为止。最后用蒸馏水洗柱,直至流出液的 pH 接近中性(或与蒸馏水的 pH 相同)。

5. 上样及淋洗

先将柱内液体用滴管轻轻吸去,使液面下降到刚接近树脂表面。关闭出口,用滴管准确移取 1.0 mL RNA 碱水解样品液,沿柱壁小心加到树脂表面,然后打开出口阀门,使样品液面下降至树脂表面,接着用滴管加入少量蒸馏水,当水面降至树脂表面时,再用约 200 mL 蒸馏水洗柱,将不被阴离子交换树脂吸附的嘌呤及嘧啶碱基,核苷等杂质洗下来。检查流出液在 260 nm 波长处的吸光度,直至低于 0.020 为止。关恒流泵,关闭出口阀门。

6. 梯度洗脱

在梯度洗脱器的混合瓶内加入 300 mL 蒸馏水,贮液瓶中加入 300 mL 0.20 mol/L 甲酸-0.20 mol/L 甲酸钠混合液(注意:梯度洗脱器底部的连通管要事先充满蒸馏水,赶尽气泡)。洗脱器出口与恒流泵入口用细塑料管相连,打开两瓶之间的连通阀和出口阀,打开电磁搅拌器,松开柱下端阀门,开启恒流泵,控制流速为 5 mL/管/10 min,开启部分收集器,分管收集流出液。以蒸馏水为对照,测定各管在 260 nm 波长下的 A_{260} 值,给各管编号,并标出最高峰的收集管。

7. 核苷酸的鉴定

分别测定峰值收集管内液体在 230~300 nm 之间的光吸收值(每间隔 5 nm,其中包括有 250、260、280、290 nm 各点,也可采用带扫描功能紫外分光光度计,注意液体均要保留,切勿倒掉)。由于在小于 250 nm 时,甲酸(HCOOH)具有较强的光吸收值,因此测定时所用参比对照液为:

第一个峰用 0.05 mol/L 甲酸-0.05 mol/L 甲酸钠;

第二个峰用 0.10 mol/L 甲酸-0.10 mol/L 甲酸钠;

第三个峰用 0.15 mol/L 甲酸-0.15 mol/L 甲酸钠;

第四、五两峰用 0.20 mol/L 甲酸-0.20 mol/L 甲酸钠;

也可以根据最高峰所在位置,计算甲酸、甲酸钠的浓度选择参比液。

8. 测定各种核苷酸的含量和总回收率

分别合并(包括最高峰管在内)各组分洗脱峰管内的洗脱液,用量筒测出溶液总体积,然后测定其 A_{260} 值,参比对照液同上。根据层析柱上样液的 A_{260} 值以及层析后所得到的各组分 A_{260} 值之和,可以计算出离子交换柱层析的回收率(RNA 的摩尔消光系数 $E_{260\,nm}$ 为 7.7~7.8×10^3,水解后增加 40%)。

9. 树脂的再生

使用过的离子交换树脂经过再生处理后,可重复使用。可以在柱内处理,也可以将树脂取出后处理。取出树脂的方法是用洗耳球由层析柱的下端向柱内吹气,用烧杯收集流出的树脂。树脂再生的方法与未使用的新树脂预处理方法相同。也可以直接用 1 mol/L NaCl 溶液浸泡或洗涤,最后用蒸馏水洗至流出液的 pH 接近中性。

10. 结果处理

(1) 作出阴离子交换树脂柱层析分离核苷酸的洗脱曲线，以层析流出液管数（或体积）为横坐标，以相应的 A_{260} 值为纵坐标，作出洗脱曲线图。

(2) 作出各单核苷酸的紫外吸收光谱图，根据各组分溶液在 $230\sim300$ nm 波长范围内的吸光度值，以波长(nm)为横坐标，吸光度值为纵坐标，作出它们的吸收光谱图。由图上求出每个单核苷酸组分的最大吸收峰的波长值 λ_{max}，同时，计算出各个组分在不同波长的吸光度值比值(250 nm/260 nm，280 nm/260 nm，290 nm/260 nm)，将它们与各核苷酸的标准值列表比较，从而鉴定出各组分为何种核苷酸。

(3) 查出各个核苷酸的摩尔消光系数(E_{260})，根据各组分溶液的合并体积(V)，平均吸光度值(A_{260})计算出每个核苷酸的微摩尔数(μmol)。

因为
$$m = C \cdot V$$
$$C = \frac{A_{260}}{E_{260} \times L}$$
L(比色杯光程)$=1$ cm

则：
$$m = \frac{A_{260}}{E_{260}} \times V(mL) \times 10^3$$

由此，可以计算出各核苷酸的相对摩尔百分含量，嘌呤与嘧啶的相对摩尔数比值。讨论 RNA 中嘌呤与嘧啶的摩尔数比值关系。

(4) 根据层析上样液 A_{260} 值，以及层析后所得到的各组分 A_{260} 值之和，计算出离子交换柱层析的回收率。

五、预习要求

(1) 熟悉紫外吸收光谱的原理；
(2) 绘制实验工艺流程图；
(3) 查阅有关文献，获得四种核苷酸的紫外吸收光谱、260 nm 的摩尔消光系数；
(4) 设计数据记录表格。

六、思考题

(1) 离子交换树脂分离的机理是什么？它可以用于纯化哪些物质？洗脱的顺序与什么有关？如何提高离子交换树脂的分离度？
(2) 影响紫外吸收的因素有哪些？为什么可以根据紫外吸收光谱来确定四种核苷酸？

七、参考文献

[1] 张龙翔. 生化实验方法和技术[M]. 北京:高等教育出版社,1982.
[2] 周先碗,胡晓倩. 生物化学仪器分析与实验技术[M]. 北京:化学工业出版社,2003.
[3] 王重庆,等. 高级生物化学实验教程[M]. 北京:北京大学出版社,1994.
[4] 胡晓倩,钟长明,陈来同. 离子交换层析分离核苷酸的实验方法[J]. 实验技术与管理,28(3),2011.

(李　东)

第四节 海洋药物制备

实验二十四 甲壳素和壳聚糖的制备及脱乙酰度的测定

一、实验目的

（1）了解和掌握甲壳素和壳聚糖的制备方法；

（2）掌握壳聚糖脱乙酰度和粘度的测定方法。

二、实验原理

甲壳素（Chitin，译音几丁）又称甲壳质、壳多糖、几丁质等，是天然 N-乙酰化的氨基多糖，属于碳水化合物中的直链多糖，是地球上数量仅次于纤维素的天然高分子化合物，广泛存在于虾、蟹等甲壳类动物的外壳、乌贼等软体动物的骨骼、微生物的胞壁，以及昆虫的表皮或蛹壳中。虾壳中甲壳素含量为 20%，龙虾壳中含量为 25%，蟹壳中含量为 17%～18%。甲壳素结构式如图 4-29 所示。

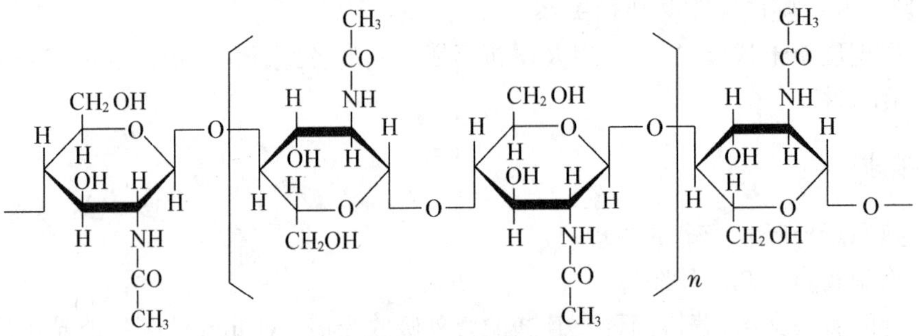

图 4-29 甲壳素的结构式

甲壳素若经浓碱处理，进行化学修饰去掉乙酰基即得到壳聚糖（Chitosa），又称脱乙酰基壳多糖、脱乙酰甲壳素，化学名称为聚葡萄糖胺（1-4）-2-氨基-B-D 葡萄糖。在一般条件下，甲壳素不能被生物降解，不溶于水和稀酸，也不溶于一般有机溶剂。甲壳素通常与大量的无机盐和壳蛋白紧密在一起，因此，制备甲壳素主要有脱钙和脱蛋白两个过程。用稀盐酸浸泡虾、蟹壳，然后再用稀碱液浸泡，将壳中的蛋白质萃取出来，最后剩余部分就是甲壳素。采用不同的方法可以获得不同脱乙酰度的壳聚糖，最简单、最常用的是采用碱性液处理的脱乙酰方法，即将已制备好的甲壳素用浓的氢氧化钠在较高温度下处理，就可得到脱乙酰壳多糖。

测定甲壳素脱乙酰基的程度，可通过测定壳聚糖中自由氨基的量来决定。壳聚糖中自由氨基含量越高，那么脱乙酰程度就越高，反之亦然。壳聚糖中脱乙酰度的大小直接影响它在稀酸中的溶解能力、黏度、离子交换能力和絮凝能力等，因此壳聚糖的脱乙酰度大小是产品质量的重要标准。脱乙酰度的测定方法很多，如酸碱滴定法、苦味酸法、水杨醛法等。

三、仪器、材料和试剂

新鲜虾壳。浓盐酸、氢氧化钠,化学纯。

粉碎机、玻璃烧杯、恒温鼓风干燥箱、抽滤瓶、水泵、玻璃试管、移液管。

四、实验步骤

1. 甲壳素的制备

(1) 提取流程

虾壳 $\xrightarrow{\text{预处理}}$ 虾壳粉 $\xrightarrow{\text{脱钙}}$ 脱钙虾壳粉 $\xrightarrow{\text{脱蛋白}}$ 甲壳素粗品 $\xrightarrow{\text{酸处理}}$ 甲壳质

图 4-30　甲壳素的制备工艺路线

(2) 工艺

① 清洗处理　挑选新鲜的虾壳作为制备甲壳素的原料,并用清水将虾壳内外表面的异物去除干净,收集虾头及外壳,去掉枪刺,用水洗净,用恒温鼓风干燥箱在 105 ℃下干燥,粉碎过 40 目筛,待用。

② 脱钙　将虾粉倒入玻璃烧杯中,加入 8～10 倍量的 1.5％的盐酸,50 ℃搅拌反应1 h,然后抽滤,用水洗滤渣至 pH 为 7.0,干燥后即得脱碳酸盐虾粉。

③ 脱蛋白　将脱碳酸盐虾粉移入玻璃烧杯内,加入 15～20 倍量的 8％的氢氧化钠溶液,加热至 90 ℃,恒温搅拌 1～2 h,然后抽滤,收集滤渣,用水洗涤滤渣至中性,干燥即得甲壳素粗品。

④ 酸处理　将甲壳素粗品移入玻璃烧杯中,加入 2～3 倍的 10％的盐酸,加热到 60 ℃,搅拌 15 min 左右,然后抽滤,滤液用水洗至中性,干燥即得甲壳素。

2. 壳聚糖的制备

(1) 制备流程

甲壳质 $\xrightarrow{\text{脱乙酰基}}$ 壳聚糖

图 4-31　壳聚糖的制备工艺路线

(2) 工艺

① 脱乙酰基　将甲壳素倒入玻璃烧杯中,加入 2 倍量的 40％的浓氢氧化钠溶液,加热到 110 ℃以上,搅拌反应 1h,滤除碱液,用水洗至中性。依脱乙酰度的不同要求,重复用浓碱处理 1～2 次,滤除碱液,水洗至中性,压挤至干,吊干产品。

② 干燥　将吊干的湿产品置于石灰缸或干燥器中干燥,即得壳聚糖产品。

3. 指标测定

(1) 壳聚糖脱乙酰度的测定

准确称取 0.3 g～0.5 g 壳聚糖样品,置于 250 mL 三角瓶中,加入 30 mL 0.1 mol/L 的 HCl 溶液,在室温下搅拌至完全溶解。加入 5～6 滴甲基橙苯胺蓝指示剂,用 0.1 mol/L 的 NaOH 溶液滴定至溶液变成浅蓝绿色,记下 NaOH 的用量。根据 NaOH 的量即可算出样品的脱乙酰度。每个样品重复 3 次,取其平均值。

$$NH_2(\%)=\frac{(C_1V_1-C_2V_2)\times0.016}{G(100-W)}\times100$$

$$脱乙酰度(\%)=\frac{NH_2}{9.94}\times100$$

式中:C_1 为 HCl 标准溶液的浓度,mol/L;C_2 为 NaOH 标准溶液的浓度,mol/L;V_1 为加入的 HCl 标准溶液的体积,mL;V_2 为滴定耗用的 NaOH 标准溶液的体积,mL;G 为样品质量,g;w 为样品中的含水量,%;0.016 为与 1 mL 1 mol/L 的 HCl 溶液相当的氨基量,g。

(2) 壳聚糖粘度的测定

量取 100 mL 质量分数 1%的乙酸溶液,将 1 g 壳聚糖样品溶于其中,配成 1%的壳聚糖溶液,用 NDJ79 型粘度计直接测定其粘度。

五、预习要求

(1) 查阅资料,了解甲壳素和壳聚糖的基本性质与应用。

(2) 熟悉工艺路线和流程。

六、思考题

(1) 甲壳素和壳聚糖在化学结构上有何异同点?

(2) 壳聚糖有何用途?

七、参考文献

[1] 陈来同. 41 种生物化学产品生产技术[M]. 北京:金盾出版社,1994,pp. 175 - 181.

[2] 王风山,凌沛学. 生花药物研究[M]. 北京:人民卫生出版社,1997,pp. 357 - 361.

[3] 单虎,王宝维,张丽等. 甲壳素及壳聚糖提取工艺的研究[J]. 食品科学,1997,18(10):14 - 15.

[4] 卢凤琦,曹宗顺. 制备条件对脱乙酰甲壳素性能的影响[J]. 化学世界,1993,34(3):138 - 140.

[5] 蒋挺大. 壳聚糖[M]. 北京:中国环境科学出版社,1996.

实验二十五 海藻酸钠的提取

一、实验目的

(1) 了解海藻酸钠的基本化学性质;

(2) 掌握从海带中提取、分离海藻酸钠的一般方法。

二、实验原理

海藻酸钠(Sodium Alginate,简称 ALG),白色或淡黄色粉末,几乎无臭无味,又称为褐藻酸钠,是从褐藻类的海带或马尾藻中提取的一种由 1,4 -聚 -β- D -甘露糖醛酸和 α - L -

古罗糖醛酸组成的线型多糖碳水聚合物,是海藻酸衍生物中的一种,所以有时也称褐藻酸钠、海带胶或海藻胶。

ALG 易溶于水,不溶于乙醇、乙醚、氯仿和酸,其稳定性以 pH 在 6~11 之间较好,低于 6 时析出海藻酸,不溶于水;高于 11 时又要凝聚。黏度在 pH 为 7 时最大,但随温度升高而显著下降。海藻酸钠不耐强酸、强碱及某些重金属离子,因为它们会使海藻酸凝成块状,但 Na^+、K^+ 除外。海藻酸钠水溶液遇酸会析出海藻酸凝胶,遇钙、铁、铅等二价以上的金属离子会立即凝固成这些金属的盐类,不溶于水而析出。

由于海藻酸钠具有良好的增稠性、成膜性、稳定性、絮凝性和螯合性,在食品工业、医药工业、印纺工业都有广泛的应用。目前世界范围内提取海藻酸钠可分为几种工艺,分别为酸凝酸化法、钙凝酸化法、钙凝离子交换法、酶解提取法,国内绝大部分厂家采用钙凝酸化法。但是工业提取海藻酸钠的现行工艺繁杂、生产成本高、降解非常严重,从而使粘度和平均收率普遍较低。

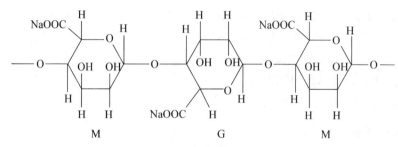

图 4 - 32 海藻酸钠结构式

三、仪器、材料和试剂

海带、15%NaCl 溶液、3%Na_2CO_3 溶液、10%$CaCl_2$ 溶液、稀硫酸、95%乙醇、5%HCl 溶液。

烧杯若干、纱布、抽滤装置、水浴装置。

四、实验步骤

1. 提取流程

采用钙凝-离子交换法提取海藻酸钠,其工艺流程如下:原料→清洗→干燥→粉碎→浸泡→消化→过滤→钙析→离子交换脱钙→过滤→干燥→粉碎→产品。

2. 工艺

(1)浸泡:称取 10 g 切碎的海带,放入 500 mL 烧杯中,再往烧杯中加入 100 mL 水,在常温下浸泡 3 h。浸泡结束后,用滤布过滤,用水洗涤至洗涤液为无色。

(2)消化:放入 250 mL 的烧杯中,然后往烧杯中加入 3%的 Na_2CO_3 溶液 50 mL,在 50 ℃下消化 4 h。

$$2M(ALG)_n + nNa_2CO_3 \longrightarrow 2nALG + M_2(CO_3)_n$$

式中:M 为 Ca、Fe 等金属离子;ALG 为海藻胶。

(3)过滤:消化后,海带变成了糊状,比较粘稠。要先加入一定体积的水将糊状液体稀释,再过滤。由于直接抽滤这种糊状的液体速度太慢,因此首先用纱布初滤一次,再将滤液用真空泵抽滤。

(4) 钙析:将滤液用5％盐酸调节至pH为6～7,取50 mL滤液加入10 mL 10％的氯化钙溶液,使水溶性海藻酸钠转化为非水溶性的海藻酸钙析出:

$$2NaALG+CaCl_2 \longrightarrow Ca(ALG)_2+2NaCl$$

该过程可以使海藻酸钠与大量的水分离,同时将大量的无机盐、色素等水溶性杂质随水排除。

(5) 离子交换脱钙:由于盐析作用,交换生成的海藻酸钙不溶于交换液中,仍然为凝胶状。所以采用15％NaCl溶液间歇多次脱钙,并在洗脱液中滴加适量的稀硫酸直到不生成$CaSO_4$浑浊液为止。在此过程中,海藻酸钙凝胶中的Ca^{2+}被Na^+交换下来:

$$Ca(ALG)_2+2NaCl \longrightarrow 2NaALG+CaCl_2$$

(6) 析出海藻酸钠:往溶液中加入一定量的浓度为95％的乙醇,析出白色的沉淀。由于海藻酸钠易溶于水,不溶于乙醇,为了得到尽可能多的产品,可以用乙醇将部分溶解在水中的海藻酸钠一并析出,这样可以提高产率。

(7) 过滤,干燥,粉碎,即可得产品。

3. 质量检查

(1) 海藻酸钠提取率的计算

$$提取率(\%)=\frac{W_1}{W_2}\times 100$$

式中:W_1为海藻酸钠干燥产品的质量,g;W_2为浸泡时称取海带的质量,g。

(2) 粘度的测定

称取海藻酸钠试样x克(称准至0.01 g),加冷蒸馏水25 mL,搅拌,再加沸蒸馏水70 mL,搅动数分钟,冷后加蒸馏水到100 mL(使海藻酸钠溶液浓度为1％),于室温放置4 h后,使成均匀胶液,选择相应转子置于量罐内,并将胶液细心倒入,达到圆锥体的表面下沿,转子完全浸入液体内,将量罐放到架上,将钩挂在驱动器上,调整零点,接通恒温装置,使保持测定温度在20 ℃±0.1 ℃范围,启动开关,使标尺盘上指针保持稳定,即可读出度数,如果度数小于10,则需换用第二个较大的转子。粘度X(厘泊,cP)按下式计算:

$$X=指针读数\times 转子倍数(1\ cP=0.001\ Pa \cdot s)$$

五、预习要求

(1) 查阅资料,了解海藻酸钠的基本性质与应用。
(2) 熟悉工艺路线和流程。

六、思考题

(1) 海藻酸钠提取的原理是什么?
(2) 旋转粘度同海藻酸钠的相对分子质量有什么关系?

七、参考文献

[1] 张惟杰.糖复合物生化研究技术[M].第二版.杭州:浙江大学出版社,1998,pp.193-198.

[2] 王孝华.海藻酸钠的提取及应用[J].重庆工学院学报(自然科学版),2007,(5):124-126.

[3] 张善明,刘强,张善垒.从海带中提取高黏度海藻酸钠[J].食品加工,2002,23(3):86-87.

[4] 杨红霞,李博,窦明.酶解法提取海藻酸钠研究[J].安徽农业科学,2007,35(12):3661-3662.

[5] 蒋传葵.工具酶的活力测定[M].上海:上海科技出版社,1982,pp.79-81.

实验二十六　从红藻中提取琼脂和从琼脂中提取琼脂糖

一、实验目的

(1) 熟悉从红藻提取琼脂的生产工艺和方法;
(2) 了解琼脂的用途和产品的质量标准;
(3) 熟悉从琼脂提取琼脂糖的方法;
(4) 掌握蒽酮法测定碳水化合物的方法。

二、实验原理

据统计,在浩瀚无垠的海洋中约有2万多种藻类,其中大部分含有一定的藻胶,有的含褐藻胶(如褐藻类的海带),有的含琼胶(如红藻类的江蓠、伊谷草、沙菜、石花菜),有的含卡拉胶,其中琼胶是经济价值较高的藻胶,已被广泛应用到人类生活的各个方面。例如,在医学和生物学上被用作培养基,在糖果和食品生产中被作为填充剂,在造纸工业中被用作粘合剂,在纺织、酿造、印刷和化妆品等工业中也都被广泛应用。

琼胶又称琼脂、洋菜、冻粉,是从某些红藻(Rhodophyceae)中提取的亲水性胶体,外观为白色或类似白色的粉状或条状产品,它不溶于冷水而溶于沸水,在1.5%时为澄清的液体,冷却到34~43℃时形成较坚固的凝胶,再加热到85℃以下时不融化。琼脂是有机化合物,其成分为碳水化合物,由D-蜂乳糖和3,6-脱水蜂乳糖组成,存在于红藻细胞壁和髓部细胞间,是一种多醇的提取物。

琼胶制造业是水产加工工业的重要组成部分,用于提取琼胶的红藻主要有藻胶含量较高的红蓠、石花菜、伊谷草、沙菜等,它们是琼胶工业的主要资源。随着琼胶工业的发展,有些国家进一步从琼胶中分离出琼胶素,并开始了工业生产。琼胶制造工业的工艺流程如下:原料预处理→煮胶提取→过滤→凝固→冻结→融解→干燥→成品→包装→质量标准检验→出厂。

成品琼胶外观为白色或淡黄色长条或粉末,根据国家标准GB-1975-80规定应符合表4-3中所列指标的要求。有关琼胶的鉴别试验方法及质量标准测定方法可查阅有关相应的国家标准和资料。

表 4-3　食品级琼胶国家质量标准(GB1975—80)

指标名称	指　标	指标名称	指　标
干燥失重	≤22%	砷(As)	≤0.000 1%
灼烧残渣	≤5%	铅(Pb 计)	≤0.004%
吸水力	≥5 倍自重	淀粉	合乎规定
水不溶物	≤1%		

琼脂糖(琼胶素)是琼胶经过分离除去硫琼胶部分而留下的硫酸基和灰分都很低的产品,是一种重要的生化试剂。琼脂糖的性质和琼胶大致相同,比琼胶优越,它纯度高,灰分少,凝胶强度高,机械性能好,无色、透明度高,对一些蛋白质不吸附。琼脂糖主要应用在细胞分离、基因重组等高级生物技术和免疫学中的凝胶扩散诊断、预测各种疾病以及免疫电泳、对流电泳等技术方面,且需求量日增。目前我国南方主要是利用江蓠、紫菜等为原料提取琼胶,再利用琼胶提取琼脂糖。本实验用 $EDTA_2Na_2$ 法提取琼脂糖,并用蒽酮法测定所提取的琼脂糖中的碳水化合物含量。

三、仪器、材料和试剂

电热恒温水浴锅、冰浴锅、SXL-1008 型程控箱式电炉、电热恒温干燥箱、电子分析天平、分光光度计。

次氯酸钠溶液、5%NaOH、10%HCl、$EDTA_2Na_2$、蒽酮试剂(蒽酮、乙醇、硫酸)、葡萄糖、风干江蓠、市售琼脂。

四、实验步骤

1. 琼胶提取和制备

(1)原料来源

工业上收购的红藻可分漂白和未经漂白两种。漂白红藻的处理过程如下:将江蓠或石花菜采收后摊开让阳光曝晒多天,每天泼 3~4 遍淡水,利用水在强烈日光照射下蒸发过程能产生具有漂白作用的 H_2O_2 进行漂白,并时常翻动红藻直至全部褪色。褪色后,浸泡在淡水中,漂洗后摊晒,成为工业收购原料。本实验也可采用 H_2O_2 直接处理,但成本较高。

(2)预处理

煮胶前的预处理方法很多。不同的预处理方法对成品胶的颜色、凝胶强度、出胶难易和出胶率均有很大影响,因此,预处理方法是琼胶产品质量的一个重要环节。实验中浸泡和加碱的目的是破坏细胞壁,使凝胶较易溶出,并有利藻体色素分解,使胶体变成无色、透明,粘度变小易于过滤。

本实验学生分三组分别采取不同的处理方法:

A 组:

① 取江蓠 25 g,用水洗至水清为止,用水浸泡 1 h 后,置于 1 L 烧杯中,加入 100 mL 5% NaOH,置于沸水浴中煮 50 min;

② 冷却后用约 100 mL 10％盐酸中和至 pH＝7；

③ 把水倒掉后用约 50 mL 次氯酸钠漂白；

④ 用大量水冲洗至中性。

B 组：

① 取江蓠 25 g，用水洗至水清后置于 1 L 烧杯中，加入 100 mL 5％NaOH，置于沸水浴中煮 50 min；

② 冷却后用约 100 mL 10％盐酸中和至 pH＝7；

③ 把水倒掉后用约 25 mL 次氯酸钠漂白；

④ 用大量水冲洗至中性。

C 组：

① 取江蓠 25 g，用水浸泡 1 h，水洗至清为止，置于 1 L 烧杯中，用约 25 mL 次氯酸钠漂白江蓠；

② 用水漂清干净（pH＝7）后，加入 100 mL 5％NaOH，于沸水浴中煮 50 min；

③ 冷却后用约 100 mL 10％盐酸中和至 pH＝7；

④ 用大量水冲洗至中性。

（3）煮胶、提取和过滤

将上述处理过的红藻，加水 100 mL，置于水浴锅中煮胶提取 1 h 后，趁热倒入 80～100 目的粗尼龙袋中，进行过滤，滤液盛于不锈钢盘中。袋内藻渣压滤后，可加入干藻重 5～10 倍的水，再煮沸 0.5 h，滤液可做下次提取琼胶的用水或直接做成低级品琼胶。不锈钢盘内的琼胶滤液，置于室温下自然冷却凝固。完全凝固后，用刀将胶块切成条状。

（4）冻结和干燥

为纯化胶质，去除杂质，可采用冻结（琼胶中水分结成冰）、融化（水分和琼胶中的无机盐及可溶性杂质一同从胶体中流出而分离）步骤，反复多次，就可使胶条完全干燥。本实验可在电冰箱里模拟生产工艺进行实验，直至完全干燥后，称重。

（5）产胶率计算

注意记录外观颜色，比较不同预处理方法的产胶率（％）。计算公式如下：

$$产胶率（\%）＝\frac{制得胶重量（g）}{样品重量（g）}\times100$$

2. 琼胶含水率、灰分和吸水力测定

（1）水分测定

取洁净玻璃称量瓶，置于 105 ℃干燥箱中，瓶盖斜盖于瓶边，干燥 40 min，取出盖好，冷却至 40～50 ℃，置于干燥器中 30 min，称至恒重（W_1）。称取约 1 g 琼胶（W_2）于称量瓶中，置于烘箱在 105 ℃±1 ℃干燥 2 h，冷却至 40～50 ℃，放干燥器 30 min 后称至恒重（W_3）。计算公式如下：

$$X（\%）＝\frac{(W_3－W_1)}{W_2}\times100$$

式中：X 为样品含水率（％）；W_1 为称量瓶的重量（g）；W_2 为称量瓶和样品的重量（g）；W_3 为称量至样品干燥后的重量（g）。

（2）灰分测定

取大小适宜的瓷坩埚置于箱式电阻炉中,在450 ℃下灼烧0.5 h,冷却至200 ℃以下后取出,放入干燥器中冷却至室温,称重,并重复灼烧至恒重,称量(W_1)。准确称取约1 g琼胶样品(W_2)。置于瓷坩埚内在箱式电阻炉中于600 ℃灼烧至无炭粒(2 h),即灰化完全。冷却至200 ℃以下后取出放入干燥器中,冷却至室温,称量。重复灼烧至前后两次称量相差不超过0.5 mg为恒重,称量(W_3)。灰分Y(%)计算公式如下:

$$Y(\%) = \frac{(W_3 - W_1)}{W_2} \times 100$$

(3)吸水力测定

称取1 g琼胶样品(W_1),置于200 mL的烧杯中,加入160 mL水在35 ℃浸泡2 h,待充分溶胀后(如果不溶胀可提高水温至50~60 ℃),用纱绢布滤去水分,称重W_2,计算吸水力Z(%)。计算公式如下:

$$Z(\%) = \frac{(W_2 - W_1)}{W_1} \times 100$$

3. 琼脂糖提取

(1)琼脂糖提取

称取0.25 g EDTA$_2$Na$_2$置于100 mL烧杯中,加入40 mL蒸馏水,搅拌使之溶解,再加入2.27 g琼胶,在60 ℃下恒温4 h,并不断搅拌,这时EDTA使琼胶变成水溶性而琼脂糖不溶,用纱绢布过滤,用水充分洗涤,浸泡过夜,自然干燥即得琼脂糖。

(2)琼脂糖含水率和产率计算

本实验由于后续实验要测定琼脂糖的碳水化合物,故用水充分洗涤后,用纱绢布滤去水分,称重(W_1),称取1 g用于碳水化合物的测定,余下的自然风干后称重(W_2),其含水率(%)和琼脂糖的产率(%)的计算如下:

$$琼脂糖含水率(\%) = \frac{(W_1 - W_2)}{W_1} \times 100$$

$$琼脂糖产率(\%) = \frac{W_2 + 1 \times (1 - 琼脂糖含水率/100)}{2.27} \times 100$$

4. 蒽酮法测定琼脂糖的碳水化合物含量

(1)蒽酮试剂配制

称取0.2 g蒽酮于100 mL浓硫酸中,加入8 mL乙醇和30 mL超纯水。该试剂可在冰箱中放置过夜,使用前取出在室温下放置4 h。

(2)工作曲线绘制

① 取6支比色管,分别加入0.0,0.1 mL,0.2 mL,0.3 mL,0.5 mL,1.0 mL浓度为100 μg/mL的葡萄糖使用液,再对应地加入超纯水至1 mL,使其浓度分别为0,10 μg/mL,20 μg/mL,30 μg/mL,50 μg/mL,100 μg/mL。

② 将比色管置于冰浴中,加入5.0 mL的蒽酮试剂,振荡混匀后,将比色管置于100 ℃水浴箱中,恒温10 min。

③ 取出比色管,在自来水中放置10 min后,用722型分光光度计在波长620 nm处,用1 cm的比色皿测其吸光值A,以超纯水为参比。

④ 空白校正:每批样品测定时均需测定空白值A_0。若A_0超过0.1,应重新配制蒽酮试

剂。同时也用超纯水校正每个比色皿,以消除比色皿误差。

⑤ 以吸光值 $A-A_0$ 对浓度作图,绘制工作曲线。

(3) 样品测定

① 样品制备:将上述实验制备的含水琼脂糖 1 g,加入 200 mL 蒸馏水,在 100 ℃的水浴中加热至完全溶解呈透明液体备用。

② 样品测定:移取 1 mL 上述制备的样品溶液于 10 mL 比色管中,按照工作曲线绘制的测定步骤测其吸光值。如果浓度太高,则需稀释样品溶液后重新测定。

(4) 琼脂糖碳水化合物含量计算

由工作曲线求样品溶液的碳水化合物浓度(μg/mL)。所制备琼脂糖的碳水化合物的重量百分含量计算公式如下:

$$碳水化合物(\%)=\frac{样品溶液碳水化合物总重量}{琼脂糖重量(g)}\times100$$

五、预习要求

(1) 查阅资料,了解琼脂和琼脂糖的基本性质与应用;

(2) 熟悉工艺路线和流程。

六、思考题

计算所提取琼胶样品的产胶率,并对照用不同预处理方法(A 组、B 组和 C 组)提取琼胶的产率以及外观颜色等特征有何不同? 讨论原因。

七、参考文献

[1] 中华人民共和国国家标准(GB 5009.3—1985),食品中灰分测定方法.

[2] 陈申如,张其标,苏喜荣.不同来源琼胶提取琼脂糖比较[J].海洋水产研究,2002,23(4):51-55.

(游庆红)

第五章　药物制剂基础实验

【本章提要】

本章内容涵盖有关化学药物和中药的经典剂型制备,涉及处方设计、制备工艺及质量检查,并尽可能包含药物剂型制备中所涉及的基本操作(如粉碎、筛分、混合、制粒、干燥、压片、包衣等)和基本剂型(如溶液剂、混悬剂、乳剂、注射剂、散剂、颗粒剂等),力求使实验者通过这些操作能掌握药物制剂过程中的基本原理和基本技能。

第一节　制剂生产技术基础

一、粉碎技术

粉碎是借助机械力将大块固体物料破碎成较小颗粒或粉末的操作过程,其主要目的是减少粒径、增加比表面积。通常把粉碎前的粒度 D 与粉碎后的粒度 d 之比称为粉碎度。药物粉碎有利于固体药物的溶解和吸收,提高难溶性药物的溶出度与生物利用度;有利于固体制剂中各成分混合的均匀性;提高固体药物在液体、半固体、气体中分散性,提高制剂的质量与药效;有利于中药有效成分的提取等。

对物质的粉碎过程主要依靠外机械力的作用破坏物质分子间的内聚力来实现。粉碎过程常用的外机械力有:冲击力、压缩力、剪切力、弯曲力、研磨力等。粉碎方法根据物料粉碎时的状态、组成、环境条件、分散方法等不同可分为干法粉碎、湿法粉碎、单独粉碎、混合粉碎、低温粉碎、流能粉碎等,较常用的方法是干法粉碎与湿法粉碎。干法粉碎是将药物干燥到一定程度(一般是使水分小于 5%)后粉碎的方法;湿法粉碎是指在药物粉末中加入适量的水或其他液体再研磨粉碎的方法,这种"加液研磨法"可降低药物粉末之间的相互吸附与聚集,提高粉碎的效果。另外也可根据被粉碎物料的性质、产品的粒度要求及粉碎设备不同分为闭塞粉碎与自由粉碎、开路粉碎与循环粉碎、低温粉碎及混合粉碎。常用的粉碎机械有球磨机、冲击式粉碎机、气流式粉碎机、胶体磨、滚压粉碎机等。

1. 球磨机

靠球的上下运动使物料受到强烈的撞击与研磨而被粉碎,该方式由于粉碎效率高、密闭性好、粉尘少,所以适应范围很广。球磨机既可进行干法粉碎,也可进行湿法粉碎。粉碎效果与圆筒的转速、球与物料的装量、球的大小与重量有关。根据物料的粉碎程度选择适宜大小的球体,一般球径越小、密度越大,粉碎的粒径越小,适合于物料的微粉碎。一般球和粉碎物料总装量应占罐体积的 50%~60%。球磨机适合于贵重药品的粉碎、无菌粉碎、干法粉碎、湿法粉碎、间歇粉碎等。由于可密闭操作,必要时可充入惰性气体。

2. 冲击式粉碎机

对物料的作用力以冲击力为主,适用于脆性、韧性物料以及中碎、细碎、超碎等,应用广泛,具有"万能粉碎机"之称。其典型的粉碎结构有锤击式与冲击柱式粉碎机。

3. 气流式粉碎机(流能磨)

利用高速气流使颗粒间及颗粒与器壁间碰撞而产生强大的破碎作用,常用于物料的微粉化,故称之为微粉机。该机械的粉碎粒度可达 $3 \sim 20~\mu m$,气体的工作压力为 $7 \sim 10$ 个大气压时,可获得 $5~\mu m$ 以下的微粉。气流式粉碎机适用于热敏物质与低熔点物质,设备简单,可用于无菌粉末的粉碎,但粉碎费用高。

4. 胶体磨

为湿法粉碎机,物料受剪切力作用而被粉碎,常用于混悬剂与乳剂等分散系的粉碎。

5. 滚压粉碎机

物料受压缩力与剪切力的作用而被粉碎,常用于半固体分散系的粉碎,如软膏剂、栓剂等基质物料的粉碎等。

二、筛分技术

筛分是将粒子群按粒子的大小、比重、带电性以及磁性等粉体学性质进行分离的方法。筛分法是借助筛网孔径大小将物料进行分离的方法,是医药工业中应用最广泛的粒子分级操作方法。获得粒度均匀的物料,对药品质量以及制剂生产的顺利进行都有重要的意义。

药筛按制筛方法分为冲眼筛和编织筛。前者为金属材质,筛孔固定,多用于高速旋转粉碎机的筛板及药丸筛选;后者为金属丝编织筛及其他非金属丝(如尼龙等)编织筛,可根据物料性质来选择。筛孔的大小以目数表示,即以每一英寸(25.4 mm)长度上的筛孔数目来表示。工业用标准筛由于所用筛线不同,孔径的大小也有所不同,因此必须注明孔径的具体大小,常以 μm 表示。目数越大,孔径越小。药典标准筛选用国家标准的 R40/3 系列。

1. 固体粉末分级

《药典》二部凡例中规定把固体粉末分为六级,还规定了各个剂型所需要的粒度粉末分等,具体如下:

最粗粉——指能全部通过一号筛,但混有能通过三号筛不超过 20% 的粉末;

粗　粉——指能全部通过二号筛,但混有能通过四号筛不超过 40% 的粉末;

中　粉——指能全部通过四号筛,但混有能通过五号筛不超过 60% 的粉末;

细　粉——指能全部通过五号筛,并含能通过六号筛不少于 95% 的粉末;

最细粉——指能全部通过六号筛,并含能通过七号筛不少于 95% 的粉末;

极细粉——指能全部通过八号筛,并含能通过九号筛不少于 95% 的粉末。

2. 影响筛分的因素

(1) 粒径范围:药物的筛分粒径越小,越容易使粒子聚结成块,或堵塞筛孔无法操作,一般筛分粒径不小于 $70 \sim 80~\mu m$。物料的粒度越接近于分界直径(筛孔直径)时,越不易分离。

(2) 水分含量:含湿量增加,物料的黏性增加,不易筛分。

(3) 粒子的形状与性质:粒子的形状、表面状态不规则,密度小等,不易筛分。

(4) 筛分装置参数:如筛面的倾斜角度、振动方式、运动速度、筛网面积物料层厚度以及过筛时间等。

3. 筛分设备

筛分的常用设备主要有旋转筛、摇动筛、旋动筛与振动筛等。

三、混合技术

1. 混合的概念与目的

把两种以上组分的物质均匀混合的操作称为混合,混合操作以制剂的含量均匀一致为目的。

2. 药物固体微粉特点

(1) 粉体的种类多;

(2) 粒子大小、形状、表面粗糙度不均匀;

(3) 粒度与密度小、吸着性、凝聚性、飞散性强;

(4) 混合成分多;

(5) 微量混合时,最少成分的混合比率(稀释倍率)较大等,会对混合操作带来一定的难度。

3. 混合方法与设备

(1) 实验室混合方法

搅拌、研磨、过筛混合。对于含有毒药品、贵重药品或各组分混合比例悬殊时采用等量递增法。

(2) 混合机械及操作要点

① 容器旋转型混合机。靠容器本身的旋转作用带动物料上下运动而使物料混合的设备,也称作转鼓式混合机。其形式多样,有圆筒形混合机、V形混合机和双锥形混合机。圆筒形混合机,混合机理以对流、剪切混合为主,其操作要点是最适宜转速为临界转速的$70\%\sim90\%$,最适宜充填量约为30%。V形混合机,混合机理以对流混合为主,其操作要点是交叉角α为$80°\sim81°$,长径与短径比为$0.8\sim0.9$,最适宜转速为临界转速的$30\%\sim40\%$,最适宜充填量约为30%。

② 容器固定型混合机。物料在容器内靠叶片、螺带或气流的搅拌作用进行混合的设备。常用的该类混合机有搅拌槽型混合机、锥形垂直螺旋混合机。搅拌槽型混合机:由断面为U形的固定混合槽和内装螺旋状二重带式搅拌桨组成,混合槽可以绕水平轴转动以便于卸料;物料在搅拌桨的作用下不停地沿上下、左右、内外各个方向运动,从而达到均匀混合;混合时以剪切混合为主,混合时间较长,混合度与V形混合机类似;这种混合机亦可适用于造粒前的捏合(制软材)操作。锥形垂直螺旋混合机:由锥形容器和内装的一个至两个螺旋推进器组成;螺旋推进器的轴线与容器锥体的母线平行,螺旋推进器在容器内既有自转又有公转,自转的速度约为60 r/min,公转速度约为2 r/min,容器的圆锥角约$35°$,充填量约为30%;在混合过程中物料在推进器的作用下自底部上升,又在公转的作用下在全容器内产生涡旋和上下循环运动;此种混合机的特点是混合速度快,混合度高,混合比较大也能达到均匀混合,混合所需动力消耗较其他混合机少。

(3) 影响混合效果的因素及防止混合不均匀的措施

① 组分比例:混合组分比例悬殊时采用等量递加法(配研法);剂量为$0.1\sim0.01$ g制

成 10 倍散;剂量为 0.01～0.001 g 制成 100 倍散;剂量＜0.001 g 可制成千倍散。

② 组分的密度:轻者先研,再加入重质物。

③ 组分的吸附性与带电性:易吸附在器壁上的组分后加入,先加入不易吸附、量大的物料;物料带电可加入抗静电剂(表面活性剂与润滑剂)。

④ 含液体或易吸湿性组分:加入适量的吸收剂,磷酸钙、白陶土、蔗糖和葡萄糖;含有结晶水物料用无水物代替;混合后引起吸湿的物料,不应混合,可分别包装。

⑤ 含可形成低共熔混合物的组分的混合:在室温条件下出现润湿现象称为"低共熔"现象,形成低共熔物可使药物呈微晶分散,一般情况有利于药物的吸收,需注意毒副作用。液体的共熔物可用其他组分吸收、分散。

四、干燥技术

1. 干燥的概念与方法

干燥是指利用热能除去物料中的水分或其他溶剂的操作过程。常用的干燥方法分类如下:

(1) 按操作方式分为连续式与间歇式干燥;

(2) 按操作压力分为真空与常压干燥;

(3) 按热量传递方式分为传导、对流、辐射、介电加热干燥等。

其中对流加热干燥应用最为广泛。

2. 干燥设备

(1) 常压箱式干燥:主要缺点是热能利用低,操作条件不良,物料干燥不均匀,尤其是干燥速度过快时,很容易造成外壳干而颗粒内部残留水分过多的"虚假干燥"现象,有时也会造成可溶性成分在颗粒间的"迁移"而影响片剂的含量均匀度。

(2) 流化床干燥:这种方法与流化制粒的工作原理相同,其主要优点是效率高,速度快,时间短,对某些热敏性物料也可采用,操作方便,劳动强度小,自动化程度高。所得产品干湿度均匀,流动性好,一般不会发生可溶性成分迁移的现象。

(3) 喷雾干燥:喷雾干燥的蒸发面积大,干燥时间非常短,温度一般为 50 ℃左右,适用于热敏性物料干燥及无菌操作。干燥的制品多为松脆的颗粒,溶解性好。

(4) 红外干燥:利用红外辐射元件所发出的红外线对物料直接照射加热的一种干燥方式。利用红外线干燥物料,受热均匀、干燥快、质量好,但耗能大。

(5) 微波干燥:属于介电加热,把物料置于高频交流电场内,从物料内部均匀加热,使物料迅速干燥的方法。微波干燥器操作方便、灵敏、加热迅速、均匀、热效率高,对含水物料特别有利,缺点是成本高。

(6) 冷冻干燥:是利用固体冰升华除去水分的干燥方法。

3. 干燥的基本原理及影响因素

(1) 基本原理

在干燥过程中,水分从物料内部移向(扩散)表面,再由表面扩散到热空气中。干燥过程得以进行的必要条件是被干燥物料中的水分所产生的水蒸气分压大于热空气中水蒸气分压。若二者相等,表示蒸发达到平衡,干燥停止;若热空气中水蒸气分压大,物料反而吸水。

所以,为了使物料干燥,必须控制热空气的相对湿度 RH(饱和空气 RH=100％,未饱和空气 RH<10％,绝干空气 RH=0％)。

(2)物料中水分的性质

① 平衡水分:指在一定空气状态下,物料表面产生的水蒸气分压与空气中水蒸气分压相等时物料中所含的水分,该部分水是干燥所除不去的水分。物料的平衡水分含量与空气相对湿度有关,随空气的 RH 上升而增大。干燥器内空气相对湿度,应低于被干燥物自身的相对湿度。

② 自由水分:指物料中所含大于平衡水分的那部分水或称游离水。自由水可在干燥过程中除去。

③ 结合水分:指主要以物理方式结合的水分,结合水分与物料性质有关,具有结合水分的物料称为吸水性物料。

④ 非结合水分:主要指以机械方式结合的水分,与物料的结合力很弱,仅含非结合水的物料叫做非吸水性物料。

(3)干燥速率与影响干燥速率的因素

① 干燥速率:是指单位时间、单位干燥面积上被干燥物料所能气化的水分量,即水分量减少值。

② 干燥速率曲线:物料含水量随时间变化的干燥曲线,主要分为恒速干燥段与降速干燥段。

③ 影响干燥速率因素

恒速干燥阶段:干燥速率主要取决于物料中的水分在表面气化的速率,强化途径为提高空气温度、降低其湿度及改善物料与空气的接触情况。

降速干燥阶段:干燥速率主要由物料的水分扩散速率决定,强化途径为提高物料温度,改善其分散度。

第二节　药物制剂的制备

实验一　溶液剂的制备

一、实验目的

(1)掌握溶液型液体药剂的制备方法;

(2)掌握溶液剂制备过程的各项基本操作;

(3)熟悉各溶液剂制备的注意事项。

二、实验指导

溶液型液体药剂是指小分子药物以分子或离子(直径在 1 nm 以下)状态分散在溶剂中所形成的液体药剂,常用的溶剂有水、乙醇、甘油、丙二醇、液状石蜡、植物油等。属于溶液型液体药剂有:溶液剂、糖浆剂、甘油剂、芳香水剂和醑剂等。这些剂型是基于溶质和溶剂的差别而命名的,从分散系统来看都属于低分子溶液(真溶液);从制备工艺上来看,这些剂型的制法虽然不完全相同,并各有其特点,但作为溶液的基本制法是溶解法。其制备原则和操作步骤如下。

(1) 药物的称量:固体药物常以克为单位,根据药物量的多少,选用不同的托盘天平称重。液体药物常以毫升为单位,选用不同的量杯或量筒进行量取,用量较少的液体药物,也可采用滴管计滴数量取(标准滴管在 20 ℃时,1 mL 水约为 20 滴)。量取液体药物后,应用少许水洗涤量器,洗液并于容器中,以减少药物的损失。

(2) 溶解及加入药物:取处方配制量的 1/2～3/4 溶剂,加入药物搅拌溶解。溶解度大的药物可直接加入溶解;对不易溶解的药物,应先研细,搅拌使溶,必要时可加热以促进其溶解;但对遇热易分解的药物则不宜加热溶解;小量药物(如毒药)或附加剂(如助溶剂、抗氧剂等)应先溶解;难溶性药物应先加入溶解,亦可采用增溶、助溶或选用混合溶剂等方法使之溶解;无防腐能力的药物应加防腐剂;易氧化不稳定的药物可加入抗氧剂、金属络合剂等稳定剂以及调节 pH 等;浓配易发生变化的可分别稀配后再混合;醇性制剂如酊剂加至水溶液中时,加入速度要慢,且应边加边搅拌;液体药物及挥发性药物应最后加入。

(3) 过滤:固体药物溶解后,一般都要过滤。过滤器可根据需要选用玻璃漏斗、布氏漏斗、垂熔玻璃漏斗等,滤材有脱脂棉、滤纸、纱布、绢布等。通过过滤器补溶剂至全量。

(4) 质量检查:成品应进行质量检查。

(5) 包装及贴标签:质量检查合格后,定量分装于适当的洁净容器中,加贴符合要求的标签。

三、实验内容

1. 薄荷水的制备

[处方]

薄荷油,0.1 mL;吐温- 80,0.1 mL;蒸馏水,加至 50 mL。

[制备工艺]

取干燥量杯,将薄荷油与吐温- 80 充分混匀,再加入蒸馏水至全量,搅匀即得。

2. 复方碘溶液的制备

[处方]

碘,5 g;碘化钾,10 g;蒸馏水,100 mL。

[制备工艺]

先将碘化钾溶于适量水中,形成饱和溶液,再加入碘,待全部溶解后,添加水至足量,搅匀即得。

[注意事项]

(1) 本品又称卢戈氏溶液(Luqols solution)。

(2) 碘有腐蚀性、挥发性,称量、制备、贮存时应注意选择适当条件。

(3) 常温下,饱和状态的碘的水溶液中,碘与水的质量比为 1∶2 950,加入 KI 生成络盐,促进碘的溶解,并增加其稳定性。

(4) 本品服用量小且有刺激性,应以 5～10 倍的水稀释后服用。

3. 单糖浆的制备

[处方]

蔗糖,85 g;蒸馏水,适量;共制,100 mL。

[制备工艺]

取蒸馏水 45 mL,煮沸,加蔗糖,不断搅拌,溶解后放冷至 40 ℃,加入 1 滴管蛋清搅匀,继续加热至 100 ℃使溶液澄清,趁热用精制棉过滤,自滤棉上加适量热蒸馏水至 100 mL 搅匀,即得。

[注意事项]

(1) 制备时,加热温度不宜过高(尤其是以直火加热),时间不宜过长,以防蔗糖焦化与转化,从而影响产品质量。

(2) 投药瓶及瓶塞洗净后应干热灭菌。乘热灌装时,应将密塞瓶倒置放冷后再恢复直立,以防蒸汽冷凝成水珠存于瓶颈,致使糖浆发酵变质。

(3) 本品应密封,在 30 ℃以下避光保存。

(4) 本品应为无色或淡黄色的澄清稠厚液体。

(5) 本品为蔗糖的近饱和水溶液,含蔗糖85%(g/mL),或64.74%(g/g)。25 ℃时相对密度为 1.313,沸点约为103.8 ℃。

(6) 加热不仅能加速蔗糖溶解,尚可杀灭蔗糖中微生物、凝固蛋白,使糖浆易于保存。

4. 橙皮糖浆的制备

[处方]

橙皮酊,5 mL;蔗糖,828 g;枸橼酸,0.5 g;滑石粉,1.6 g;共制,100 mL。

[制备工艺]

取橙皮酊、枸橼酸与滑石粉,置研钵内,缓缓加蒸馏水 40 mL,研匀后,反复滤过,至滤液澄清为止。将研钵与滤纸用蒸馏水洗净,洗液与滤液合并,约达 48 mL,加蔗糖于滤液中,搅拌溶解后(不能加热)用脱脂棉滤过,自滤器上添加蒸馏水至 100 mL,摇匀,分装即得。

[注意事项]

(1) 用冷溶法制备,可把单糖浆先配好,避免橙皮酊损失。

(2) 本品产生松节油臭或混浊时,不能再用。

四、预习要点及思考题

(1) 能用热溶法配制橙皮糖浆吗?

(2) 橙皮糖浆不能与碱性药物配伍,为什么?

(3) 单糖浆配制时应注意哪些方面?

(4) 为什么单糖浆中不用加防腐剂?

(5) 用热溶法制备单糖浆有什么优点?

(6) 糖浆剂制备加入蛋清的目的是什么?

(7) 复方碘溶液制备中碘化钾在处方中的作用是什么?

(8) 薄荷水制备时的剂型形成机理是什么?吐温-80 的作用是什么?

(9) 薄荷水的制备能否将工艺改成:取干燥量杯,将蒸馏水与吐温-80 充分混匀,再加入薄荷油,搅匀即得?

五、参考文献

[1] 刘汉清. 中药药剂学实验与指导[M]. 北京:中国医药科技出版社,2001.

[2] 崔福德. 药剂学实验指导(第三版)[M]. 北京:人民卫生出版社,2011.

[3] 宋宏春. 药剂学实验[M]. 北京:北京大学医学出版社,2011.

[4] 张兆旺. 中药药剂学实验(第二版)[M]. 北京:中国中医药出版社,2008.

[5] 宋航. 制药工程专业实验[M]. 北京:化学工业出版社,2005.

[6] 卓超,沈永嘉. 制药工程专业实验[M]. 北京:高等教育出版社,2007.

实验二　混悬剂的制备

一、实验目的

(1) 掌握混悬液型液体药剂的一般制备方法;

(2) 熟悉混悬剂的质量评定方法。

二、实验指导

混悬液型液体药剂系指难溶性固体药物以微粒状态分散于液体分散介质中形成的非均相液体药剂,通常称为混悬剂,属于粗分散体系。分散质点一般在 $0.1\sim10~\mu m$ 之间,但有的可达 $50~\mu m$ 或更大。分散介质多为水,也可用植物油。优良的混悬剂其药物颗粒应细微、分散均匀、沉降缓慢;沉降后的微粒不结块,稍加振摇即能均匀分散;黏度适宜,易倾倒,且不沾瓶壁。

由于重力的作用,混悬剂中微粒在静置时会发生沉降。为使微粒沉降缓慢,应选用颗粒细小的药物以及加入助悬剂增加分散介质的黏度。助悬剂如羧甲基纤维素钠等除使分散介质黏度增加外,还能形成一个带电的水化膜包在微粒表面,防止微粒聚集。此外,还可采用加润湿剂(表面活性剂)、絮凝剂、反絮凝剂的方法来增加混悬剂的稳定性。

制备混悬剂的操作要点:

(1) 助悬剂应先配成一定浓度的稠厚液,固体药物一般宜研细、过筛。

(2) 分散法制备混悬剂,宜采用加液研磨法。

(3) 用改变溶剂性质析出沉淀的方法制备混悬剂时,应将醇性制剂(如酊剂、醑剂、流浸膏剂)以细流缓缓加入水性溶液中,并快速搅拌。

(4) 药瓶不宜盛装太满,应留适当空间以便于用前摇匀,并应加贴印有"用前摇匀"或"服前摇匀"字样的标签。

三、实验内容

1. 炉甘石洗剂的制备

[处方]

炉甘石,15 g;氧化锌,5 g;甘油,5 mL;羧甲基纤维素钠,0.25 g;纯化水,适量;共制,

100 mL。

[制备工艺]

取炉甘石、氧化锌研细过筛后,加甘油和适量纯化水共研成糊状,另取羧甲基纤维素钠加纯化水溶解后,分次加入上述糊状液中,随加随搅拌,再加纯化水至 100 mL,搅匀,即得。

[注意事项]

(1) 氧化锌有重质和轻质两种,以选用轻质的为好。

(2) 炉甘石与氧化锌均为不溶于水的亲水性药物,能被水润湿。故先加入甘油和少量水研磨成糊状,再与羧甲基纤维素钠水溶液混合,使微粒周围形成水化膜以阻碍微粒的聚合,振摇时易再分散。

2. 复方硫(磺)洗剂的制备

[处方]

硫酸锌,3 g;沉降硫,3 g;樟脑醑,25 mL;甘油,10 mL;羧甲基纤维素钠,0.5 g;纯化水,适量;共制,100 mL。

[制备工艺]

取羧甲基纤维素钠加适量的纯化水,迅速搅拌,使成胶浆状;另取沉降硫分次加甘油研至细腻后,与前者混合;再取硫酸锌溶于 20 mL 纯化水中,滤过,将滤液缓缓加入上述混合液中;然后再缓缓加入樟脑醑,随加随研;最后加纯化水至 100 mL,搅匀,即得。

[注意事项]

(1) 药用硫由于加工处理的方法不同,分为精制硫、沉降硫、升华硫。其中以沉降硫的颗粒最细,易制成细腻而易于分散的成品,故选用沉降硫为佳。

(2) 硫为强疏水性物质,颗粒表面易吸附空气而形成气膜,故易集聚浮于液面,应先以甘油润湿研磨,使其易与其他药物混悬均匀。

(3) 樟脑醑应以细流缓缓加入混合液中,并快速搅拌,以免析出颗粒较大的樟脑。

(4) 羧甲基纤维素钠可增加分散介质的黏度,并能吸附在微粒周围形成保护膜,使本品趋于稳定。

(5) 本品禁用软肥皂,因它可与硫酸锌生成不溶性的二价皂。

3. 复方颠茄合剂的制备

[处方]

颠茄酊,5 mL;复方樟脑酊,20 mL;橙皮酊,2 mL;羟苯乙酯溶液(5%),0.6 mL;单糖浆,12 mL;纯化水,适量;共制,100 mL。

[制备工艺]

取颠茄酊、复方樟脑酊、橙皮酊、羟苯乙酯溶液(5%)混匀,将此混合液缓缓加入约 50 mL 纯化水中,随加随搅拌,加入单糖浆,再加纯化水至 100 mL,搅匀,分装,即得。

[注意事项]

(1) 本品为浅黄棕色混悬液,味甜,微苦。

(2) 服用本品后可产生口干,系颠茄抑制了腺体分泌所致,故应多饮水。

(3) 颠茄制剂忌与拟胆碱药物同时服用。

(4) 青光眼患者禁用。

4. 混悬剂质量检查及稳定剂效果评价

（1）沉降体积比的测定

将炉甘石洗剂、复方硫洗剂和复方颠茄合剂分别倒入有刻度的具塞量筒中，密塞，用力振摇 1 min，记录混悬液的开始高度 H_0，并放置，按表 5-1 所规定的时间测定沉降物的高度 H，按式（沉降体积比 $F=H/H_0$）计算各个放置时间的沉降体积比，记入表 5-1 中。沉降体积比在 0～1 之间，其数值愈大，混悬剂愈稳定。

表 5-1　3 h 内的沉降体积比（H/H_0）

时间（min）	炉甘石洗剂	复方硫洗剂	复方颠茄合剂
0			
5			
15			
30			
60			
120			
180			

（2）重新分散试验

将上述分别装有炉甘石洗剂、复方硫洗剂和复方颠茄合剂的具塞量筒放置一定时间（48 h 或 1 周后，也可依条件而定），使其沉降，然后将具塞量筒倒置翻转（一反一正为一次），将筒底沉降物重新分散所需翻转的次数记于表 5-2 中。所需翻转的次数愈少，则混悬剂重新分散性愈好。若始终未能分散，表示结块亦应记录。

表 5-2　重新分散试验数据

	炉甘石洗剂	复方硫洗剂	复方颠茄酊
重新分散			
翻转次数			

四、预习要点及思考题

（1）比较炉甘石洗剂、复方硫洗剂和复方颠茄合剂的质量有何不同？

（2）影响混悬剂稳定性的因素有哪些？

（3）优良的混悬剂应达到哪些质量要求？

（4）混悬剂的制备方法有哪几种？

五、参考文献

［1］刘汉清. 中药药剂学实验与指导［M］. 北京：中国医药科技出版社，2001.

［2］崔福德. 药剂学实验指导（第三版）［M］. 北京：人民卫生出版社，2011.

［3］张兆旺. 中药药剂学实验（第二版）［M］. 北京：中国中医药出版社，2008.

实验三　乳剂的制备

一、实验目的

(1) 掌握乳剂的一般制备方法;

(2) 熟悉乳剂类型的鉴别方法,比较不同方法制备乳剂的液滴粒度大小、均匀度及其稳定性。

二、实验指导

乳浊液型液体药剂也称乳剂,系两种互不相溶的液体混合,其中一种液体以液滴状态分散于另一种液体中形成的非均相分散体系。形成液滴的一相称为内相、不连续相或分散相;而包在液滴外面的一相则称为外相、连续相或分散介质。分散相的直径一般在 $0.1\sim10~\mu m$ 之间。乳剂属热力学不稳定体系,须加入乳化剂使其稳定。乳剂可供内服、外用,经灭菌或无菌操作法制备的乳剂,也可供注射用。

乳剂因内、外相不同,分为 O/W 型和 W/O 型等类型,可用稀释法和染色镜检等方法进行鉴别。通常小量制备时,可在乳钵中研磨制得或在瓶中振摇制得,如以阿拉伯胶作乳化剂,常采用干胶法和湿胶法。工厂大量生产多采用乳匀机、高速搅拌器、胶体磨制备。

三、实验内容

1. 鱼肝油乳的制备

[处方]

鱼肝油,50 mL;阿拉伯胶(细粉),12.5 g;西黄蓍胶(细粉),0.7 g;蒸馏水,加至100 mL。

[制备工艺]

(1) 干胶法:按油∶水∶胶为 4∶2∶1 的比例,将油与胶轻轻混合均匀,一次加入水25.2 mL,向一个方向不断研磨,直至稠厚的乳白色初乳生成为止(有劈裂声),再加水稀释研磨至足量。

(2) 湿胶法:胶与水先研成胶浆,加入西黄蓍胶浆,然后加油,边加边研磨至初乳制成,再加水稀释至足量,研匀,即得。

(3) 工艺比较:取相同体积上述两法制备的乳剂,置于离心管中,用 4 000 r/min 离心15 min,观察分层情况,比较两工艺优劣。

[注意事项]

(1) 干胶法简称干法,适用于乳化剂为细粉者;湿胶法简称湿法,所用的乳化剂可以不是细粉,凡预先能制成胶浆(胶∶水为 1∶2)者即叫。

(2) 干胶法应选用干燥乳钵,量器分开,研磨时不能停止,也不能改变方向。

(3) 乳剂制备必须先制成初乳后,方可加水稀释。

(4) 选用粗糙乳钵,杵棒头与乳钵底接触好。

(5) 可加矫味剂及防腐剂。

2. **液体石蜡乳的制备**

[处方]

液状石蜡,12 mL;阿拉伯胶,4 g;纯化水,加至 30 mL。

[制备工艺]

(1) 干胶法:将阿拉伯胶分次加入液状石蜡中研匀,加纯化水 8 mL 研至发出噼啪声,即成初乳。再加纯化水适量研匀,共制成 30 mL 乳剂,即得。

(2) 湿胶法:取纯化水 8 mL 置烧杯中,加 4 g 阿拉伯胶粉配成胶浆。将胶浆移入乳钵中,再分次加入 12 mL 液状石蜡,边加边研磨至初乳形成,再加纯化水适量研匀,共制成 30 mL,即得。

(3) 工艺比较:取相同体积上述两法制备的乳剂,置于离心管中,用 4 000 r/min 离心 15 min,观察分层情况,比较两工艺优劣。

[注意事项]

(1) 制备初乳时,干法应选用干燥乳钵,量油的量器不得沾水,量水的量器也不得沾油。油相与胶粉(乳化剂)充分研匀后,按液状石蜡∶胶∶水为 3∶1∶2 比例一次加水,迅速沿同一方向研磨,直至稠厚的乳白色初乳形成为止,其间不能改变研磨方向,也不宜间断研磨。

(2) 湿法所用胶浆(胶∶水为 1∶2)应提前制出,备用。

(3) 制备 O/W 型乳剂必须在初乳制成后,方可加水稀释。

(4) 乳钵应选用内壁较为粗糙的瓷乳钵。

3. **石灰搽剂的制备**

[处方]

氢氧化钙溶液,50 mL;花生油,50 mL。

[制备工艺]

取两种药物在乳钵中研磨,即得。

[注意事项]

(1) 本品以新生二价皂为乳化剂。

(2) 花生油可用其他植物油代替,用前应以干热灭菌法灭菌。

4. **松节油搽剂的制备**

[处方]

松节油,65 mL;樟脑,5 g;软皂,7.5 g;蒸馏水,100 mL。

[制备工艺]

取软皂与樟脑在乳钵中研磨液化,分次加入松节油不断研磨至均匀为止。然后将此混合物分次加入已盛有 25 mL 水的烧瓶中,每次加后,用力振摇,至细腻的乳白色液形成为止。

[注意事项]

(1) 软皂为钾肥皂,作乳化剂。

(2) 樟脑与松节油为皮肤外用药。

5. 乳浊液类型的鉴别

（1）染色法

将上述两种乳剂涂在载玻片上，加油溶性苏丹红染色，镜下观察。另用水溶性亚甲蓝染色，同样镜检，判断乳剂的类型。将实验结果记录于表 5-3 中。

（2）稀释法

取试管两支，分别加入液状石蜡乳剂和石灰搽剂各一滴，加水约 5 mL，振摇或翻转数次。观察是否能混匀，并根据实验结果判断乳剂类型。

表 5-3　乳剂类型鉴别结果

	鱼肝油乳		石灰搽剂	
	内相	外相	内相	外相
苏丹红				
亚甲蓝				

乳剂类型：鱼肝油乳为_____型，石灰搽剂为_____型。

四、预习要点及思考题

（1）上述各乳剂分别是什么类型的乳剂？

（2）石灰搽剂用振摇法即能乳化，说明了什么问题？

（3）乳剂的类型是根据什么确定的？

（4）为何本品不稳定易分层，其原因是什么？

五、参考文献

［1］崔福德. 药剂学实验指导（第三版）［M］. 北京：人民卫生出版社，2011.

［2］宋宏春. 药剂学实验［M］. 北京：北京大学医学出版社，2011.

［3］张兆旺. 中药药剂学实验（第二版）［M］. 北京：中国中医药出版社，2008.

［4］宋航. 制药工程专业实验［M］. 北京：化学工业出版社，2005.

实验四　注射剂与输液剂的制备

一、目的要求

（1）掌握空安瓿与垂熔玻璃滤器的处理方法；

（2）掌握注射液的配制、滤过、灌封、灭菌等基本操作；

（3）掌握输液剂的质量要求和手工生产的工艺过程及操作要点；

（4）熟悉安瓿剂漏气检查和澄明度检查；

（5）熟悉微孔滤膜的选择，预处理和使用方法；

（6）练习对输液瓶、橡胶塞、隔离膜的预处理；

（7）进一步熟悉无菌操作室的洁净处理、空气灭菌和无菌操作的要求及操作方法；

(8) 学会干燥箱和净化工作台的使用。

二、实验指导

1. 安瓿的处理

将纯化水灌入安瓿内经 100 ℃加热 30 min,趁热甩水,再用滤清的纯化水、注射用水灌满安瓿,甩水,如此反复三次,以除去安瓿表面微量游离碱、金属离子、灰尘和附着的砂粒等杂质。洗净的安瓿,立即以 120~140 ℃温度烘干,备用。

2. 垂熔玻璃滤器的处理

将垂熔玻璃滤器用纯化水冲洗干净,用 1‰~2‰硝酸钠硫酸液浸泡 12~24 h,再用纯化水、注射用水反复抽洗至抽洗液中性且澄明,抽干,备用。

3. 配液

配液用器具按要求处理洁净干燥后使用,一般配液方法有两种。

(1) 稀配法:将原料药加入溶剂中,一次配成所需的浓度。

(2) 浓配法:将原料药加入部分溶剂中,配成浓溶液,加热滤过,必要时可加活性炭处理,也可冷藏后再过滤,然后稀释到所需浓度。

4. 滤过

过滤方法有加压滤过、减压滤过和高位静压滤过等。滤器的种类也较多,以供粗滤、预滤和精滤。按实验室条件,安装好滤过装置。

5. 灌封

将滤清的药液立即灌封,要求剂量准确,药液不沾安瓿颈壁。易氧化药物,在灌装过程中可通惰性气体。

6. 灭菌与检漏

安瓿熔封后按规定及时灭菌。灭菌完毕,趁热取出放入冷的 1‰亚甲蓝溶液中检漏。

7. 静脉滴注

静脉滴注用注射水溶液(输液剂)除符合注射剂一般要求外,应无热原,不溶性微粒应符合规定,并尽可能与血液等渗。静脉滴注用乳剂,分散相球粒的粒度大多数(80%)应在 1 μm 以下,不得有大于 5 μm 的球粒,应无热原,能耐热压灭菌,贮存期间稳定,不得用于椎管注射。此外,静脉滴注用注射液 pH 应力求接近人体血液的 pH,不得添加任何抑菌剂,输入人体后不应引起血象异常变化。输液剂的制备与注射剂大致相似。

三、实验内容

1. 注射剂的制备

(1) 盐酸普鲁卡因注射液的制备

[处方]

盐酸普鲁卡因,1 g;氯化钠,0.7 g;注射用水,适量;共制,100 mL。

每人制备 2 mL 安瓿_____支。

[制备工艺]

① 配液:取注射用水约 80 mL,加氯化钠搅拌使溶解,加盐酸普鲁卡因,并加酸调整 pH 为 4.0~4.5,再加溶媒至足量,搅匀,精滤得澄明液(注意滤过装置的选择和原理)。

② 空安瓿的洗涤处理:先灌满 0.1%盐酸溶液煮洗,冲洗后再用水煮洗,烘干。

③ 注射液的灌封:灌封器注意排气,要调整好位置,溶封前可先用废安瓿练习手法,以减少损失。

④ 安瓿剂的灭菌与检漏:100 ℃流通蒸气灭菌 30 min,并趁热放入有色溶液中检漏。

⑤ 安瓿剂的质量检查:进行 pH 和澄明度检查。

⑥ 安瓿剂的印字包装。

[注意事项]

① 盐酸普鲁卡因是弱碱与强酸结合的盐,易水解,脱羧后生成苯胺,为此先调节 pH 至 4.2~5.0,因这时最为稳定,有的用热压 115.5 ℃灭菌 30 min(一般认为 100 ℃ 30 min 为好)。

② 氯化钠调节渗透压,并能增加溶液的稳定性,抑制水解。

③ 氧、光线、金属等亦能影响溶液,使其分解,故在配制及贮存中应注意避免。

(2) 板蓝根注射液的制备

[处方]

板蓝根,55 g;苯甲醇,1 mL;吐温-80,1 mL;注射用水,适量;共制,100 mL。

每人制备 2 mL 安瓿_____支

[制备工艺]

① 取板蓝根,加 6~7 倍的水浸泡 30 min,煎煮两次,每次 30 min,过滤,合并滤液,减压浓缩至 30~35 mL。

② 醇处理:取上浓缩液,搅拌加醇,使含醇量达 60%,冷藏 24 h 以上,其冷藏液过滤,滤渣用 60%醇洗 1~2 次,滤液减压浓缩至无醇味。

③ 氨处理:取上滤液,搅拌加氨使 pH 为 8.5~9.0,冷藏 24 h 后,滤过,水浴加热除氨至无氨臭,pH 为 5.5~6,其药液用新鲜注射用水稀释至 90 mL,冷藏 24 h,滤过,滤液加吐温-80、苯甲醇,加注射用水至100 mL,用 3 号垂熔漏斗过滤,即得澄明注射液。

④ 空安瓿的处理、灌封、灭菌、质检、印字和包装过程同盐酸普鲁卡因注射液的制备。

[注意事项]

① 板蓝根中含有水分 10%,故投料时多投 10%。

② 板蓝根含有糖类、淀粉等,浓缩时应经常搅拌,以防焦化。

③ 加醇处理,主要除去蛋白质、树胶、植物黏液、无机盐等杂质。

④ 板蓝根的抗菌成分不耐热,煎煮或灭菌一般不超过 1 h。

⑤ pH>8 时失去全部活性,但中和后仍可恢复,除氨便是使 pH 降到 7 以下,以恢复其抗菌活力。

(3) 维生素 C 注射液的制备

[处方]

维生素 C,10.5 g;碳酸氢钠,4.9 g;焦亚硫酸钠,0.3 g;依地酸二钠,0.005 g;注射用水,加至 100 mL。

[制备工艺]

取配制总量 80% 的注射用水,通二氧化碳(或氮气)饱和,加维生素 C 溶解后,分次缓缓加入碳酸氢钠,搅拌使溶;另将焦亚硫酸钠和依地酸二钠溶于适量注射用水中;将两液合并,搅匀,调 pH 至 $6.0 \sim 6.2$,添加二氧化碳(或氮气)饱和的注射用水至足量,取样测定含量合格后,滤过至澄明,在二氧化碳(或氮气)气流下灌封,100 ℃流通蒸气灭菌 15 min,即可。

[注意事项]

① 维生素 C 分子中有烯二醇结构,易氧化。其水溶液与空气接触,自动氧化成脱氢抗坏血酸,后者再经水解生成 2,3-二酮-L-古洛糖酸即失去疗效,此化合物再被氧化成草酸及 L-苏糖酸。成品分解后呈黄色。影响本品稳定性的因素主要是空气中的氧气,溶液的 pH 和金属离子,因此生产上采取通惰性气体、调节药液 pH、加抗氧剂和金属离子螯合剂等措施。

② 本品稳定性与温度有关。有人实验证明用 100 ℃灭菌 30 min,含量减少 3%,而用 100 ℃灭菌 15 min 只减少 2%,故以 100 ℃灭菌 15 min 为好。

③ 维生素 C 酸性强,注射时刺激性大,故加入碳酸氢钠使之中和成盐,以减少注射疼痛。同时碳酸氢钠起调节 pH 的作用。

(4) 质量检查

① 漏气检查:将灭菌后的安瓿趁热置于有色溶液中,稍冷取出,用水冲洗干净,剔除被染色的安瓿,并记录漏气支数。

② 澄明度检查:将安瓿外壁擦干净,1~2 mL 安瓿每次拿取 6 支,于伞棚式澄明度检测仪边处,手持安瓿颈部使药液轻轻翻转,用目检视,每次检查 18 s。50 mL 或 50 mL 以上的注射液按直立、倒立、平视三步法旋转检视。按以上装置及方法检查,除特殊规定品种外,未发现有异物或仅带微量白点者为合格。

③ 检查结果:将检查结果记录表 5-4 中。

表 5-4 澄明度检查结果记录

总检支数	废品支数							合格成品支数	成品率
	漏气	玻璃屑	纤维	白点	白块	焦头	其他		

[注意事项]

白块:系指用规定的检查方法,能看到有明显的平面或棱角的白色物质。

白点:不能辨清平面或棱角的按白点计。但有的白色物质虽不易看清平面、棱角(如球形),但与上述白块同等大小或更大者,应作白块论。在检查中见似有似无或若隐若现的微细物,不作白点计数。

微量白点:50 mL 或 50 mL 以下的注射液,在规定的检查时间内仅见到 3 个或 3 个以下白点者,作为微量白点;100 mL 或 100 mL 以上的注射液,在规定检查时间内仅见到 5 个或 5 个以下的白点时,作为微量白点。

少量白点:药液澄明,白点数量比微量白点较多,在规定检查时间内较难准确计数者。

微量沉积物:指某些生化制剂或高分子化合物制剂,静置后有微小的质点沉积,轻轻倒转时有烟雾状细线浮起,轻摇即散失者。

异物:包括玻璃屑、纤维、色点、色块及其他外来异物。

特殊异物:指金属屑及明显可见的玻璃屑、玻璃块、玻璃砂、硬毛或粗纤维等异物。金属屑有一面闪光者即是,玻璃屑有闪烁性或有棱角的透明物即是。

2. 输液制备

(1) 葡萄糖注射液的制备

[处方]

葡萄糖,50 g;注射用水,适量;全量,1 000 mL。

[制备工艺]

取注射用水适量,加热煮沸,分次加入葡萄糖,不断搅拌配成 50%～70% 浓溶液,用 1% 盐酸溶液调整 pH 至 3.8～4.0,加入配液量 0.1%～1.0% 的注射用活性炭,在搅拌下煮沸 30 min,放冷至 45～50 ℃ 时滤除活性炭,滤液中加注射用水至全量,测定 pH 及含量,精滤至澄明,灌封,于 110 ℃ 热压灭菌 30 min。

[注意事项]

① 选择符合注射用规格的原料。

② 控制溶液 pH、灭菌温度及时间,防止本品变黄。

(2) 氯化钠注射液(灭菌生理盐水)的制备

[处方]

氯化钠,9 g;注射用水,适量;全量,1 000 mL。

[制备工艺]

取氯化钠加适量注射用水,配成 20%～30% 浓溶液,加 0.1～0.5% 注射用活性炭,煮沸 20～30 min,滤除活性炭,加注射用水至 1 000 mL,测定 pH,必要时用 0.1 mol/L 氢氧化钠溶液或稀盐酸溶液调整 pH 至 5.4～5.6,测定含量合格后精滤至澄明,灌封,于 115.5 ℃ 热压灭菌 30 min。

[注意事项]

本品对玻璃有腐蚀作用,如果玻璃质量差或贮藏时间过久,溶液中会出现硅质小薄片或其他沉淀物,可在洗瓶时先用稀盐酸处理。

(3) 血液保养液

[处方]

枸橼酸钠,13.3 g;枸橼酸,4.7 g;葡萄糖,30 g;注射用水,适量;全量,1 000 mL。

[制备工艺]

取枸橼酸钠、枸橼酸和葡萄糖溶于新煮沸放冷的注射用水中,加至全量,混匀,用枸橼酸调 pH 至 4.5～5.5,精滤、灌封,于 110 ℃ 热压灭菌 30 min。

(4) 静脉滴注用注射液的质量检查

静脉滴注用注射液与一般注射液相同,其含量、pH、澄明度、无菌检查以及各产品特殊检查项目,均应符合药品标准。除此之外,《药典》规定装量为 100 mL 以上的静脉滴注用注射液必须进行热原检查与不溶性微粒检查。

四、预习要点及思考题

(1) 易氧化药物的注射剂在生产中应注意什么问题? 可采取哪些具体措施防止氧化?

(2) 影响注射液澄明度的因素有哪些? 可采取哪些措施提高产品的澄明度合格率?

五、参考文献

［1］刘汉清. 中药药剂学实验与指导［M］. 北京：中国医药科技出版社，2001.

［2］崔福德. 药剂学实验指导（第三版）［M］. 北京：人民卫生出版社，2011.

［3］宋宏春. 药剂学实验［M］. 北京：北京大学医学出版社，2011.

［4］张兆旺. 中药药剂学实验（第二版）［M］. 北京：中国中医药出版社，2008.

实验五　散剂的制备

一、实验目的

（1）掌握散剂制备工艺过程；

（2）掌握含特殊成分散剂、共熔成分散剂的制备方法；

（3）掌握散剂的质量检查方法。

二、实验指导

散剂系指药物或与适宜辅料经粉碎、均匀混合而制成的干燥粉末状制剂，供内服或局部用。内服散剂一般溶于或分散于水或其他液体中服用，亦可直接用水送服。局部用散剂可供皮肤、口腔、咽喉、腔道等处应用；专供治疗、预防和润滑皮肤为目的的散剂亦可称撒布剂或撒粉。

操作要点如下：

（1）称取：正确选择天平，掌握各种结聚状态的药品的称重方法。

（2）粉碎：是制备散剂和有关剂型的基本操作。要求学生根据药物的理化性质、使用要求，合理地选用粉碎工具及方法。

（3）过筛：掌握基本方法，明确过筛操作应注意的问题。

（4）混合：混合均匀度是散剂质量的重要指标，特别是含少量医疗用毒性药品及贵重药品的散剂，为保证混合均匀，应采用等量递加法（配研法）。对含有少量挥发油及共熔成分的散剂，可用处方中其他成分吸收，再与其余成分混合。

（5）包装：学会分剂量散剂包五角包、四角包、长方包等包装方法。

（6）质量检查：根据《药典》规定进行。

三、实验内容

1. 复方乙酰水杨酸散的制备

［处方］

乙酰水杨酸，2.3 g；非那西汀，1.6 g；咖啡因，0.35 g。

［制备工艺］

按等量递加法进行混合，研匀，分成 10 包。

［注意事项］

（1）乙酰水杨酸在潮湿空气中水解，带酸味不能供内服用。

(2) 咖啡因与其他成分量相差悬殊,应采用等量递加法混合。

2. 痱子粉的制备

[处方]

薄荷脑,0.6 g;樟脑,0.6 g;麝香草酚,0.6 mL;薄荷油,0.6 mL;水杨酸,1.14 g;硼酸,8.5 g;升华硫,4.08 g;氧化锌,6.08 g;淀粉,10.0 g;滑石粉,加至100 g。

[制备工艺]

取薄荷脑、樟脑、麝香草酚研磨至全部液化,并与薄荷油混合。另将升华硫、水杨酸、硼酸、氧化锌、淀粉、滑石粉研磨混合均匀,过120目筛。然后将共熔混合物与混合的细粉研磨混匀或将共熔混合物喷入细粉中,过筛,即得。将25 g痱子粉用目测法分成4包,用四角包包装。

[注意事项]

(1) 处方中成分较多,应按处方药品顺序将药品称好。

(2) 处方中麝香草酚、薄荷脑、樟脑为共熔组分,研磨混合时形成共熔混合物并产生液化现象。共熔成分在全部液化后,再用混合粉末或滑石粉吸收,并过筛2~3次,检查均匀度。

(3) 局部用散剂应为极细粉,一般以能通过八号至九号筛为宜。敷于创面及黏膜的散剂应经灭菌处理。

3. 冰硼散的制备

[处方]

冰片,5 g;硼砂,50 g;朱砂,6 g;玄明粉,50 g。

[制备工艺]

取朱砂以水飞法粉碎成细粉,干燥后备用。另将硼砂研细,并与研细的冰片、玄明粉混匀,然后将朱砂与上述混合粉末按打底套色法研磨混匀,过七号筛即得。

[注意事项]

(1) 冰片即龙脑,外用消肿止痛;朱砂主含硫化汞,外用解毒;玄明粉为风化芒硝(无水硫酸钠),外用治疗疮肿丹毒,咽肿口疮。本品为粉红色的粉末,气芳香,味辛凉。

(2) 朱砂与其他成分颜色相差悬殊,应采用打底套色法混合。

4. 散剂的质量检查

(1) 外观均匀度:取供试品适量,置光滑纸上,平铺约5 cm²,将其表面压平,在亮处观察,应呈现均匀的色泽,无花纹与色斑。

(2) 装量差异:取供试品10包(瓶),除去包装,分别精密称定每包(瓶)内容物的重量,其结果填入表5-5。每包(瓶)与标示量相比应符合规定,超出表5-6装量差异限度的散剂不得多于2包(瓶),并不得有一包(瓶)超出装量差异限度的一倍。

表5-5 检查结果记录表

品名:　　　　　　规格:　　　　　　批号:　　　　　　厂家:

标量_____	装量差异限度_____%		合格范围_____			不得有一包超过_____			
散剂编号	1	2	3	4	5	6	7	8	9	10
每包重										
合格与否	原因:									

表 5-6 单剂量、一日剂量包装散剂装量差异限度表

标示装量	装量差异限度
0.10 g 或 0.10 g 以下	±15%
0.10 g 以上至 0.30 g	±10%
0.30 g 以上至 1.50 g	±7.5%
1.50 g 以上至 6.0 g	±5%
6.0 g 以上	±5%

四、预习要点及思考题

(1) 何谓共熔物？含共熔成分的散剂是否都采取共熔方法制备？

(2) 硼酸应怎样进行粉碎？

(3) 何谓等量递加法？这种方法有何优点？

五、参考文献

[1] 刘汉清.中药药剂学实验与指导[M].北京:中国医药科技出版社,2001.

[2] 张兆旺.中药药剂学实验(第二版)[M].北京:中国中医药出版社,2008.

实验六　颗粒剂的制备

一、实验目的

(1) 掌握颗粒剂的制备方法；

(2) 熟悉颗粒剂的质量要求和质量检查方法。

二、实验指导

1. 含义

颗粒剂是指药材的提取物与适宜的辅料或药材细粉制成的干燥颗粒状制剂,可分为可溶性颗粒剂、混悬性颗粒剂和泡腾性颗粒剂。颗粒剂应干燥均匀,色泽一致,无吸潮、软化、结块、潮解等现象,粒度、水分、溶化性、装量差异、微生物限度检查应符合药典规定。

2. 制备工艺流程

处方拟定→原、辅料的处理(粉碎、筛分、混合)→制粒→干燥→整粒→质检→包装

3. 制备要点

中药材一般多采用煎煮提取法,也可用渗漉法、浸渍法及回流提取法等方法进行提取。提取液的纯化以往常采用乙醇沉淀法,目前已有采用高速离心、微孔滤膜滤过、絮凝沉淀、大孔树脂吸附等除杂新技术。制粒是颗粒剂制备的关键工艺技术,常用挤出制粒、湿法混合制粒和喷雾干燥制粒等方法。喷雾干燥粉加用适量的干燥黏合剂制粒,可制得无糖型颗粒。

挤出制粒,软材的软硬应适当,以"手握成团,轻压即散"为宜。湿颗粒制成后,应及时干燥。干燥温度应逐渐上升,一般控制在 60～80 ℃。

三、实验内容

1. 布洛芬泡腾颗粒剂的制备

[处方]

布洛芬,6 g;交联羧甲基纤维素钠,0.3 g;聚维酮异丙醇,0.1 g;糖精钠,0.25 g;微晶纤维素,1.5 g;蔗糖细粉,35 g;苹果酸,16.5 g;碳酸氢钠,5 g;无水碳酸钠,1.5 g;橘型香料,1.4 g;十二烷基硫酸钠,0.03 g。

[制备工艺]

将布洛芬、微晶纤维素、交联羧甲基纤维素钠、苹果酸和蔗糖粉过 16 目筛后,置混合器内与糖精钠混合。混合物用聚维酮异丙醇液制软材,制粒,干燥,过 16 目筛整粒后与剩余处方成分混匀。混合前,碳酸氢钠过 30 目筛,无水碳酸钠、十二烷基硫酸钠和橘型香料过 60目筛。制成的混合物装于不透水的袋中,每袋含布洛芬 600 mg。

[注意事项]

处方中微晶纤维素和交联羧甲基纤维素钠为不溶性亲水聚合物,可改善布洛芬的混悬性;十二烷基硫酸钠可加快药物的溶出。

2. 板蓝根颗粒剂的制备

[处方]

板蓝根,50 g;蔗糖,适量;糊精,适量。

[制备工艺]

取板蓝根 50 g,加 200 mL 纯化水浸泡 1 h,煎煮 2 h,滤出煎液,再加水适量煎煮 1 h,合并煎液,滤过。滤液浓缩至适量,加乙醇使含醇量为 60%,搅匀,静置过夜,取上清液回收乙醇,浓缩至相对密度为 1.30～1.33(80 ℃)的清膏。取膏 1 份、蔗糖 2 份、糊精 1.3 份,制成软材,过 16 目筛制颗粒,干燥、每袋 10 g 分装即得。

[注意事项]

由于本实验煎煮、精制等耗时较长,可安排与前一个实验交叉进行,或每组直接分给板蓝根清膏 50 mL。

3. 质量检查

(1) 粒度

取颗粒剂 5 袋,称定重量,置药筛中轻轻振动 3 min,不能通过一号筛和能通过四号筛的颗粒和粉末总和,不得超过 8.0%。

(2) 水分

照《药典》附录"水分测定法(第一法)"测定,不得超过 5.0%。

(3) 溶化性

取供试品加热水 20 倍,搅拌 5 min,立即观察,颗粒应全部溶化,允许有轻微浑浊,但不得有焦屑等异物。

（4）装量差异

取供试品 10 袋,分别称定每袋内容物的重量,每袋的重量与实际装量相比较(无者,应与平均装量相比较),超出限度的不得多于 2 袋,并不得有 1 袋超出限度一倍。

（5）微生物限度检查

依照《药典》附录"微生物限度检查法"检查,不得检出大肠杆菌等致病菌及螨,每克颗粒剂中细菌数不得超过 1000 个,霉菌、酵母菌数不得超过 100 个。

四、预习要点及思考题

（1）制备颗粒剂的要点是什么?

（2）颗粒剂的质检项目有哪些? 检查方法如何?

五、参考文献

[1] 刘汉清. 中药药剂学实验与指导[M]. 北京:中国医药科技出版社,2001.

[2] 崔福德. 药剂学实验指导(第三版)[M]. 北京:人民卫生出版社,2011.

[3] 宋宏春. 药剂学实验[M]. 北京:北京大学医学出版社,2011.

[4] 张兆旺. 中药药剂学实验(第二版)[M]. 北京:中国中医药出版社,2008.

实验七　片剂的制备及质量检查

一、实验目的

（1）初步掌握湿法制粒压片的过程和技术;

（2）初步学会单冲压片机的调试,能正确使用单冲压片机;

（3）会分析片剂处方的组成和各种辅料在压片过程中的作用;

（4）熟悉片剂重量差异、崩解时限、硬度和脆碎度的检查方法。

二、实验指导

片剂系指药物与适宜的辅料均匀混合,通过制剂技术压制而成片状的固体制剂。片剂由药物和辅料两部分组成。辅料是指片剂中除主药外一切物质的总称,亦称赋形剂,为非治疗性物质。加入辅料的目的是使药物在制备过程中具有良好的流动性和可压性;有一定的黏结性;遇体液能迅速崩解、溶解、吸收而产生疗效。辅料应为惰性物质,性质稳定,不与主药发生反应,无生理活性,不影响主药的含量测定,对药物的溶出和吸收无不良影响。但是,实际上完全惰性的辅料很少,辅料对片剂的性质甚至药效有时可产生很大的影响,因此,要重视辅料的选择。片剂中常用的辅料包括填充剂、润湿剂、黏合剂、崩解剂及润滑剂等。

通常片剂的制备包括制粒压片法和直接压片法两种,前者根据制颗粒方法不同,又可分为湿法制粒压片和干法制粒压片,其中湿法制粒压片较为常用。湿法制粒压片适用于对湿热稳定的药物,其一般工艺流程如图 5-1 所示。

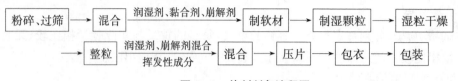

图 5 - 1 片剂制备流程图

三、实验内容

1. 片剂成品的制备

(1) 空白片的制备

[处方]

蓝淀粉(代主药),1.0 g;糖粉,3.3 g;糊精,2.3 g;淀粉,5.0 g;50%乙醇,适量;硬脂酸镁,0.058 g;共制,100 片。

[制备工艺]

取蓝淀粉与糖粉、糊精和淀粉以等量递加法混匀,然后过 60 目筛两次,使其色泽均匀。再用喷雾法加入乙醇,迅速搅拌并制成软材,过 14 目筛制粒。湿粒在 60 ℃温度下烘干,干粒过 14 目筛整粒,加入硬脂酸镁混匀后,称重,计算片重,开始压片。经调节片重和压力,使符合要求后,即可正式压片。

[注意事项]

① 蓝淀粉为主药,其含量约仅占片重的 10%,因此可代表含微量药物的片剂。

② 糖粉和糊精为干燥黏合剂,淀粉为稀释剂和崩解剂,乙醇为润湿剂,硬脂酸镁为润滑剂。

③ 蓝淀粉与赋形剂必须充分混匀,否则压成的片剂可出现色斑等现象。

④ 片重计算:

$$片重 = \frac{干颗粒重 + 压片前加入的赋形剂重}{应压片总片数}$$

(2) 复方碳酸氢钠片的制备

[处方]

碳酸氢钠,30 g;薄荷油,0.2 mL;淀粉,1.5 g;10%淀粉浆,适量;硬脂酸镁,0.15 g;共制,100 片。

[制备工艺]

取碳酸氢钠通过 80 目筛,加入 10%淀粉浆搅拌制成软材通过 14 目筛制粒,湿粒于 50 ℃以下烘干,温度可逐渐增至 65 ℃,使快速干燥。干粒通过 14 目筛,再用 60 目筛筛出部分细粉,将此细粉与薄荷油拌匀,加入干淀粉与硬脂酸镁混合,用 60 目筛过筛后,与干颗粒混合,在密闭容器中放置 4 h,使颗粒将薄荷油吸收后压片。

[注意事项]

① 本品用 10%淀粉浆作黏合剂,用量约 5 g,也可用 12%淀粉浆。淀粉浆制法有两种。煮浆法:取淀粉徐徐加入全量的水,不断搅匀,避免结块,加热并不断搅拌至沸,放冷即得。冲浆法:取淀粉加少量冷水,搅匀,然后冲入一定量的沸水,不断搅拌,至成半透明糊状,此法适宜小量制备。

② 湿粒干燥温度不宜过高,因其在潮湿情况下受高温易分解,生成碳酸钠($NaHCO_3 \longrightarrow Na_2CO_3 + H_2O + CO_2$),使颗粒表面带黄色。为了使颗粒快速干燥,故调制软材时,黏合剂用量不宜过多,调制不宜太湿。烘箱要有良好的通风设备,开始时在 50 ℃以下将大部分水分逐出后,再逐渐升高至 65 ℃左右,使完全干燥。

③ 本品干粒中须加薄荷油,压片时常易造成裂片现象,故湿粒应制得均匀,干粒中通过 60 目筛的细粉不得超过 1/3。

④ 薄荷油也可用少量稀乙醇稀释后,用喷雾器喷于颗粒上,混合均匀,在密闭容器中放置 24~48 h,然后进行压片,否则压出的片剂呈现油的斑点。

(3) 丹参半浸膏片的制备

[处方]

丹参,1 000.0 g;硬脂酸镁,适量;共制,500 片。

[制备工艺]

① 粉碎:取丹参 300 g 粉碎成细粉过 100 目筛,备用。

② 煎煮:过筛后的粗纤维和其余的丹参一起加 5 倍量的水煎煮二次,每次煎煮 2 h,合并煎出液,过滤,滤液保存备用。

③ 浓缩:滤液浓缩成稠膏(80 ℃时相对密度应为 1.34~1.40),放冷。

④ 制粒:稠膏与丹参细粉拌匀制成软材,过 16 目筛制粒,湿粒在 60 ℃温度下干燥,干粒过 16 目筛整粒,加入硬脂酸镁(加入干粒总量的 0.5%),混匀。

⑤ 压片:称重、计算片重,压片。

[注意事项]

① 丹参的质量和产地、收集季节有关,因此应选优质药材以供压片用,一般认为 11~12 月份采集的丹参含有效成分的量最高。

② 丹参为根类药材,所以部分磨成细粉以作吸收剂、崩解剂,部分煎膏作黏合剂用。

③ 丹参中有效成分可溶于水和乙醇,故常采取回流法或煎煮法提取有效成分。

④ 丹参片为半浸膏片,粉与膏的比例宜控制在 1∶2.5~4 左右。如粉料太多时,可酌加乙醇作润湿剂以便于制粒;如膏太稀时,可加淀粉作吸收剂以便于制粒。

⑤ 因稠膏中含有大量糖类等引湿部分,故应包薄膜衣层以解决引湿吸潮的问题。

2. 片剂的质量检查

(1) 外观检查

取样品 100 片,平铺于白底板上,置于 75 W 光源下 60 cm 处,距离片剂 30 cm,以肉眼观察 30 s。检查结果应符合下列规定:完整光洁,色泽一致;80~120 目色点应<5%,麻面<5%,中药粉末片除个别外应<10%,并不得有严重花斑及特殊异物;包衣中的畸形片不得超过 0.3%。

(2) 重量差异限度的检查

取药片 20 片,精密称重总重量,求得平均片重后,再分别精密称定各片的重量,每片重量与平均片重相比较,超出重量差异限度的药片不得多于 2 片,并不得有 1 片超出重量差异限度的 1 倍。检查结果填入表 5 - 7。

表 5-7 重量差异限度检查表

每片重(g)

总重(g)	平均片重(g)	重量差异限度	超限的有____片	超限 1 倍的有____片	结论

[注意事项]

① 片剂重量差异限度(《药典》)见表 5-8。

表 5-8 《药典》规定片剂重量差异限度

片剂的平均重量	重量差异限度
0.30 以下	±7.5%
0.30 或 0.30 以上	±5%

② 只需要保留小数点以下两位。

(3) 崩解时限的检查

取药片 6 片,分别置六管吊篮的玻璃管中,每管各加 1 片。准备工作完毕后,进行崩解测定,各片均应在 15 min 内全部溶散或崩解成碎片粒,并通过筛网。如残存有小颗粒不能全部通过筛网时,应另取 6 片复试,并在每管加入药片后随即加入挡板各 1 块,按上述方法检查,应在 15 min 内全部通过筛网。

[注意事项]

① 严格按仪器的操作规程使用。

② 各类片剂的崩解时限见表 5-9。

表 5-9 各类片剂的崩解时限

片剂类别	崩解时限(min)
压制片	15
中草药浸膏片	45
糖衣片	60
薄膜衣片	30
泡腾片	5
肠溶衣片	盐酸溶液(9→1 000)中 2 h 不得崩解或溶解,磷酸盐缓冲液(pH 6.8)中 1 h 应全部溶散或崩解。

(4) 硬度检查

① 指压法:取药片置中指和食指之间,以拇指用适当的力压向药片中心部,如立即分成两片,则表示硬度不够。

② 自然坠落法:取药片 10 片,以 1 m 高处平坠于 2 cm 厚的松木板上,以碎片不超过 3 片为合格,否则应另取 10 片重新检查,本法对缺解不超过全片的 1/4 不作碎片论。

③ 片剂四用测定仪:开启电源开关,检查硬度指针是否在零位。将硬度盒盖打开,夹住被测药片。将倒顺开关置于"顺"的位置,拨动选择开关至硬度档。硬度指针左移,压力逐渐

增加,药片碎自动停机,此时的刻度值即为硬度值(kg),随后将倒顺开关拨至"倒"的位置,指针退到零位。

[注意事项]

① 一般片剂硬度要求 8～10 kg/cm²,中药片要求在 4 kg/cm² 以上。

② 测定硬度也可用孟山都硬度计。

(5) 脆碎度检查

取 20 片药片,精密称定总重量,放入振荡器中振荡,到规定时间后取出,用筛子筛去细粉和碎粒,称重后计算脆碎度。

[注意事项]

① 片剂四用测定仪测脆度方法:打开脆碎盒,取出脆碎盒并放入药片,选择开关拨至脆碎位置,使进行脆碎测试,测完拨回空档,关闭电源开关。

② 脆碎度计算方法

$$脆碎度 = \frac{细粉和碎粒的重量}{原药片总重} \times 100\% = \frac{原药片总重 - 测试后药片重}{原药片总重} \times 100\%$$

③ 一般要求 1 h 的脆碎度不得超过 0.8%。

四、预习要点及思考题

(1) 在制湿粒前为什么要过两次 60 目筛? 如不过筛可能出现什么问题?

(2) 在空白片的制备实验中能否用滑石粉作润滑剂? 为什么? 可能出现哪些问题?

五、参考文献

[1] 刘汉清. 中药药剂学实验与指导[M]. 北京:中国医药科技出版社,2001.

[2] 崔福德. 药剂学实验指导(第三版)[M]. 北京:人民卫生出版社,2011.

[3] 宋宏春. 药剂学实验[M]. 北京:北京大学医学出版社,2011.

[4] 张兆旺. 中药药剂学实验(第二版)[M]. 北京:中国中医药出版社,2008.

实验八　胶囊剂的制备

一、实验目的

(1) 掌握硬胶囊制备的一般工艺过程,用胶囊板手工填充胶囊的方法;

(2) 掌握硬胶囊剂的质量检查内容及方法。

二、实验指导

1. 含义

胶囊剂系指药物加适宜的辅料盛装于硬质空胶囊或具有弹性的软质胶囊中制成的固体制剂。空胶囊以明胶为主原料制成。其特点是外观整洁、美观、容易吞服;可掩盖药物的不良气味和减少药物的刺激性。

2. 制备工艺流程

硬胶囊的制备工艺流程为:空胶囊的制备→药物的处理→药物的填充→胶囊的封口→除粉和磨光→质检→包装。

3. 硬胶囊中的药物

可以是纯药物,也可根据药物的性质及制备工艺要求加入适当的辅料,以改善药物的稳定性、溶出速率、引湿性、流动性等性质。

4. 空胶囊的规格与选择

空胶囊有八种规格,其编号、重量、容积见表 5 - 10。由于药物填充多用容积控制,而各种药物的密度、晶型、细度以及剂量不同,所占的体积也不同,故必须选用适宜大小的空胶囊,一般凭经验或试装来决定。

表 5 - 10　空心胶囊的编号、重量和容积

编号	000	00	0	1	2	3	4	5
重量(mg)	162	142	92	73	53.3	50	40	23.3
容积(mL)	1.37	0.95	0.68	0.50	0.37	0.30	0.21	0.13

(5) 手工填充药物

先将固体药物的粉末置于纸或玻璃板上,厚度约为下节胶囊高度的 1/4～1/3,然后手持下节胶囊,口向下插入粉末,使粉末嵌入胶囊内,如此压装数次至胶囊被填满,达到规定重量,将上节胶囊套上。在填装过程中所施压力应均匀,并应随时称重,使每一胶囊装量准确。

三、实验内容

1. 双氯灭痛(双氯芬酸钠)胶囊的制备

[处方]

双氯灭痛(双氯芬酸钠),3.75 g;淀粉浆 10%,适量;淀粉,30.0 g。

[制备工艺]

主药双氯灭痛研磨成粉末状,过 80 目筛,与淀粉混匀,以 10% 淀粉浆制软材。将软材过 20 目筛制湿颗粒,将湿颗粒于 60～70 ℃烘干,干颗粒用 20 目筛整粒,得含药颗粒。将囊帽、囊身分开,囊身插入胶囊板孔洞中,调节上下层距离,使胶囊口与板面相平。将颗粒铺于板面,轻轻振动胶囊板,使颗粒填充均匀。填满每个胶囊后,将板面多余颗粒扫除,顶起囊身,套合囊帽,取出胶囊,即得。

2. 银黄胶囊的制备

[处方]

金银花浸膏,5 g;黄芩浸膏,2 g;淀粉,适量。

[制备工艺]

将金银花浸膏和黄芩浸膏粉碎至 60 目,混合均匀,加淀粉适量,混匀,60 ℃以下干燥。充填胶囊,将囊帽、囊身分开,囊身插入胶囊板孔洞中,调节上下层距离,使胶囊口与板面相平。将颗粒铺于板面,轻轻振动胶囊板,使颗粒填充均匀。填满每个胶囊后,将板面多余颗

粒扫除,顶起囊身,套合囊帽,取出胶囊,即得。

3. 质量检查

（1）外观

表面光滑、整洁、不得粘连、变形和破裂,无异臭。

（2）装量差异检查

取供试品 20 粒,分别精密称定重量后,倾出内容物(不能损失囊壳),硬胶囊壳用小刷或其他适宜的用具(如棉签等)拭净,再分别精密称定囊壳重量,求得每粒内容物装量与平均装量。每粒装量与平均装量相比较,超出装量差异限度的胶囊不得多于 2 粒,并不得有 1 粒超出装量差异限度(表 5－11)的 1 倍。

表 5－11 《药典》规定胶囊装量差异限度

胶囊的平均装量(g)	装量差异限度
0.30 以下	±10%
0.30 或 0.30 以上	±7.5%

（3）崩解时限

崩解系指固体制剂在检查时限内全部崩解溶散或成碎粒,除不溶性包衣材料或破碎的胶囊壳外,应通过筛网。凡规定检查溶出度、释放度或融变时限的制剂,不再进行崩解时限检查。根据《药典》规定,硬胶囊剂的崩解时限为 30 min。除另有规定外,取供试品 6 粒,照片剂崩解时限项下方法检查,各粒均应在 30 min 以内全部崩解并通过筛网(囊壳碎片除外),如有 1 粒不能全部通过,应另取 6 粒复试,均应符合规定。

四、预习要点及思考题

（1）胶囊剂有何特点?

（2）中药硬胶囊剂的制备应注意什么?

五、参考文献

［1］崔福德. 药剂学实验指导(第三版)[M]. 北京:人民卫生出版社,2011.

［2］宋宏春. 药剂学实验[M]. 北京:北京大学医学出版社,2011.

［3］张兆旺. 中药药剂学实验(第二版)[M]. 北京:中国中医药出版社,2008.

实验九 栓剂的制备

一、实验目的

（1）掌握栓剂常用基质的类型、特点、适用情况;

（2）初步学会模制成形法(热熔法)制备栓剂的方法。

二、实验指导

栓剂按其作用可分为两种:一种是在腔道内起局部作用;另一种是由腔道吸收至血液起

全身作用。栓剂的制备和作用的发挥,均与基质有密切的关系。因此选用的基质必须符合各项质量要求,以便制成合格的栓剂。

采用模制成形法(热熔法)制备栓剂时,需用栓模,在使用前应将栓模洗净、擦干,再用棉签蘸润滑剂少许,涂布于栓模内。注模时应稍溢出模孔,若含有不溶性药物应随搅随注,以免药物沉积于模孔底部,冷后再切去溢出部分,使栓剂底部平整。取出栓剂时,应自基部推出,如有多余的润滑剂,可用滤纸吸去。

栓模内所涂润滑剂,脂肪性基质多用肥皂醑,水溶性基质多用液状石蜡、麻油等。栓剂制成后,分别用药品包装纸包裹,置于玻璃瓶或纸盒内,在 25 ℃以下贮藏。

三、实验内容

1. 甘油栓的制备

[处方]

甘油,80 g;干燥碳酸钠,2 g;硬脂酸,2 g;蒸馏水,10 g。

[制备工艺]

无水碳酸钠溶于水,加甘油混合置水浴上加热,缓缓加硬脂酸细粉,随加随搅,待泡沸停止,溶液澄明,倾入涂了润滑剂的栓模中(稍为溢出模口),冷后削平,取出包装即得。

[注意事项]

(1) 欲求外观透明,皂化必须完全(水浴上需 1～2 h),加酸搅拌不宜太快,以免搅入气泡。

(2) 碱量比理论量超过 10％～15％,皂化快,成品软而透明。

(3) 水分含量不宜过多,否则成品浑浊,也有主张不加水的。

(4) 栓模预热至 80 ℃左右,较慢冷却,成品硬度更适宜。

2. 消炎痛栓的制备

[处方]

消炎痛,2.5 g;半合成椰子油,84.0 g。

[制备工艺]

半合成椰子油置蒸发皿中水浴上熔融,冷却至 50 ℃左右,在乳钵中与研细的消炎痛粉研匀,趁热倾入已涂润滑剂的栓模中,冷凝后削平取出即得。

[注意事项]

(1) 加入消炎痛时,若温度过高会引起变色。

(2) 消炎痛系悬于基质中,可用熔融基质加液研磨均匀后,再按递加法与其余基质混匀。

3. 洗必泰栓剂的制备

[处方]

醋酸洗必泰,0.1 g;吐温-80,0.4 g;冰片,0.02 g;乙醇,1.0 mL;甘油,12.0 g;明胶,5.4 g;蒸馏水,40.0 mL。

[制备工艺]

取处方量的明胶,置于称重的蒸发皿中,加蒸馏水 40 mL,浸泡约 30 min,使之膨胀变软,再加甘油,在水浴上加热使明胶溶解,继续加热使重量达 36～40 g 为止。

取洗必泰加入吐温－80,混匀,将冰片溶于乙醇中,在搅拌下与药液混合后再加入制好的甘油明胶中,搅拌均匀,趁热灌入已涂好润滑剂的阴道栓模中(共 4 枚),冷却削平,取出包装即得。

[注意事项]

(1) 醋酸必泰需与吐温－80 均匀混匀,否则影响成品含量。

(2) 将冰片溶于乙醇。

(3) 成品应为淡黄色透明阴道栓剂。

(4) 每枚含醋酸洗必泰 20 mg。

(5) 处方中吐温－80 为表面活性剂,可以使醋酸洗必泰均匀分散于甘油明胶基质中。

(6) 甘油明胶基质具有弹性,且在体温时不熔融,而是缓缓溶于体液中释放出药物,故作用缓和持久。

4. 质量要求

(1) 性状:外形完整光滑,硬度适宜,无变形及霉变等。

(2) 重量差异检查:取栓剂 10 粒,照《药典》(一部)附录重量差异检查法检查,应符合规定。

(3) 融变时限:取供试品 3 粒,在室温下放置 1 h 后,照《药典》(一部)附录融变时限检查法的装置和方法检查,除另有规定外,均应在 30 min 内全部融化、软化或触压时无硬心。如有 1 粒不合格,应另取 3 粒复试,均应符合规定。

四、预习要点及思考题

(1) 制备甘油明胶基质要注意什么?

(2) 哪些药物可以选用甘油明胶为基质? 哪些药不能用此基质?

五、参考文献

[1] 崔福德. 药剂学实验指导(第三版)[M]. 北京:人民卫生出版社,2011.

[2] 宋宏春. 药剂学实验[M]. 北京:北京大学医学出版社,2011.

[3] 张兆旺. 中药药剂学实验(第二版)[M]. 北京:中国中医药出版社,2008.

[4] 宋航. 制药工程专业实验[M]. 北京:化学工业出版社,2005.

实验十　丸剂的制备

一、实验目的

(1) 掌握中药丸剂的制备方法;

(2) 熟悉中药丸剂的质量检测方法。

二、实验指导

中药丸剂,俗称丸药,系指药材细粉或药材提取物加适宜的黏合剂或其他辅料制成的球形或类球形制剂,主要供内服。丸剂是我国传统剂型之一,我国早期医籍《黄帝内经》中就有丸剂的记载。丸剂按辅料不同分为蜜丸、水蜜丸、水丸、糊丸、浓缩丸、蜡丸等;按制法不同分为泛制丸、塑制丸及滴制丸。中药丸剂的主体由药材粉末组成,为便于成型,常加入润湿剂、黏合剂、吸收剂等辅料,此外,辅料还可控制溶散时限、影响药效。

中药丸剂常用搓丸法或泛丸法制备。泛制法适用于水丸、水蜜丸、糊丸、浓缩丸等的制备。其工艺流程为:原、辅料的准备→起模→成型→盖面→干燥→选丸→质量检查→包装。

塑制法适用于蜜丸、浓缩丸、糊丸、蜡丸等的制备,其工艺流程为:原、辅料的制备→制丸块→制丸条→分粒、搓圆→干燥→质量检查→包装。

滴制法适用于滴丸的制备。滴丸剂系指固体或液体药物与适宜的基质加热熔化混匀后,滴入不相混溶的冷凝液中,经收缩冷凝制成的制剂。滴丸主要供口服,也可供外用和局部如眼、耳、鼻、直肠、阴道等使用。滴制法中除主药以外的赋形剂均称为基质;用于冷却滴出的液滴,使之收缩冷凝而成滴丸的液体称为冷凝液。基质和冷凝液与滴丸的形成、溶出速度、稳定性等密切相关。滴制法的一般工艺流程为:

$$\begin{array}{c}\text{药物}\\ \text{基质}\end{array}\searrow \begin{array}{c}\text{溶解}\\ \text{混悬}\\ \text{乳化}\end{array}\longrightarrow \text{滴制}\longrightarrow \text{冷却}\longrightarrow \text{洗丸}\longrightarrow \text{干燥}\longrightarrow \text{质检}\longrightarrow \text{包装}$$

三、实验内容

1. 六味地黄丸的制备

[处方]

熟地黄,160 g;山茱萸(制),80 g;牡丹皮,60 g;山药,80 g;茯苓,60 g;泽泻,60 g。

[制备工艺]

(1)以上六味除熟地黄、山茱萸外,其余山药等四味共研成粗粉,取其中一部分与熟地黄、山茱萸共研成不规则的块状,放入烘箱内于 60 ℃以下烘干,再与其他粗粉混合研成细粉,过 80 目筛混匀备用。

(2)炼蜜:取适量生蜂蜜置于适宜容器中,加入适量清水,加热至沸后,用 40～60 目筛过滤,除去死蜂、蜡、泡沫及其他杂质。然后,继续加热炼制,至蜜表面起黄色气泡,手拭之有一定黏性,但两手指离开时无长丝出现(此时蜜温约为 116 ℃)即可。

(3)制丸块:将药粉置于搪瓷盘中,每 100 g 药粉加入炼蜜(70～80 ℃)90 g 左右,混合揉搓制成均匀、柔软、不干裂的丸块。

(4)搓条、制丸:根据搓丸板的规格将以上制成的丸块用手掌或搓条板做前后滚动搓捏,搓成适宜长短、粗细的丸条,再置于搓丸板的沟槽底板上(需预先涂少量润滑剂),手持上板使两板对合,然后由轻至重前后搓动数次,直至丸条被切断且搓圆成丸。每丸重 9 g。

[注意事项]

(1)蜂蜜炼制时应不断搅拌,以免溢锅。炼蜜程度应恰当,过嫩含水量高,使粉末黏合不好,成丸易霉坏;过老丸块发硬,难以搓丸,成丸难崩解。

(2)药粉与炼蜜应充分混合均匀,以保证搓条、制丸的顺利进行。

(3)为避免丸块、丸条黏着搓条、搓丸工具及双手,操作前可在手掌和工具上涂擦少量润滑油。

（4）由于本方既含有熟地黄等滋润性成分，又含有茯苓、山药等粉性较强的成分，所以宜用中蜜，下蜜温度约为 70～80 ℃。

（5）本实验是采用搓丸法制备大蜜丸，亦可采用泛丸法（即将每 100 g 药粉用炼蜜 35～50 g 和适量的水，泛丸）制成小蜜丸。

（6）润滑剂可用麻油 1000 g 加蜂蜡 120～180 g 熔融制成。

2. 清气化痰丸制备

[处方]

酒黄芩，10 g；瓜蒌仁霜，10 g；半夏（制），15 g；胆南星，15 g；陈皮，10 g；苦杏仁，10 g；枳实，10 g；茯苓，10 g。

[制备工艺]

以上八味，除瓜蒌仁霜外，其余黄芩等七味粉碎成细粉，与瓜蒌仁霜混匀，过筛。另取生姜 100 g，捣碎，加水适量，压榨取汁，与上述粉末泛丸，干燥，即得。

[注意事项]

（1）瓜蒌仁霜与其他七味药粉混合时应采用串油法。

（2）本品泛制时间不宜太久，否则杏仁、瓜蒌仁含油成分易渗出，使丸粒表面发黑影响外观。

3. 芸香油滴丸的制备

[处方]

芸香油，835 g；硬脂酸钠，100 g；虫蜡，25 g；纯化水，40 mL。

[制备工艺]

将以上三种物料放入烧瓶中，摇匀，加水后再摇匀，水浴加热回流，时时振摇，使熔化成的溶液均匀，移入贮液罐内。药液保持 65 ℃ 由滴管滴出（滴头内径 4.9 mm，外径 8.04 mm，滴速约 120 丸/min），滴入含 1%硫酸的冷却水溶液中，滴丸形成后取出，用冷水洗除吸附的酸液，用滤纸吸干水迹后即得。

[注意事项]

（1）由于芸香油的相对密度小，故本品采用上浮式滴制方法和设备制备。

（2）冷凝液中硫酸与滴丸表面硬脂酸钠反应生成硬脂酸，形成掺有虫蜡的薄壳，在肠中溶解度较胃中大，避免了芸香油对胃的刺激性，减少了恶心、呕吐等副作用。

4. 联苯双酯滴丸的制备

[处方]

处方 1：联苯双酯，0.15 g；聚乙二醇 6000，1.34 g；吐温-80，0.015 g；共制成，100 粒。

处方 2：联苯双酯，0.375 g；聚乙二醇 6000，3.34 g；吐温-80，0.038 g；共制成，100 粒。

[制备工艺]

以上物料在油浴中加热至约 150 ℃ 熔化成溶液，滴制温度约 85 ℃，滴速约 30 丸/min。用二甲硅油作冷凝液。

[注意事项]

本品制成滴丸后，提高了疗效，其剂量降为片剂的 1/3 时，仍有片剂全量的药效。

5. 质量检查

(1) 重量差异

取本品 20 丸,精密称定总重量,求得平均丸重后,再分别精密称定每丸的重量。每丸重量与平均丸重相比较,应符合有关规定。

(2) 崩解时限

采用升降式崩解仪,取滴丸 6 粒,分别置于吊篮的玻璃管中,加挡板,启动崩解仪进行检查,应在 30 min 内全部溶散。如有 1 粒不能完全溶散,应另取 6 粒复试,均应符合规定。

四、预习要点及思考题

(1) 丸剂的制备方法有哪些? 各有何特点? 如何选用这些方法?

(2) 泛制法制备水丸过程中,出现丸粒不易长大、丸粒愈泛愈多以及丸粒粘连现象的原因何在? 如何解决?

(3) 滴丸有什么特点? 影响滴丸质量的因素有哪些?

五、参考文献

[1] 刘汉清. 中药药剂学实验与指导[M]. 北京:中国医药科技出版社,2001.
[2] 崔福德. 药剂学实验指导(第三版)[M]. 北京:人民卫生出版社,2011.
[3] 宋宏春. 药剂学实验[M]. 北京:北京大学医学出版社,2011.

实验十一　软膏剂的制备

一、实验目的

(1) 掌握各种不同类型、不同基质软膏剂的制法、操作要点及操作注意事项;

(2) 掌握软膏剂中药物的加入方法。

二、实验指导

软膏剂由药物与基质两部分组成,基质是软膏剂形成和发挥药效的重要组成部分。软膏剂的制法按照形成的软膏类型、制备量及设备条件的不同而不同,溶液型或混悬型软膏常采用研和法或熔和法制备,乳化法是乳膏剂制备的专用方法。制备软膏剂的基本要求是使药物在基质中分布均匀、细腻,以保证药物剂量与药效。

操作要点:

(1) 选用的基质应纯净,否则应加热熔化后过滤,除去杂质,或加热灭菌后备用。

(2) 混合基质熔化时应将熔点高的先熔化,然后加入熔点低的熔化。

(3) 基质中可根据含药量的多少及季节的不同,酌加蜂蜡、石蜡、液状石蜡或植物油以调节软膏硬度。

(4) 不溶性药物应先研细过筛,再按等量递加法与基质混合。药物加入熔化基质后,应不停搅拌至冷凝,否则药物分散不匀。但凝固后应停止搅拌,否则空气进入膏体会使软膏不能久贮。

（5）挥发性或受热易破坏的药物，需待基质冷却至 40 ℃以下时加入。

（6）含水杨酸、苯甲酸、鞣酸及汞盐等药物的软膏，配置时应避免与铜、铁等金属器具接触，以免变色。

（7）水相与油相两者混合的温度一般应控制在 80 ℃以下，且两者温度应基本相等，以免影响乳膏的细腻性。

（8）乳化法中两相混合的搅拌速度不宜过慢或过快，以免乳化不完全或因混入大量空气使成品失去细腻和光泽并易变质。

三、实验内容

1. 油脂性基质软膏的制备

（1）冻疮膏的制备

［处方］

苯酚，0.2 g；樟脑，0.5 g；薄荷脑，0.6 g；间苯二酚，0.05 g；羊毛脂，1.0 g；凡士林，7.65 g；共制，10 g。

［制备工艺］

取苯酚、樟脑、薄荷脑、间苯二酚置干燥乳钵中，研磨至液化，加入羊毛脂及凡士林至足量研匀，即得。

［注意事项］

① 苯酚、樟脑、薄荷脑、间苯二酚一起研磨时，熔点下降，产生共熔混合物，可溶于基质，形成溶液型软膏，故共熔应完全，防止有颗粒存在对局部产生刺激性。

② 忌用于已破的冻疮，以免刺激或腐蚀组织。

③ 本品制备与贮存时忌与铁器接触。

（2）单软膏的制备

［处方］

羊毛脂，5 g；石蜡，10 g；凡士林，85 g；共制，100 g。

［制备工艺］

取石蜡在水浴上加热熔化后，逐渐加入羊毛脂与凡士林，继续加热，使完全熔和，不断搅拌至冷，即得。

［注意事项］

单软膏由蜂蜡 330 g 和花生油 670 g 制得，本品为其代用品。

（3）硫磺软膏制备

［处方］

升华硫，10 g；凡士林，90 g；共制，100 g。

［制备工艺］

升华硫研细过 80 目筛，加少量熔化的凡士林研磨成细腻的糊状后，再次加入剩余的凡士林，研匀即得。

［注意事项］

① 制备时，也可加适量液体石蜡加液研磨，使分散得更细，然后再与凡士林混合。

② 本品忌与铁器接触，以免变色。

2. 乳剂型基质软膏的制备

(1) 霜剂基质Ⅰ号的制备

［处方］

硬脂酸,12.5 g;蓖麻油,12.5 g;液体石蜡,12.5 g;三乙醇胺,1 g(0.9 mL);甘油,5 g(4 mL);对羟基苯甲酸乙酯,0.1 g;蒸馏水,56.5 g;共制,100 g。

［制备工艺］

取三乙醇胺、甘油、蒸馏水于烧杯中,水浴加热至 65 ℃左右,取硬脂酸、蓖麻油、液体石蜡于蒸发皿中水浴加热熔化,温度调至 45～65 ℃;将水相加入油相中,边加边搅至皂化完全,趁热加入对羟基苯甲酸乙酯搅拌至冷凝。

［注意事项］

两相混合时,温度要相近,否则成品中出现粗细不匀的颗粒。

(2) 雪花膏的制备

［处方］

硬脂酸,20.0 g;氢氧化钾,1.4 g;甘油,5.0 mL;香精,适量;蒸馏水,适量;共制,100.0 g。

［制备工艺］

硬脂酸置蒸发皿中,水浴加热至 80 ℃,再将氢氧化钾溶于水中,并与甘油混合,热至同温,逐渐加入熔化的硬脂酸中,不断搅拌至皂化完全,约再经 15 min 搅拌至冷,加入香精,搅匀即得。

［注意事项］

① 氢氧化钾可用其他碱(或反应中呈碱性的试剂)代替,氢氧化钾制得的成品细腻、硼砂制出的色白。

② 搅拌愈久愈白。

3. 糊剂、水溶性基质、眼膏剂的制备

(1) 复方锌糊的制备

［处方］

氧化锌,25 g;淀粉,25 g;凡士林,适量;共制,100 g。

［制备工艺］

取氧化锌、淀粉分别过 150 目筛,混匀,分次加入已熔化并冷至 50 ℃的凡士林,研磨混合至极细腻且均匀,即得。

［注意事项］

本品含固体粉末量50％,搅拌较为困难,故需加熔化后的凡士林。供冬季用的制品可酌加少量液体石蜡,以减低其硬度。

(2) 氯化锶牙膏的制备

［处方］

氯化锶,10 g;薄荷油,0.2 mL;桂皮油,0.2 mL;冬青油,0.8 mL;肥皂粉,50 g;碳酸钙,30 g;甘油,适量;共制,100 g。

［制备工艺］

取氯化锶、碳酸钙与肥皂粉混合，加入薄荷油、桂皮油与冬青油混匀后，加甘油研磨成均匀细腻的糊状即可。

四、预习要点及思考题

（1）软膏的制备方法有哪些？

（2）冻疮膏可否用热熔法制备？为什么？

（3）分析霜剂基质Ⅰ号处方组成，说明每种组分的作用。

五、参考文献

［1］刘汉清.中药药剂学实验与指导［M］.北京：中国医药科技出版社，2001.

［2］崔福德.药剂学实验指导（第三版）［M］.北京：人民卫生出版社，2011.

［3］宋宏春.药剂学实验［M］.北京：北京大学医学出版社，2011.

［4］张兆旺.中药药剂学实验（第二版）［M］.北京：中国中医药出版社，2008.

［5］宋航.制药工程专业实验［M］.北京：化学工业出版社，2005.

［6］卓超，沈永嘉.制药工程专业实验［M］.北京：高等教育出版社，2007.

（熊清平）

第六章 药物质量控制实验

【本章提要】

药物分析是药学专业教学培养计划中的一门主要专业课程,是基于药物理化性质及其化学结构,对药物及其制剂进行真伪鉴别、纯度检查和有效成分含量测定的综合性应用学科。本章所选实验为一些典型的药物分析基础实验,包括药物分析过程中涉及的基本操作与药物质量控制的基本内容,如药物的鉴别、检查、含量测定等。通过本章实验训练,旨在培养实验者熟练的分析操作技能、理论联系实际的学习态度和严谨科学的工作态度,使其了解药物质量控制的主要内容,深刻认识到药物质量控制的重要性,加深对药物分析理论知识的理解,牢固掌握药物分析的基本原理,并进一步巩固分析仪器的操作技能,为今后从事药品检验、新药研究等方面的药物分析工作打下基础。

实验一 红外光谱鉴别磺胺甲噁唑和磺胺异噁唑

一、实验目的

(1) 学习红外光谱法的一般操作技术及其使用要点;

(2) 熟悉红外光谱法在药物鉴别中的应用。

二、实验仪器与药品

红外光谱仪,溴化钾(光谱纯),磺胺甲噁唑(SMZ),磺胺异噁唑(SLZ)。

三、实验步骤

(1) 取磺胺甲噁唑(SMZ)约 1～2 mg、溴化钾约 200 mg,置于玛瑙研钵中,研细后置于模具中,油泵加压,约 5 min 后取下模具,将制备好的溴化钾样品片置于红外光谱仪中,进行测试。

(2) 把绘制得到的谱图与已知的 SMZ 标准谱图进行对照比较,找出主要吸收峰的归属。

(3) 取磺胺异噁唑(SLZ)约 1～2 mg,按同样方法测定磺胺异噁唑(SLZ)的红外光谱。与已知的 SLZ 标准谱图进行对照比较,找出主要吸收峰的归属。

(4) 对比 SMZ 与 SLZ 的红外光谱图,找出二者的差异。

四、预习思考题

(1) 红外光谱用于药品鉴别的原理是什么? 有什么特点?

(2) 为什么采用溴化钾作为稀释剂?

（3）在测定固体红外谱图时,如果没有把水分完全除去,对实验结果有什么影响?

五、注意事项

（1）压片用的溴化钾的规格必须是光谱纯;溴化钾容易吸水,故应注意防止吸水,平时溴化钾应放于干燥器中贮存备用。

（2）研磨样品一定要用玛瑙研钵;研磨时必须把样品均匀地分散在溴化钾中,并且尽可能将它们研细,以便得到尖锐的吸收峰。

（3）要掌握好样品与溴化钾的比例以及锭片的厚度,以得到一个质量好的透明的片,获得强度适当的红外光谱。

六、参考文献

[1] 国家药典委员会. 中华人民共和国药典（二部）[M]. 北京:中国医药科技出版社,2015.

[2] 杭太俊. 药物分析. 第8版[M]. 北京:人民卫生出版社,2016.

[3] 董慧茹. 仪器分析. 第3版[M]. 北京:化学工业出版社,2016.

实验二　葡萄糖的一般杂质检查

一、实验目的

掌握一般杂质检查的目的和原理,熟悉杂质检查的操作方法。

二、实验仪器与药品

坩埚,干燥箱,电子天平。

葡萄糖,酚酞试液,碘试液,溴化钾溴试液,氯化亚锡试液,碘化钾试液,1号浊度标准液,色度标准液,标准铅溶液,标准铁溶液,标准砷溶液,标准硫酸钾溶液,氢氧化钠,稀盐酸,稀硝酸,稀硫酸,硝酸银,氯化钡,硫氰酸铵溶液,醋酸盐缓冲液,磺基水杨酸溶液,硫代乙酰胺溶液,溴化汞试纸。

三、实验步骤

1. 酸度

取本品 2.0 g 加新沸放冷的水 20 mL 溶解后,加酚酞指示液 3 滴与氢氧化钠滴定液（0.02 mol/L）0.20 mL,应显粉红色。

2. 溶液的澄清度与颜色

取本品 5 g,加热水溶解后,放冷,用水稀释至 10 mL,溶液应澄清无色,如显浑浊,与 1 号浊度标准液（中国药典 2015 版通则 0902 第一法）比较,不得更浓;如显色,与对照液（比色用氯化钴液 3 mL,比色用重铬酸钾液 3 mL 与比色用硫酸铜液 6 mL,加水稀释成 50 mL）1.0 mL 加水稀释至 10 mL 比较,不得更深。

3. 氯化物

取本品 0.60 g,加水溶解使成 25 mL(如显碱性,可滴加硝酸使遇石蕊试纸显中性反应),再加稀硝酸 10 mL,溶液如不澄清,滤过。置 50 mL 纳氏比色管中,加水适量至 40 mL 左右,加硝酸银液 1 mL,用水稀释至 50 mL,摇匀,在暗处放置 5 min,如发生浑浊,与标准氯化钠溶液一定量制成的对照液(取标准氯化钠溶液($10~\mu g~Cl^-$/mL)6.0 mL 置 50 mL 纳氏比色管中,加稀硝酸 10 mL,用水稀释至 40 mL 左右后,加硝酸银试液 1 mL,再加水适量至 50 mL,摇匀,在暗处放置 5 min 比较,不得更浓(0.010%)。

4. 硫酸盐

取本品 2.0 g,加水溶解至 40 mL(如显碱性,可滴加盐酸使遇石蕊试纸显中性反应)。溶液如不澄清,滤过,置 50 mL 纳氏比色管中,加稀盐酸 2 mL,加 25%氯化钡溶液 5 mL,加水稀释至 50 mL,摇匀,放置 10 min,如发生浑浊,与对照标准液[取标准硫酸钾溶液($100~\mu g~SO_4^{2-}$/mL)2.0 mL,置 50 mL 纳氏比色管中,加水稀释至 40 mL,加稀盐酸 2 mL,加 25%氯化钡液 5 mL,加水稀释至 50 mL.摇匀,放置 10 min]比较,不得更浓(0.01%)。

5. 乙醇溶液的澄清度

取本品 1.0 g,加乙醇 20 mL,置水浴上加热回流约 40 min,溶液应澄清。

6. 亚硫酸盐与可溶性淀粉

取本品 1.0 g,加水 10 mL 溶解后,加碘试液 1 滴,应即显黄色。

7. 干燥失重

取本品,在 105 ℃干燥至恒重,减失重—水物为 7.5%~9.5%,无水物不得过 1.0%。

8. 炽灼残渣

取本品 1~2 g 置已炽灼至恒重的瓷坩埚中,精密称定。加硫酸 0.5~1 mL 润湿,低温加热至硫酸蒸气除尽后,在 700~800 ℃炽灼使完全灰化。移置干燥器内,放冷,精密称定后,再在 700~800 ℃灼至恒重。所得炽灼残渣不得超过 0.1%。

9. 铁盐

取本品 2.0 g,加水 20 mL 溶解后,加硝酸 3 滴,缓缓煮沸 5 min,放冷,加水稀释至 45 mL,加硫氰酸铵溶液(30→100)3 mL,摇匀,如显色,与标准铁溶液 2.0 mL 用同一方法制成的对照液比较,不得更深(0.001%)。

10. 重金属

取 25 mL 纳氏比色管两支,一管加标准铅溶液($10~\mu g~Pb^{2+}$/mL)2.0 mL,醋酸盐缓冲液(pH 为 3.5)2.0 mL。加水至 25 mL;另一管取本品 4.0 g,加水 23 mL 溶解,加醋酸盐缓冲液(pH 为 3.5)2 mL,各管分别加硫代乙酰胺试液 2 mL,摇匀,放置 2 min。同置白纸上,自上向下透视,供试液显出的颜色与标准铅溶液比较,不得更深。

11. 砷盐

取本品 2.0 g,置验砷瓶中,加水 5 mL 溶解后,加稀硫酸 5 mL 与溴化钾溴试液 0.5 mL,置水浴上加热约 20 min,使保持稍过量的溴存在,必要时,再补加溴化钾溴试液适量,并随时补充蒸发的水分,放冷,加盐酸 5 mL 与水适量至 28 mL,加碘化钾试液 5 mL 及酸性氯化亚锡试液 5 滴,在室温放置 10 min 后,加锌粒 2 g,迅速将瓶塞塞紧(瓶塞上已安放好装有醋酸铅棉及溴化汞试纸的导气管),保持反应温度在 25～40 ℃(视反应快慢而定,但不应超过 40 ℃)。45 min 后,取出溴化汞试纸,将生成的砷斑与标准砷溶液(1 μg As/mL)一定量制成的标准砷斑比较,颜色不得更深(0.000 1%)。

标准砷斑的制备:精密吸取标准砷溶液(1 μg/mL)2 mL,置另一验砷瓶中,按供试品依法操作即可。

12. 蛋白质

取本品 1.0 g,加水 10 mL 溶解后,加磺基水杨酸溶液(1→5)3 mL,不得发生沉淀。

四、注意事项

(1) 葡萄糖溶解而淀粉和糊精等不溶。

(2) 存在可溶性淀粉时呈蓝色,存在亚硫酸盐时碘液褪色。

(3) 在 pH 为 3～3.5 时 PbS 沉淀较完全。

(4) 氯化亚锡与锌作用,在锌粒表面形成锌锡齐,起去极化作用,使氢气均匀连续发生。

(5) 如使用的锌粒较大,用量得酌量增加。

五、预习思考题

(1) 葡萄糖杂质检查《药典》规定测 12 项,是根据什么原则制定的? 目的何在?

(2) 重金属与砷盐的检查原理是什么? 如何计算其限量?

六、参考文献

[1] 国家药典委员会. 中华人民共和国药典(二部)[M]. 北京:中国医药科技出版社,2015:1268.

[2] 徐玫. 药物分析实验[M]. 郑州:郑州大学出版社,2008,pp. 27 - 30.

[3] 杭太俊. 药物分析. 第 8 版[M]. 北京:人民卫生出版社,2016.

实验三 药物中特殊杂质的检查

一、实验目的

(1) 掌握本实验中药物特殊杂质的来源和检查原理;

(2) 掌握薄层层析法用于特殊杂质检查的一般操作。

二、实验原理

1. 阿司匹林中游离水杨酸的检查

$$6 \begin{array}{c} \text{COOH} \\ \text{OH} \end{array} + 4Fe^{3+} \rightarrow \left[Fe \begin{pmatrix} \text{COO}^- \\ \text{O}^- \end{pmatrix}_2 \right]_3 Fe + 12H^+$$

2. 肾上腺素中酮体的检查

$$\begin{array}{c} \text{HO} \\ \text{OH} \end{array} \text{CH—CH}_2\text{—NH—CH}_3 \qquad \begin{array}{c} \text{HO} \\ \text{OH} \end{array} \text{C—CH}_2\text{—NH—CH}_3$$

肾上腺素   肾上腺酮

紫外光谱是利用物质的分子或离子对紫外和可见光的吸收所产生的紫外可见光谱及吸收程度对物质组成、含量和结构进行分析的方法。产生紫外光谱的前提条件是分子或离子结构中含有不饱和键。随着分子或离子的共轭体系的增大，最大吸收波长向长波方向移动，且强度增加。肾上腺酮中的 α 基团为羰基，相比于肾上腺素，共轭体系增大，使得肾上腺酮的紫外最大吸收波长较肾上腺素向长波方向移动。酮体在紫外光区的 310 nm 波长处有最大吸收，而肾上腺素在此波长处几乎无吸收。利用这一紫外吸收差异，可以通过限制药物在 310 nm 处的吸收值达到限制相应酮体杂质含量的目的。

3. 盐酸普鲁卡因注射液中对氨基苯甲酸的检查

薄层色谱，或称薄层层析(thin-layer chromatography, TLC)，是以涂布于支持板(常用玻璃板，也可用涤纶布等)上的支持物作为固定相，以合适的溶剂为流动相，对混合样品进行分离、鉴定和定量的一种层析分离技术。薄层层析可根据作为固定相的支持物不同，分为薄层吸附层析(吸附剂)、薄层分配层析(纤维素)、薄层离子交换层析(离子交换剂)、薄层凝胶层析(分子筛凝胶)等。本实验中应用的是以硅胶吸附剂为固定相的薄层吸附层析。盐酸普鲁卡因注射液药物经过薄层色谱分离后，氨基苯甲酸杂质与盐酸普鲁卡因药物位于薄层板的不同位置，通过显色剂定位，呈现为特殊颜色的斑点。斑点的数目与深浅可以反映出杂质的数目和含量。

三、实验仪器与药品

紫外分光光度计，薄层层析展开缸，烘箱。

阿司匹林，肾上腺素，盐酸普鲁卡因注射液，水杨酸，盐酸普鲁卡因，对氨基苯甲酸，稀盐酸，冰醋酸，硫酸铁铵，苯，丙酮，甲醇，乙醇，硅胶 H(薄层板)。试剂均为分析纯。

四、实验步骤

1. 阿司匹林中游离水杨酸的检查

(1) 稀硫酸铁铵溶液的配制：取盐酸溶液(9→100)1 mL，加硫酸铁铵指示液 2 mL 后，再加水适量至 100 mL。本溶液应临用新制。

(2) 水杨酸对照溶液的配制：精密称取水杨酸 0.1 g，加水溶解后，加冰醋酸 1 mL，摇匀，再加水至 1000 mL，摇匀，备用。

(3) 精密称取阿司匹林 0.10 g，加乙醇 1 mL 溶解后，加冷水适量至 50 mL，立即加新制的稀硫酸铁铵溶液 1 mL,摇匀;30 秒钟内如显色,与水杨酸对照液(精密量取 1 mL,加乙醇 1 mL、水 48 mL 与上述新制的稀硫酸铁铵溶液 1 mL,摇匀)比较,不得更深。

2. 肾上腺素中酮体的检查

(1)供试品溶液制备

取肾上腺素,加盐酸溶液(9→2 000)制成 2.0 mg/mL 的肾上腺素溶液,备用。

(2)紫外-可见分光光度法测定

以盐酸溶液(9→2 000)为空白溶剂对照,测定供试品溶液在 310 nm 波长的吸光度,不得超过 0.05。

3. 盐酸普鲁卡因注射液中对氨基苯甲酸的检查

(1)薄层板的制备

取硅胶 H 2.5 g,加 0.5%羧甲基纤维素钠水溶液 5.5~6 mL 调成糊状,均匀涂布于光滑、平整、洁净的玻璃板(5 cm×15 cm)上,置水平台上晾干,在 110 ℃烘 0.5 h,置干燥器内备用。

(2)供试药品溶液制备

精密量取盐酸普鲁卡因注射液适量,加乙醇稀释使每 1 mL 中含盐酸普鲁卡因 2.5 mg 的溶液,作为供试品溶液,备用。

(3)杂质对照溶液制备

精密称取对氨基苯甲酸对照品适量,加乙醇制成浓度 30 μg/mL 的对氨基苯甲酸对照品溶液,备用。

(4)显色剂溶液制备

精密称取对二甲氨基苯甲醛 2.0 g,加乙醇 100 mL 溶解制成质量体积浓度为 2%的对二甲氨基苯甲醛乙醇溶液。加入 5 mL 冰醋酸混合,制得对二甲氨基苯甲醛显色剂,备用。

(5)薄层色谱操作

吸取上述供试药品溶液和杂质对照溶液各 10 μL,分别点样于同一羧甲基纤维素钠为黏合剂的硅胶 H 薄层板上,用苯-冰醋酸-丙酮-甲醇(14∶1∶1∶14)为展开剂,展开后,取出,晾干,用对二甲氨基苯甲醛显色剂喷雾显色,供试药品溶液如显与杂质对照溶液相应的杂质斑点,其颜色与杂质对照溶液的主斑点比较,不得更深。

五、注意事项

(1)点样采用微量注射器进行,在距薄层板底边 2.5 cm 处开始,点样应少量多次点于同一原点处,原点面积应尽量小。

(2)采用倾斜上行法展开,展开剂应浸入薄层板底边约 0.5~1 cm 深度。

(3)显色后,应立即检视斑点,并用针头定位,以便记录图谱。

(4)游离水杨酸的检查样品应尽量干燥,不得带入过多水分,否则样品加醇后不易溶解。

六、预习思考题

(1)试计算阿司匹林中游离水杨酸的杂质限度。

（2）薄层层析法检查盐酸普鲁卡因注射液中对氨基苯甲酸的原理是什么？为何用稀释液对照？试计算盐酸普鲁卡因注射液中对氨基苯甲酸的杂质限度。

（3）已知酮体 $E_{1\ cm}^{1\%}$(310 nm)＝453，试计算肾上腺素中酮体的杂质限度。

（4）本实验均摘录于 2000 年版《中国药典》，但在 2010 年版的《中国药典》中，阿司匹林中游离水杨酸的检查、盐酸普鲁卡因注射液中对氨基苯甲酸的检查均修订为 HPLC 法，请分析这一修订的原因。

七、参考文献

[1] 国家药典委员会. 中华人民共和国药典（二部）[M]. 北京：中国医药科技出版社，2010.

[2] 姚彤炜. 药物分析实验教程[M]. 杭州：浙江大学出版社，2011.

[3] 杭太俊. 药物分析. 第 8 版[M]. 北京：人民卫生出版社，2016.

实验四　药用硼砂的含量测定

一、实验目的

（1）掌握 0.1 mol/L 盐酸标准溶液的配制与标定方法；

（2）掌握采用中和法测定硼砂含量的原理和操作；

（3）正确判断指示剂的滴定终点。

二、实验原理

硼砂是四硼酸的钠盐，它在水中可解离为弱酸硼酸（$K_a＝6.4\times10^{-10}$），水溶液呈碱性，故可以用盐酸标准溶液直接滴定。其反应为：

$$Na_2B_4O_7 \cdot 10H_2O+2HCl \xrightarrow{\hspace{1cm}} 4H_3BO_3+2NaCl+5H_2O$$

滴定至化学计量点时为硼酸的水溶液，设用 0.1 mol/L 盐酸标准溶液滴定 0.05 mol/L 硼砂溶液，则终点时的 pH 为 5.1，应选用甲基红（变色范围 4.4～6.2）作指示剂。

三、实验药品

盐酸，无水碳酸钠（Na_2CO_3）基准物，甲基红-溴甲酚绿混合指示剂（0.2％甲基红乙醇溶液与 0.1％溴甲酚绿乙醇溶液（1：3）混匀），硼砂样品（$Na_2B_4O_7 \cdot 10H_2O$）。

四、实验步骤

（1）标准 0.1 mol/L 盐酸标准溶液的配制：量取盐酸 9 mL，水稀释至 1000 mL，摇匀即得。

（2）标准 0.1mol/L 盐酸标准溶液的标定：取在 270～300 ℃ 干燥至恒重的基准无水碳酸钠约 0.2 g，精密称定，加水 50 mL 溶解后，加甲基红-溴甲酚绿混合指示剂 10 滴，用 0.1 mol/L 盐酸标准溶液滴定至溶液由绿色转变为紫红色，煮沸 2 min，冷却至室温，继续滴定至溶液由绿色变为暗紫色，记录读数并计算盐酸的浓度。

（3）取硼砂约 0.5 g，精密称定，加水 50 mL 溶解后（必要时可加热或超声助溶），加甲基红指示剂两滴，用上述盐酸标准液滴定至溶液由黄色变为橙色即为终点，计算硼砂的含量。

五、注意事项

（1）无水碳酸钠易吸水，称量要快。

（2）近终点时，由于形成碳酸盐缓冲体系，pH 变化不大，终点不敏锐。加热煮沸溶液 2 min，可去除 CO_2，破坏溶液缓冲体系，使反应完全，终点明显。

（3）滴定硼砂溶液至终点时应为橙色，若偏红，则结果偏高。

六、预习思考题

（1）实验中所用的锥形瓶是否需要干燥？是否需要精密量取 50 mL 水溶解样品？

（2）混合指示剂指示终点的原理是什么？

（3）如果硼砂部分风化，测定结果偏低还是偏高，为什么？

（4）同硼砂一样，醋酸钠也是强碱弱酸盐，它是否也可以用盐酸标准溶液直接滴定？

七、参考文献

［1］王萍萍. 基础化学实验教程［M］. 北京：科学出版社，2011.

［2］杭太俊. 药物分析. 第 8 版［M］. 北京：人民卫生出版社，2016.

实验五　硫酸阿托品片的含量测定（酸性染料比色法）

一、实验目的

掌握酸性染料比色法测定生物碱制剂的基本原理及操作。

二、实验原理

在 pH 为 3.6 的缓冲溶液中，硫酸阿托品的阳离子（BH^+）与溴甲酚绿的阴离子（In^-）定量结合成有色络合物（$BH^+ In^-$），用氯仿提取，在波长 420 nm 处测定吸收值，并与标准品按同法对比求得其含量。

$$BH^+ + In^- \xrightleftharpoons{pH=3.6} BH^+ In^-（黄色） \qquad \lambda_{max}\ 420\ nm(CHCl_3)$$

三、实验仪器与药品

紫外分光光度计，硫酸阿托品片，电子天平，分液漏斗，硫酸阿托品注射液，硫酸阿托品对照品，氯仿，溴甲酚绿溶液，滤纸。

四、实验步骤

1. 对照品溶液的制备

精密称取 120 ℃干燥至恒重的硫酸阿托品对照品 25 mg，置 25 mL 量瓶中，加水溶解并稀释至刻度,摇匀,精密量取 5 mL,置 100 mL 量瓶中,加水稀释至刻度,摇匀,即得。

2. 供试品溶液的制备

取本品 20 片,精密称定,研细,精密称取适量(约相当于硫酸阿托品 2.5 mg),置 50 mL 量瓶中,加水振摇使硫酸阿托品溶解并稀释至刻度,用干燥滤纸滤过,收集续滤液,即得。

3. 定法

精密量取对照品溶液与供试品溶液各 2 mL,分置预先精密加入氯仿 10 mL 的分液漏斗中,各加溴甲酚绿溶液(取溴甲酚绿 50 mg 与邻苯二甲酸氢钾 1.021 g,加氢氧化钠溶液(0.2 mol/L)6.0 mL 使溶解,再加水稀释至 100 mL,摇匀,必要时滤过)2.0 mL,振摇提取 2 min 后,静置使分层,分取澄清的氯仿液,按照分光光度法(中国药典 2015 版通则 0401),在 420 nm 的波长处分别测定吸收度,计算,并将结果与 1.027 相乘,即得供试品中含有 $(C_{17}H_{23}NO_3)_2 \cdot H_2SO_4 \cdot H_2O$ 的重量。

五、注意事项

(1) 本实验所用分液漏斗必须干燥无水。

(2) 标准品与供试品应平行操作,振摇与放置时间应一致。

(3) 分取氯仿层测定时,初滤液应弃去(约 1 mL)。氯仿层必须澄清透明不得混有水珠。

六、预习思考题

(1) 酸性染料比色法测定生物碱类药物的基本原理是什么? 影响测定的主要因素有哪些?

(2) 为何测定结果要乘以 1.027?

七、参考文献

[1] 国家药典委员会. 中华人民共和国药典(二部)[M]. 北京:中国医药科技出版社,2015:1336.

[2] 杭太俊. 药物分析. 第 8 版[M]. 北京:人民卫生出版社,2016.

[3] 董慧茹. 仪器分析. 第 3 版[M]. 北京:化学工业出版社,2016.

实验六　双波长分光光度法测定复方磺胺甲噁唑片的含量

一、实验目的

(1) 掌握复方制剂的分析特点;

(2) 掌握双波长分光光度法测定复方磺胺甲噁唑片中磺胺甲噁唑含量的原埋。

二、实验原理

双波长分光光度法是在两个不同的波长处测定样品吸收度,以两波长吸收度的差值 ΔA 作为定量指标,测定待测组分的含量。该方法可以在不经分离的情况下直接测定两组分样品的含量,其关键在于波长的选择。一般选择被测成分 a 的最大吸收波长作为测定波长 λ_2,在此波长处干扰成分 b 亦有吸收。为消除干扰,需要选择参比波长 λ_1,要求干扰成分在两波长处的吸收度相等。以样品在两波长处的吸收度的差值 $\Delta A = A_{\lambda_2} - A_{\lambda_1}$ 作为定量指标测定含量。公式推导如下:

$$\Delta A = A_{\lambda 2} - A_{\lambda 1} = (A_{\lambda_2}^a + A_{\lambda_2}^b) - (A_{\lambda_1}^a + A_{\lambda_1}^b)$$

$$= (A_{\lambda_2}^a - A_{\lambda_1}^a) + (A_{\lambda_2}^b - A_{\lambda_1}^b) = (A_{\lambda_2}^a - A_{\lambda_1}^a)$$

$$= (E_{\lambda_2}^a - E_{\lambda_1}^a) C_a L$$

$$= \Delta E^a \cdot C_a L$$

复方磺胺甲噁唑片含有磺胺甲噁唑(SMZ)及增效剂甲氧苄啶(TMP)。这两个药物的紫外吸收光谱相互重叠,见图 6-1。SMZ 在 257 nm 处有最大吸收,TMP 在此波长处吸收较小,并在 304 nm 波长附近有一等吸收点,因此选择 257 nm 为测定波长 λ_1,参比波长 λ_0 为304 nm,采用对照品比较法测定 SMZ 含量。

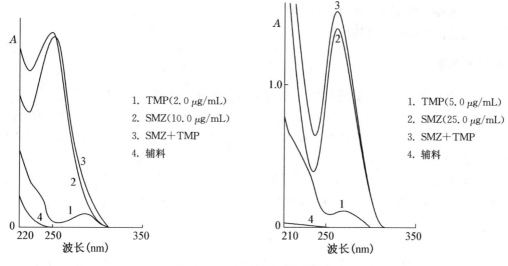

1. TMP(2.0 μg/mL)
2. SMZ(10.0 μg/mL)
3. SMZ+TMP
4. 辅料

1. TMP(5.0 μg/mL)
2. SMZ(25.0 μg/mL)
3. SMZ+TMP
4. 辅料

图 6-1　SMZ 和 TMP 的紫外光谱

$$\text{SMZ 的含量} = \frac{M_{\text{SMZ}}}{\overline{W}} \times 100\% = \frac{\Delta A_{\text{样品}}}{\Delta A_{\text{对照品}}} \times \frac{m_{\text{对照品}}}{\overline{W}} \times 100\%$$

式中:$\overline{W}$ 为平均片重(g);$m_{\text{对照品}}$ 为 SMZ 对照品溶液的质量(mg)。

三、实验仪器与试剂

电子天平,紫外可见分光光度计,石英比色皿,复方磺胺甲噁唑片,磺胺甲噁唑对照品,甲氧苄啶对照品,NaOH,无水乙醇(分析纯),滤纸。

四、实验步骤

1. 测定复方磺胺甲噁唑片的平均片重

取 10 片精密称量,计算平均片重 $\overline{W}$。

2. 样品及对照品溶液的配制

研细称取复方磺胺甲噁唑片适量,加 50 mL 乙醇溶解稀释,振摇 15 min 后过滤取滤液得供试品溶液。

称取干燥恒重的磺胺甲噁唑(SMZ)对照品 25 mg,分别溶解于乙醇中定容为 50 mL,得对照品溶液。供试品和对照品溶液各取 2 mL,分别以 0.4% NaOH 溶液稀释定容为 100 mL。

3. 含量测定

测定 TMP 稀释液在 257 nm 和 304 nm 处的吸光度,二者应相同;分别测定供试品和对照品 SMZ 稀释液的 257 nm 和 304 nm 处吸光度,计算 SMZ 的含量。

本品含磺胺甲噁唑应为标示量的 90.0%～110.0%。

五、注意事项

(1) 紫外分光光度计(包括石英比色皿)的正确使用;
(2) 复方磺胺甲噁唑片称取量的计算;
(3) 溶液浓度稀释倍数的计算。

六、预习思考题

(1) 分光光度法进行含量测定时,一般要求吸光度读数范围是多少? 为什么?
(2) 对照品比较法测定含量时,供试品与对照品的浓度差异要求不超过多少? 为什么?
(3) 采用双波长分光光度法测定该复方片剂中甲氧苄啶 TMP 含量时,应选择什么波长? 请说明理由。
(4) 本实验均摘录于 2000 年版《中国药典》,但在 2010 年版之后的中国药典中,复方磺胺甲噁唑片的含量测定方法已修订为 HPLC 法,请分析这一修订的原因。

七、参考文献

[1] 国家药典委员会. 中华人民共和国药典(二部)[M]. 北京:中国医药科技出版社,2000.

[2] 杭太俊. 药物分析. 第 8 版[M]. 北京:人民卫生出版社,2016.

实验七　HPLC 法测定复方磺胺甲噁唑片的含量

一、实验目的

(1) 学习 HPLC 仪的一般操作技术及其使用特点;
(2) 掌握 HPLC 法测定药物含量的基本原理及计算方法。

二、实验原理

HPLC 法是在经典 HPLC 理论和方法的基础上,在技术上采用高压泵、高效固定相和高灵敏度检测器,进行快速、高效分析的现代分析技术。其基本方法是将具一定极性的单一溶剂或不同比例的混合溶液作为流动相,用泵将流动相注入装有填充剂的色谱柱,注入的供试品被流动相带入柱内进行分离后,各成分先后进入检测器,用记录仪或数据处理装置记录色谱图或进行数据处理,得到测定结果。由于应用了各种特性的微粒填料和加压的液体流动相,本法具有分离性能高,分析速度快的特点。

三、实验仪器与药品

HPLC 仪、十八烷基硅烷键合硅胶色谱柱。

复方磺胺甲噁唑片、磺胺甲噁唑对照品、甲氧苄啶对照品、盐酸、乙腈(色谱纯)。

四、实验步骤

按照 HPLC 法(中国药典 2015 版通则 0512)测定。

色谱条件与系统适用性试验用十八烷基硅烷键合硅胶为填充剂,以乙腈-水-三乙胺(200∶799∶1)(用氢氧化钠试液或冰醋酸调节 pH 至 5.9)为流动相,检测波长为 240 nm。理论板数按甲氧苄啶峰计算不低于 4 000,磺胺甲噁唑峰与甲氧苄啶峰间的分离度应符合要求。

取本品 10 片,研细,精密称取适量(约相当于磺胺甲噁唑 44 mg),置 100 mL 量瓶中,加 0.1 mol/L 盐酸溶液适量,超声使两主成分溶解,用 0.1 mol/L 盐酸溶液稀释至刻度,摇匀,滤过,取续滤液作为供试品溶液,精密量取 10 mL,注入 HPLC 仪,记录色谱图;另取磺胺甲噁唑对照品和甲氧苄啶对照品各适量,精密称定,加 0.1 mol/L 盐酸溶液溶解并定量稀释制成每 1 mL 中含磺胺甲噁唑 0.44 mg 与甲氧苄啶 89 μg 的溶液,摇匀,同法测定。按外标法以峰面积计算,即得。

本品含磺胺甲噁唑应为标示量的 90.0%～110.0%。

五、预习思考题

(1) 内标法与外标法各有什么优缺点?
(2) 进行色谱系统性实验的目的是什么?

六、参考文献

[1] 国家药典委员会. 中华人民共和国药典(二部)[M]. 北京:中国医药科技出版社,2015:827.

[2] 杭太俊. 药物分析. 第 8 版[M]. 北京:人民卫生出版社,2016.

[3] 董慧茹. 仪器分析. 第 3 版[M]. 北京:化学工业出版社,2016.

实验八 阿司匹林的鉴别、检查和含量测定

一、实验目的

(1) 了解阿司匹林鉴别反应原理和操作;
(2) 了解本实验中药物的特殊杂质的来源和检查目的;

（3）掌握本实验中药物杂质的检查方法及原理；

（4）掌握本实验中药物含量测定的方法及原理。

二、实验仪器与药品

纳氏比色管，阿司匹林，三氯化铁试液，碳酸钠试液，硫代乙酰胺试液，稀硫酸铁铵试液，标准比色液，水杨酸，冰醋酸，稀硫酸，醋酸盐缓冲液，酚酞指示液，0.1 mol/L 氢氧化钠滴定液，乙醇，中性乙醇。

三、实验步骤

1. 鉴别

取本品约 0.1 g，置 20 mL 试管中，加水约 10 mL，振摇；置小火上煮沸（试管口朝外），放冷；加三氯化铁试液（取 $FeCl_3$ 约 9 g，加水溶至 100 mL）1 滴，即呈紫堇色。

2. 检查

（1）溶液的澄清度

取本品 0.5 g，至纳氏比色管中，加温热至约 45 ℃的 10%碳酸钠试液 10 mL，溶解后溶液应澄清。

（2）游离水杨酸

色谱条件与系统适用性试验用十八烷基硅烷键合硅胶为填充剂；以乙腈-四氢呋喃-冰醋酸-水（20∶5∶5∶70）为流动相；检测波长为 303 nm。理论板数按水杨酸峰计算不低于 5 000，阿司匹林主峰与水杨酸主峰分离度应符合要求。

① 供试品溶液的制备：取本品约 100 mg，精密称定，置 10 mL 量瓶中，加 1%冰醋酸甲醇溶液适量，振摇使溶解，并稀释至刻度，摇匀，即得（临用前新配）。

② 对照品溶液的制备：取水杨酸对照品约 10 mg，精密称定，置 100 mL 量瓶中，加 1%冰醋酸甲醇溶液适量使溶解，并稀释至刻度，摇匀；精密量取 5 mL，置 50 mL 量瓶中，用 1%冰醋酸甲醇溶液稀释至刻度，摇匀，即得。

③ 测定法：立即精密量取供试品溶液、对照品溶液各 10 μL，分别注入液相色谱仪，记录色谱图。供试品溶液色谱图中如显水杨酸色谱峰，按外标法以峰面积计算供试品中水杨酸含量，含水杨酸不得超过 0.1%。

（3）易炭化物

取内径一致的 10 mL 比色管两支，甲管中加对照液（取比色用氯化钴液 0.25 mL、比色用重铬酸钾液 0.25 mL、比色用硫酸铜液 0.40 mL，加水使成 5 mL）5 mL，乙管中加硫酸（含 H_2SO_4 94.5%～95.5%(g/g)）5 mL 后，分次缓缓加入本品 0.5 g，振摇使溶解。静置 15 min 后，将甲、乙两管同置白色背景前，平视观察，乙管中所显颜色不得较甲管更深。

（4）重金属

取 25 mL 纳氏比色管两支，甲管中加标准铅溶液（10 μg Pb^{2+}/mL）1 mL，加醋酸盐缓冲液（pH 为 3.5）2 mL，加水至 25 mL。乙管取本品 1.0 g，加乙醇 23 mL 溶解后，加醋酸盐缓冲液（pH 为 3.5）2 mL。再在甲、乙两管分别加硫代乙酰胺试液各 2 mL，摇匀，放置 2 min。同置白纸上，自上向下透视，供试液显出的颜色与标准管比较，不得更深（即含重金属不得超过百万分之十）。

（5）炽灼残渣

取本品1g，依法检查，遗留残渣不得过0.1%。

3. 含量测定

（1）原理

采用酸碱滴定法，利用乙酰水杨酸游离羧基的酸性，以标准碱液直接滴定。

$$\text{（2-COOH，OCOCH}_3\text{）} + NaOH \xrightarrow{C_2H_5OH} \text{（2-COONa，OCOCH}_3\text{）} + H_2O$$

（2）操作

取本品0.4g，精密称定，加中性乙醇（对酚酞指示液显中性）20mL溶解后，加酚酞指示液3滴，用氢氧化钠滴定液（0.1mol/L）滴定。每1mL的氢氧化钠滴定液（0.1mol/L）相当于18.02mg的$C_9H_8O_4$。

按干燥品计算，含量不得少于99.5%。

四、注意事项

（1）阿司匹林含酯类结构，为防止酯在滴定时水解而使结果偏高，故在中性乙醇中滴定。

（2）滴定时应在不断振摇下，稍快点进行，以防止局部碱度过大而促其水解。

$$\text{（2-COOH，OCOCH}_3\text{）} + 2NaOH \longrightarrow \text{（2-COONa，OH）} + CH_3COONa$$

（3）本品是弱酸，用强碱滴定，等当点偏碱性，所以选择在碱性变色的酚酞指示剂为宜。

五、预习思考题

为什么阿司匹林的含量测定采用容量分析法，而不采用高效液相色谱法？

六、参考文献

［1］国家药典委员会. 中华人民共和国药典（二部）［M］. 北京：中国医药科技出版社，2015：544.

［2］杭太俊. 药物分析. 第8版［M］. 北京：人民卫生出版社，2016.

［3］董慧茹. 仪器分析. 第3版［M］. 北京：化学工业出版社，2016.

（张海江）

第三篇　制药工程综合性及设计性实验

第七章　制药工程综合性实验

【本章提要】

本章所涉及的综合实验是将各类原料药的制备、质量控制、制剂制备及质量检测加以串联并综合,体现药物生产从原料到制剂的整个生产流程,使实验者在操作过程中熟悉药物生产各个环节的要点及其相互关联和质量控制。

实验一　阿司匹林的合成及质量检查

一、实验目的

(1) 掌握阿司匹林合成中酯化反应和重结晶的原理及基本操作;

(2) 了解阿司匹林中杂质的来源和鉴别。

二、实验原理

1. 制备原理

阿司匹林为解热镇痛药,用于治疗伤风、感冒、头痛、发烧、神经痛、关节痛及风湿病等。近年来,又证明它具有抑制血小板凝聚的作用,其治疗范围又进一步扩大到预防血栓形成,治疗心血管疾患。阿司匹林化学名为 2-乙酰氧基苯甲酸,化学结构式为:

阿司匹林为白色针状或板状结晶,熔点为 $135\sim140\ ℃$,易溶于乙醇,可溶于氯仿、乙醚,微溶于水。合成路线如下:

2. 限量检查原理

由于合成阿司匹林时乙酰化反应不完全,或在阿司匹林贮存时保管不当,成品中含有过多的水杨酸,不仅对人体有毒性,且易被氧化生成一系列醌型有色物质,《药典》规定检查游离水杨酸,采用与硫酸铁反应产生紫色进行检查。

三、试剂及仪器

试剂:水杨酸、醋酐、浓硫酸、乙醇、硫酸铁铵、冰醋酸、乙腈、四氢呋喃。

仪器:100 mL 三颈瓶、搅拌机、100 mL 圆底烧瓶、红外灯、熔点仪、高效液相色谱仪。

四、实验步骤

1. 阿司匹林的制备

（1）酯化

在装有搅拌棒及球形冷凝器的 100 mL 三颈瓶中,依次加入水杨酸 10 g、醋酐 14 mL、浓硫酸 5 滴。开动搅拌机,置油浴加热,待浴温升至 70 ℃时,维持在此温度反应 30 min。停止搅拌,稍冷,将反应液倾入 150 mL 冷水中,继续搅拌,至阿司匹林全部析出。抽滤,用少量稀乙醇洗涤,压干,得粗品。

（2）精制

将所得粗品置于附有球形冷凝器的 100 mL 圆底烧瓶中,加入 30 mL 乙醇,于水浴上加热至阿司匹林全部溶解,稍冷,加入活性炭回流脱色 10 min,趁热抽滤。将滤液慢慢倾入 75 mL 热水中,自然冷却至室温,析出白色结晶。待结晶析出完全后,抽滤,用少量稀乙醇洗涤,压干,置红外灯下干燥(干燥时温度不超过 60 ℃为宜),测熔点,计算收率。

2. 阿司匹林中水杨酸限量检查

取阿司匹林 0.1 g,加 1 mL 乙醇溶解后,加冷水至适量,制成 50 mL 溶液。立即加入 1 mL 新配制的稀硫酸铁铵溶液,摇匀;30 s 内显色,与对照液比较,不得更深(0.1%)。

对照液的制备:精密称取水杨酸 0.1 g,加少量水溶解后,加入 1 mL 冰醋酸,摇匀;加冷水至适量,制成 1 000 mL 溶液,摇匀。精密吸取 1 mL,加入 1 mL 乙醇、48 mL 水,及 1 mL 新配制的稀硫酸铁铵溶液,摇匀。

稀硫酸铁铵溶液的制备:取盐酸(1 mol/L)1 mL,硫酸铁铵指示液 2 mL,加冷水适量,制成 1 000 mL 溶液,摇匀。

3. 阿司匹林中有关物质检查

色谱条件与系统适用性试验用十八烷基硅烷键合硅胶为填充剂,以乙腈-四氢呋喃-冰醋酸-水(20∶5∶5∶70)为流动相 A,乙腈为流动相 B,按表 7-1 进行线性梯度洗脱;检测波长为 276 nm。阿司匹林峰的保留时间约为 8 min,理论板数按阿司匹林峰计算不低于

5 000,阿司匹林峰与水杨酸峰分离度应符合要求。

表 7-1 洗脱参数

时间(min)	流动相 A(%)	流动相 B(%)
0.0	100	0
60.0	20	80

取该品约 0.1 g,精密称定,置 10 mL 量瓶中,加 1%冰醋酸甲醇溶液适量,振摇使溶解,并稀释至刻度,摇匀,即得供试品溶液;精密量取供试品溶液 1 mL,置 200 mL 量瓶中,用 1%冰醋酸甲醇溶液稀释至刻度,摇匀,即得对照溶液;精密量取对照溶液 10 mL,置 100 mL 量瓶中,用 1%冰醋酸甲醇溶液稀释至刻度,摇匀,即得灵敏度试验溶液。分别精密量取供试品溶液、对照溶液、灵敏度试验溶液及水杨酸检查项下的水杨酸对照品溶液各 10 μL,注入液相色谱仪,记录色谱图。供试品溶液色谱图中如显杂质峰,除小于灵敏度试验溶液中阿司匹林主峰面积的单个杂质峰、溶剂峰及水杨酸峰不计外,其余各杂质峰面积的和不得大于对照溶液主峰峰面积(0.5%)。

五、预习要求

查阅《药典》,对阿司匹林原料药的检查除了游离水杨酸,还有哪些指标?

六、思考题

(1) 阿司匹林的制备过程中如何控制水杨酸的产生?
(2) 水杨酸限量检查的原理是什么?

七、参考文献

[1] 孙铁民. 药物化学实验[M]. 北京:中国医药科技出版社,2008,pp.1.
[2] 国家药典委员会. 中华人民共和国药典(二部)[M]. 北京:中国医药科技出版社,2010.

（吴　洁）

实验二　阿司匹林肠溶片的制备及其质量检查

一、实验目的

(1) 通过阿司匹林肠溶片的制备,熟悉片剂的基本工艺过程;
(2) 了解单冲压片机的基本构造、使用方法;
(3) 了解包衣机的基本结构及使用方法;
(4) 熟悉片剂的质量检查,包括含量测定、释放度检查等,学会溶出度仪的使用。

二、实验原理

片剂系指药物与辅料均匀混合,通过制剂技术压制而成的圆片或异形片状的固体制剂。

通常片剂的制备包括湿法制粒压片、干法制粒压片和直接压片,其中应用较广泛的是湿法制粒压片,适用于对湿热稳定的药物。凡具有不良嗅味、刺激性、易潮解或遇光易变质的药物,制成片剂后,可包糖衣或薄膜衣,对一些遇胃酸易破坏、对胃有较强刺激性(如阿司匹林)或为治疗结肠部位疾病需在肠内释放的药物,制成片剂后应包肠溶衣。包衣的基本类型有糖包衣和薄膜包衣等类型,薄膜衣与糖衣相比具有生产周期短、效率高、片重增加不大(一般增加3%~5%)、包衣过程可实行自动化、对崩解的影响小等特点。因此本实验采用单冲压片机压片,再经薄膜包衣制成阿司匹林肠溶片,以避免对胃的刺激。

三、试剂及仪器

试剂:淀粉、微晶纤维素、羧甲基淀粉钠、酒石酸(或枸橼酸)、HPMC、滑石粉、丙烯酸树脂Ⅱ号、邻苯二甲酸二乙酯、蓖麻油、吐温-80、滑石粉、钛白粉、柠檬黄、酚酞、氢氧化钠。

仪器:单冲压片机、包衣锅、溶出度仪,硬度测定仪。

四、实验步骤

1. 阿司匹林肠溶片的制备

(1) 阿司匹林片芯的制备

① 处方(表7-2)。

表7-2 阿司匹林片芯处方

原料	每片用量(mg)	100片用量(g)
阿司匹林	25.0	2.5
可压性淀粉	50.0	5.0
微晶纤维素	20.0	2.0
羧甲基淀粉钠	2.0	0.2
酒石酸(或枸橼酸)	0.5	0.05
10%淀粉浆	适量	适量
滑石粉	3.0 g	0.03

② 制法:将酒石酸或枸橼酸溶于约100 mL蒸馏水,再加淀粉约10 g分散均匀,加热,制成10%淀粉浆。将阿司匹林(过80目筛)与淀粉、微晶纤维素、羧甲基淀粉钠用40目不锈钢筛混合均匀,加入预先配好的10%淀粉浆制成软材,通过18目不锈钢筛或尼龙筛制粒,湿颗粒于50~60 ℃烘箱干燥1~2 h,干颗粒过18目筛整粒,加入滑石粉充分混匀后压片。

(2) 包衣片的制备

① 包衣处方(表7-3)。

② 制法:将包衣材料用85%乙醇溶液浸泡过夜溶解。加入邻苯二甲酸二乙酯、蓖麻油和吐温-80研磨均匀,另将其他成分加入上述包衣液研磨均匀,即得。

③ 包衣操作:将制得的阿司匹林片芯置包衣锅内,片床温度控制在40~50 ℃,转速为

表 7-3 包衣片处方

原料	用量	原料	用量
丙烯酸树脂Ⅱ号	10 g	滑石粉(120 目)	3 g
邻苯二甲酸二乙酯	2 g	钛白粉(120 目)	QS
蓖麻油	4 g	柠檬黄	QS
吐温-80	2 g	85%乙醇	加至 200 mL

30~40 r/min,将配制好的包衣溶液用喷枪连续喷雾于转动的片子表面,随时根据片子表面干湿情况,调控片子温度和喷雾速度,控制包衣溶液的喷雾速度和溶媒挥发速度相平衡,即以片面不太干也不太潮湿为度。一旦发现片子较湿(滚动迟缓),即停止喷雾以防粘连,待片子干燥后再继续喷雾,使包衣片增重为 4~5%。将包好的肠溶衣片置 30~40 ℃烘箱干燥 3~4 h。

(3) 注释

① 配制淀粉浆时需不停搅拌,防止焦化而使压片时片面产生黑点。浆的糊化程度以呈乳白色为宜,制粒干燥后,颗粒不易松散。加浆的温度以温浆为宜,温度太高不利药物稳定,太低不易分散均匀。

② 小剂量阿司匹林应先粉碎过 80 目不锈钢筛,然后与辅料混合时,常采用逐级稀释法(等容量递增法),并反复过筛、混合以确保混合均匀。

③ 阿司匹林在湿、热下不稳定,尤其遇铁质易变色并水解成水杨酸和醋酸,前者对胃有刺激性。用含有少量酒石酸或枸橼酸(约为阿司匹林量的 1%)淀粉浆混匀后制粒,也可采用乙醇或 2%~5%HPMC 的醇水溶液作为黏合剂,以增加主药的稳定性。

④ 黏合剂用量要恰当,使软材达到以手握之可成团块、手指轻压时又能散裂而不成粉状为度。再将软材挤压过筛,制成所需大小的颗粒,颗粒应以无长条、块状和过多的细粉为宜。

⑤ 硬脂酸镁和硬脂酸钙能促进阿司匹林的水解,故用滑石粉作润滑剂;此片剂干燥温度宜控制在 50~60 ℃,以防高温药物不稳定。

⑥ 在包衣前,可先将阿司匹林片芯在 50 ℃干燥 30 min,吹去片剂表面的细粉。由于片剂较少,在包衣锅内纵向粘贴若干 1~2 cm 宽的长硬纸条或胶布,以增加片剂与包衣锅的摩擦,改善滚动性。

⑦ 必须选用不锈钢包衣锅,因阿司匹林等药物遇金属不稳定,可先在包衣锅内喷雾覆盖一层包衣膜。

⑧ 包衣温度应控制在 50 ℃左右,以避免温度过高使药物分解或使片剂表面产生气泡,衣膜与片芯分离。

⑨ 喷雾较快时,片剂表面若开始潮湿后,在包衣锅内的滚动将减慢,翻滚困难,应立即停止喷雾并开始吹热风干燥。

2. 阿司匹林肠溶片质量检查

(1) 外观检查

取样品 100 片,平铺于白底板上,置于 75 W 光源下 60 cm 处,距离片剂 30 cm,以肉眼观察

30 s。检查结果应符合下列规定：完整光洁，色泽一致，80～120 目色点应＜5％，麻面＜5％，不得有严重花斑及特殊异物，包衣中的畸形片不得超过 0.3％。

（2）重量差异限度的检查

取药片 20 片，精密称重总重量，求得平均片重后，再分别精密称定各片的重量，每片重是与平均片重相比较，超出重量差异限度的药片不得多于 2 片，并不得有 1 片超出重量差异限度的 1 倍。检查结果如表 7 - 4。

表 7 - 4　重量差异限度检查结果

每片重(g)	总重(g)	平均片重(g)	片质量差异(%)	重量差异限度	结论
					超限的有＿＿＿＿＿片 超限 1 倍的有＿＿＿＿＿片 结论：

（3）硬度检查

将药片垂直固定在两横杆之间，其中的活动横杆借助弹簧沿水平方向对片剂径向加压，当片剂破碎时，活动横杆的弹簧停止加压。仪器刻度标尺上所指的压力即为硬度。测 3～6 片，取平均值。

（4）溶出度测定

含义：溶出度系指在规定溶剂中药物从片剂或胶囊剂等固体制剂中溶出的速度和程度。溶出度测定是一种较简便的体外试验，对主药成分不易从制剂中释放、久贮后变为难溶物、在消化液中溶解缓慢、与其他成分共存易发生化学变化的药物，以及治疗剂量与中毒剂量接近的药物固体制剂，为保证用药安全有效，均应做溶出度检查。凡检查溶出度的制剂，不再进行崩解（或溶散）时限检查。

测定原理：测定依据为 Noyes-Whitney 方程式

$$d_c/d_t = ks(c_s - c_t)$$

式中：d_c/d_t 为溶出速度；k 为溶出速度常数；s 为固体药物表面积；c_s 为药物的饱和溶液浓度；c_t 为 t 时溶液中的药物浓度。

试验中溶出介质的量必须远远超过使药物饱和所需要的量，一般至少为使药物饱和时介质用量的 5～10 倍。

测定方法：《药典》规定有转篮法和浆法，并对装置的结构和要求作了具体的规定。通常以固体制剂中主药溶出一定量所需时间或规定时间内主药溶出百分数作为制剂质量评价指标。

（5）实验内容

比较 E 值的测定：取阿司匹林片 20 片，精密称定，计算出平均片重(W)。将药片研细，再精密称取相当于平均片重的量(W_1)，置 1 000 mL 量瓶中，加 0.1 mol/L 盐酸至刻度，振摇，移至 37 ℃水浴中 1 h 以上，每隔 15 min 振摇 1 次。冷至室温，过滤。精密吸取滤液 1 mL 置 10 mL 量瓶中，加蒸馏水 5 mL，用 0.5 mol/L 氢氧化钠溶液调 pH 至 9～10，置沸水浴中煮沸 5 min,取出放冷,用 0.5 mol/L 盐酸调 pH 至 3～5,加 5％硝酸铁试液 5 滴,加蒸馏水至刻度,摇匀,用介质作空白,于 540 nm 波长处测定吸收度(E)值。

样品 E_i 值的测定:量取 1 000 mL 溶出介质(0.1 mol/L 盐酸),加热至 37 ℃(操作过程中恒温 37±0.5 ℃),装置好转篮和溶出仪,调整转速为 50 r/min。将药片精密称定(W_2)后,投入转篮内,当转篮浸入溶出介质中时开始计时。在 5、10、15、20、30、40 和 60 min 时定时取样(取样位置固定),每次取样 5 mL(同时补入溶出介质 5 mL),过滤。然后取此滤液 1 mL 置 10 mL 量瓶中,加蒸馏水 5 mL,用 0.5 mol/L NaOH 溶液调 pH 至 9～l0,置沸水浴中煮沸 5 min,取出放冷,用 0.5 mol/L HCl 调 pH 至 3～5,加 5％硝酸铁试液 5 滴,加蒸馏水至刻度,摇匀,用介质作空白,于紫外可见分光光度计上 540 nm 波长处测得规定时间药片溶出液的吸收度(E_i)值。

实验数据处理如下。

① 将测定值记入表 7-5 中,并计算百分溶出量和残留待溶量的对数。

表 7-5　阿司匹林片溶出度测定数据及计算结果表

取样时间 (min)	E_i	E' ($W_2/W_1 \times E$)	溶出量％ ($E_i/E' \times 100$)	$\mathrm{Log}_{溶出量}$	残留待溶量 (1-溶出量)	$\mathrm{Log}_{残留待溶量}$
5						
10						
15						
20						
30						
40						
60						

表中 E 值指按平均片重样液测得的吸收度比较值。

② 分别以累积溶出量百分数和残留待溶量百分数的对数为纵坐标,以溶出时间 t 为横坐标作图。

表观溶出速度常数 K_r 可按下式计算:
$$K_r = (\ln C_1 - \ln C_2)/(t_2 - t_1) = 2.303(\lg C_1 - \lg C_2)/(t_2 - t_1)$$

式中:C 为残留待溶量(％);t 为对应取样时间。

K_r 值也可利用残留待溶量(％)的对数值和取样时间值由最小二乘法所得回归直线斜率来计算。

③ 用威布尔分布概率纸求出 T_{50}、T_d 及 m 等参数。

在用累积溶出量或残留待溶量的对数直接对时间 t 作图均不能得到直线时,可采用威布尔概率纸作图,将累积溶出量-时间曲线直线化,得到 T_{50}、T_d 及 m 等参数。

在威布尔概率纸上作图的基本步骤如下:

(a) 以 $F(t)$ 尺代表百分溶出量,t 尺代表溶出时间,描点作图。

(b) 若各点基本上呈直线分布,则可直接拟合一条直线,注意照顾 $F(t)$ 在 30％～70％范围的点,使之优先贴近该直线,并尽量使散点交错分布在直线两侧。

　　(c) 若各点排布呈一向上凸的曲线状,则沿曲线趋势向下延伸,与 t 尺交点的数值为 a 的初步估计值。再以 $F(t)$ 对 $t-a$ 描点作图。若所得各点的排布接近直线,可拟合成直线。若 $F(t)$ 对 $t-a$ 作图仍为一曲线,则可用类似的方法反复修改,直至得到一条直线为止。

　　(d) 若各点排布呈一向下凹的曲线状,可作上端曲线的切线 E,然后沿曲线的下端顺势向左延伸,使之交于 $F(t)$ 尺上一点 A,再由 A 点作水平线交于直线 E 上一点 C,再由 C 作垂线交于 t 尺,交点的数值即为 a。以 $F(t)$ 对 $t+a$ 描点作图,若所得各点的排布接近直线,可拟合成直线。若仍为一曲线,则可用类似的方法反复修改,直至得到一条直线为止。

　　(e) 拟合直线与 x 轴的交点在 t 尺上的投影点的读数即为 T_d 值,拟合直线上 $F(t)$ 为 50% 的点在 t 尺上的投影点的读数即为 T_{50}。过概率纸上 m 点作拟合直线的平行线与 y 轴相交,过交点作 x 轴的平行线与 Y 尺相交,交点读数的绝对值即为 m 值。

　　将所得各参数记录于表 7-6 中。

表 7-6　样品溶出试验数据处理结果参数表

参数	a	T_{50}	T_d	m
结果				

五、预习要求

　　(1) 试分别说明阿司匹林片芯及包衣液处方中各种成分的作用。

　　(2) 熟悉湿法制粒的流程和对片剂的质量检查指标。

　　(3) 了解单冲压片机的主要构造、装拆和保养过程。

六、思考题

　　(1) 哪些药物制剂需包肠溶衣? 举例叙述肠溶型薄膜衣与胃溶型薄膜衣包衣材料有何区别。

　　(2) 对湿热不稳定的药物进行片剂处方设计时应考虑哪些问题?

　　(3) 薄膜包衣中可能出现哪些问题? 如何解决?

　　(4) 固体制剂进行体外溶出度测定有何意义? 哪些药物应进行溶出度测定?

　　(5) 影响溶出度测定结果的主要因素有哪些?

七、参考文献

　　[1] 卓超,沈永嘉. 制药工程专业实验[M]. 北京:高等教育出版社,2007,pp. 190.

　　[2] 国家药典委员会. 中华人民共和国药典(二部)[M]. 北京:中国医药科技出版社,2010.

　　[3] 周建平. 药剂学实验与指导[M]. 北京:中国医药科技出版社,2007,pp. 89.

　　[4] 刘汉清. 中药药剂学实验与指导[M]. 北京:中国医药科技出版社,2001.

　　[5] 崔福德. 药剂学实验指导(第三版)[M]. 北京:人民卫生出版社,2011.

　　[6] 宋宏春. 药剂学实验[M]. 北京:北京大学医学出版社,2011.

　　[7] 张兆旺. 中药药剂学实验(第二版)[M]. 北京:中国中医药出版社,2008.

(吴　洁)

实验三 黄芩中黄酮类化合物的提取及体外抗氧化活性测定

一、目的要求

(1) 掌握黄芩中黄酮类化合物的提取分离原理和方法；

(2) 掌握黄芩中主要成分的 HPLC 法测定；

(3) 掌握总多酚类物质含量测定方法；

(4) 掌握总黄酮含量的测定；

(5) 掌握羟自由基（·OH）、超氧负离子、过氧化氢、DPPH·清除能力的测定方法。

二、实验原理

1. 黄芩中黄酮类化合物提取原理

黄芩（Scutellaria baicalensis Georgi）是我国的传统常用中药，来源于唇形科植物黄芩的的干燥根。黄芩中主要的黄酮类成分为黄芩苷（baicalin, baicalein-7-O-glucuronide,缩写为 BG）、黄芩素（baicalein，缩写为 BA）、汉黄芩苷（wogonoside，wogonin-7-O-glucuronide,缩写为 WG）和汉黄芩素（wogonin,缩写为 WO）、木蝴蝶素 A（Oroxylim A）、白杨素（Chrysin），结构详见图 7-1(A)。现代研究表明,黄芩活性成分主要为黄酮类化合物,其中黄芩苷、黄芩素、汉黄芩素在医药和其他领域有着广泛用途,具有抗氧化、抗菌、抗病毒、抗过敏、调节免疫、调节心血管、保肝利胆、解热、降压、降血糖等药理活性。《药典》中黄芩的功能与主治为：清热燥湿,泻火解毒,止血,安胎；用于湿温、暑湿,胸闷呕恶,湿热痞满,泻痢,黄疸,肺热咳嗽,高热烦渴,血热吐衄,痈肿疮毒,胎动不安。利用黄芩苷、汉黄芩苷、黄芩素、汉黄芩素等黄酮类化合物在热 95%乙醇中溶解度较大,可以直接从黄芩中提取总黄酮。

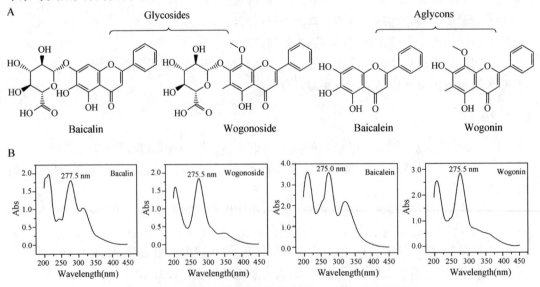

图 7-1 黄芩中主要黄酮类成分结构(A)及紫外吸收图(B)

（引自：Yu C, et al. Oncology Reports, 2013, 30(5): 2411-2418.）

2. 主要黄酮单体成分的含量测定原理

利用黄芩苷、汉黄芩苷、黄芩素、汉黄芩素等主要黄酮单体化合物在 275 nm 附近有较大的紫外吸收，如图 7-1(B)所示，因此选用 HPLC-UV 法测定黄芩中各主要黄酮单体成分的含量。

3. Folin-Ciocalteu 法测定总多酚类物质含量的原理

在碱性溶液中，多酚类化合物可以将钨钼酸还原($W^{6+} \rightarrow W^{3+}$)生成蓝色化合物，颜色的深浅与多酚含量呈正相关，蓝色化合物在 760 nm 处有最大吸收。一般用没食子酸(或焦性没食子酸)作为参照标准。提取物中总多酚的含量以没食子酸当量表示。

4. 总黄酮含量测定原理

总黄酮含量一般均以芦丁为参比标准，用分光光度法测定。黄酮类化合物用甲醇提取后，在碱性条件下与铝盐(三氯化铝或硝酸铝)络合，可呈现红色的络合物，然后测定其再 510 nm 处的吸光度，与芦丁标准曲线对照后求得。

5. 邻二氮菲-Fe^{2+}(1,10-phenanthroline-Fe^{2+})测定羟自由基(·OH)清除能力的原理

1,10-phenanthroline-Fe^{2+} 是一种氧化还原指示剂，其呈色变化可反映出溶液中氧化还原状态的改变。通过 Fenton 反应所产生的·OH，可使 1,10-phenanthroline-Fe^{2+} 水溶液氧化为 1,10-phenanthroline-Fe^{3+}，从而使 1,10-phenanthroline-Fe^{2+} 在 536 nm 处的最大吸收峰消失，据此可推知系统中·OH 的量的变化。

6. 超氧负离子自由基清除能力的测定原理

在碱性条件下，邻苯三酚迅速氧化释放出超氧负离子，生成有色中间体，吸光度随之增加，使吸光度值与反应时间呈良好的线性关系。黄酮类化合物等抗氧化剂加入邻苯三酚自氧化体系后，自氧化受到抑制，使有色中间产物的生成受阻，导致吸光值下降，邻苯三酚自氧化速率降低，通过吸光度的降低测定黄酮类化合物清除超氧负离子的能力。

7. 过氧化氢清除能力的测定原理

(1) 高锰酸钾滴定法：利用双氧水与高锰酸钾发生氧化还原反应进行滴定。在反应系统中加入过量的 H_2O_2 溶液，经反应后，利用高锰酸钾与 H_2O_2 发生反应而进行氧化还原滴定测定剩余的 H_2O_2，计算 H_2O_2 清除率。H_2O_2 本身具有强氧化性，但遇到氧化性更强的高锰酸钾时，H_2O_2 表现出还原性，其滴定反应原理为：

$$5H_2O_2 + 2KMnO_4 + 4H_2SO_4 \longrightarrow 5O_2 + 2KHSO_4 + 2MnSO_4 + 8H_2O$$

(2) 硫酸钛显色法：H_2O_2 与 $Ti(SO_4)_2$ 或 $TiCl_4$ 生成黄色的过氧化钛复合物沉淀，沉淀被 H_2SO_4 溶解后在 415 nm 有特征吸收。

(3) 紫外分光光度法：利用 H_2O_2 在 240 nm 处有特征吸收的特性测定，该法适用于在 200~340 nm 无紫外吸收的系统。

8. DPPH·自由基清除能力的测定原理

二苯代苦味酰基自由基(DPPH·)是一种很稳定的以氮为中心的自由基，若受试物能将其清除，则提示受试物具有降低自由基、烷自由基或过氧自由基的有效浓度和打断脂质过氧化链反应的作用。DPPH·有一个单电子，在 517 nm 有强吸收，其乙醇水溶液呈深蓝色，

加入受试物后,在 517 nm 处可以动态监测其对 DPPH· 的清除效果。

三、实验材料

(1) 黄芩提取使用到的实验材料

试剂:无水乙醇,95%乙醇;

实验设备与仪器:液相色谱仪,分光光度计,旋转蒸发仪,圆底烧瓶,电热套,蒸馏装置,抽滤瓶,布氏漏斗,烧杯,陶瓷板,试管等;

原料:黄芩药材。

(2) 单体含量测定及总多酚、总黄酮、抗氧化活性等测定中使用到的实验材料,具体见相应实验步骤中。

四、实验步骤

1. 黄芩中总黄酮的提取

(1) 醇提工艺

取黄芩饮片 50 g,投入 10 倍量的 75%乙醇(V/V)中,回流提取 60 min,趁热过滤,药渣再用 10 倍量的 75%乙醇回流提取 2 次,合并三次滤液,减压蒸馏回收乙醇至干,得提取物浸膏(留样,计为样品 1,用于后续含量及抗氧化活性测定)。将浸膏溶于纯水中,制成密度为 1.1~1.2 g/mL 的浓溶液,于沸水浴中加热至近沸,趁热过滤,滤液加浓盐酸调至 pH 1~2,再于沸水中加热至 80 ℃,静置保温 30 min 后,放冷析晶,过滤收集沉淀,即得黄芩总黄酮(留样,计为样品 2,用于后续含量及抗氧化活性测定)。

(2) 水泡醇提工艺

取黄芩饮片 50 g,用等量纯水充分润湿,室温浸泡至少 60 min;投入 3.75 倍量的 95%乙醇(乙醇的终浓度为 75%,V/V)中,再补加 5.25 倍量的 75%乙醇,回流提取 60 min,趁热过滤,药渣再用 10 倍量的 75%乙醇回流提取 2 次,合并三次滤液,减压蒸馏回收乙醇至干,得提取物浸膏(留样,计为样品 3,用于后续含量及抗氧化活性测定)。将浸膏溶于纯水中,制成密度为 1.1~1.2 g/mL 的浓溶液,于沸水浴中加热至近沸,并趁热过滤,于滤液中加浓盐酸调至 pH 1~2,再于沸水中加热至 80 ℃,静置保温 30 min 后,放冷析晶,过滤收集沉淀,即得黄芩总黄酮(留样,计为样品 4,用于后续含量及抗氧化活性测定)。

2. 主要黄酮单体成分的含量测定

(1) HPLC 方法建立

在液相色谱仪(如 Waters 2695)上进行,包括有自动进样器、柱温箱、真空脱气装置等,检测器为 PDA 检测器,检测波长为 275 nm,色谱柱为 Agilent Zorbax SB - C18(2.1×150 mm,3.5 μm),柱温为 30 ℃,流速为 0.2 mL/min,进样量 2 μL,流动相为乙腈(流动相 A)和 0.5%醋酸-水(流动相 B),采用梯度洗脱,洗脱条件:0~50 min,20%~42%A;50~55 min,42%~50%A;55~60 min,50%~50%A;60~61 min,50%~20%A;61~70 min,20%~20%A。

(2) 线性关系考察及标准曲线绘制

先分别配制一定浓度的黄芩苷(Baicalin)、汉黄芩苷(Wogonoside)、黄芩素(Baicalein)、汉黄芩素(Wogonin)、木蝴蝶素 A(Oroxylin A)、白杨素(Chrysin)等单体标准品的储备溶液(用甲醇配制);再用各单标储备液配制成含 1.0 mg/mL 黄芩苷、0.5 mg/mL 汉黄芩苷、1.0 mg/mL 黄芩素、0.1 mg/mL 汉黄芩素的混合标准溶液,分别吸取 0.2 μL、0.5 μL、1.0 μL、2.0 μL、4.0 μL、5.0 μL 进样分析。以进样量 W(μg)为横坐标,峰面积 Area 为纵坐标,绘制标准曲线。

(3) 试样中各主要单体成分的含量测定

取上述 4 种样品(四、实验步骤 1 项)中,分别取适量样品用甲醇充分溶解配制成 1.0 mg/mL 的溶液,吸取 2 μL 按上述色谱条件进样分析,积分获得各主要单体黄酮的峰面积,代入上述标准曲线方程,计算各单体成分的含量。

3. **总多酚含量测定**

(1) Folin-Ciocalteu's phenol reagent 试剂配制

在 2 L 磨口回流蒸馏器中加入 100 g 钨酸钠(Na_2WO_4)、25 g 钼酸钠(Na_2MoO_4)、700 mL 蒸馏水、50 mL 质量分数 85% 磷酸、100 mL 体积分数 37% 盐酸(HCl),冷凝回流 10 h,然后添加 150 g 硫酸锂(Li_2SO_4)和数滴液溴(Br_2)、取下冷凝管,重新加热至沸,维持 15 min。驱除多余的溴,冷却后补足蒸馏水至 1 000 mL,用棕色试剂瓶装好,置于冰箱中冷藏备用,临用时稀释 2 倍。

(2) 标准曲线的制定

准确称取真空干燥至恒重的没食子酸标准品 44.3 mg,用水溶解并定容至 100 mL。以此溶液配成浓度为 3.16、8.86、17.72、35.44、70.88、88.60(μg/mL)的溶液。分别取上述不同浓度溶液 1 mL 加到 10 mL 比色管中,然后以此加入 1 mL 去离子水,0.5 mL 已稀释 2 倍的 Folin-Ciocalteu's phenol 试剂,1.5 mL 26.7% Na_2CO_3 溶液,最后用水定容至 10 mL,室温下反应 2 h,在 760 nm 下测定其吸光度。由吸光度对浓度进行回归,求得标准曲线。

(3) 试样测定

准确称取适量试样,用水溶解,浓度在 0.08 mg/mL 左右。取 1 mL 样品液加到 10 mL 比色管中,然后以此加入 1 mL 去离子水,0.5 mL 已稀释 2 倍的 Folin-Ciocalteu's phenol 试剂,1.5 mL 26.7% Na_2CO_3 溶液,最后用水定容至 10 mL,室温下反应 2 h,在 760 nm 下测定其吸光度。测得的吸光度代入标准曲线,求得试样中总多酚的含量。

4. **总黄酮含量测定**

(1) 芦丁标准曲线的制作

准确称取预经 105 ℃干燥至恒重的芦丁标准品 10 mg,置于 10 mL 容量瓶中,加入 75% 乙醇适量,微热使溶解,待凉后加入 75% 乙醇稀释至刻度,摇匀,即得 1 mg/mL 芦丁溶液。以此为母液,分别准确移取 10、25、50、75、100、250、500、1 000 μL 于比色管内,再分别加入 990、975、950、925、900、750、500、0(μL)于各自比色管内,则配制成的浓度分别为 0.010、0.025、0.050、0.075、0.100、0.250、0.500、1.000(mg/mL)的芦丁标准溶液。取上述1.0 mL 芦丁溶液,加入 1.0 mL 75% 乙醇,接着加入 0.1 mL 10% $AlCl_3$ 溶液,0.1 mL 1 mol/L 醋酸钾,最后加入 2.8 mL 蒸馏水。充分混匀,室温下反应 30 min,于 415 nm 处测定吸光度 $A_{415\,nm}$,以芦丁浓度为横坐标,$A_{415\,nm}$ 为纵坐标,绘制标准曲线。

取 2.0 mL 75% 乙醇,接着加入 0.1 mL 10% $AlCl_3$ 溶液,0.1 mL 1 mol/L 醋酸钾,最后

加入 2.8 mL 蒸馏水。充分混匀,室温下反应 30 min,作为空白对照。

(2) 试样测定

取 0.5 mL 供试品溶液,加入 1.5 mL 75% 乙醇,接着加入 0.1 mL 10% AlCl₃ 溶液,0.1 mL 1 mol/L 醋酸钾,最后加入 2.8 mL 蒸馏水。充分混匀,室温下反应 30 min,于 415 nm 处测定吸光度 A_{415nm},代入标准曲线求出试样中总黄酮含量,以芦丁当量值表示。

取 0.5 mL 溶解供试品的溶剂,加入 1.5 mL 75% 乙醇,接着加入 0.1 mL 10% AlCl₃ 溶液,0.1 mL 1 mol/L 醋酸钾,最后加入 2.8 mL 蒸馏水。充分混匀,室温下反应 30 min,作为样品空白对照。

5. 羟自由基(·OH)清除能力的测定

(1) 试剂

① 7.5 mmol/L 邻二氮菲溶液 1,10 - phenanthroline 溶液:取 1,10 - phenanthroline monohydrate(M_W:198.22)1.487 g,溶于 10 mL 无水乙醇制成 750 mmol/L 邻二氮菲母液;使用时,取母液,重蒸水稀释配成 7.5 mmol/L 邻二氮菲溶液。

② 50 mmol/L PBS 溶液(磷酸盐缓冲液 pH7.40)。

③ 7.5 mmol/L 硫酸亚铁溶液。

④ 0.1% H₂O₂ 溶液。

(2) 测定

① 样品管:10 mL 比色管,依次加 1 mL 7.5 mmol/L 邻二氮菲溶液、2 mL 50 mmol/PBS,充分混匀,加 1 mL 7.5 mmol/L 硫酸亚铁溶液、1 mL 0.1% H₂O₂、1 mL 样品溶液,重蒸水定容至 10 mL,37 ℃ 水浴下温育 60 min,于 510 nm 处测其吸光度,计为 $A_{样品}$。

② 损伤管:10 mL 比色管,依次加 1 mL 7.5 mmol/L 邻二氮菲溶液、2 mL 50 mmol/L PBS,充分混匀,加 1 mL 7.5 mmol/L 硫酸亚铁溶液、1 mL 0.1% H₂O₂、1 mL 溶解样品的溶剂,重蒸水定容至 10 mL,37 ℃ 水浴下温育 60 min,于 510 nm 处测其吸光度,计为 $A_{损伤}$。

③ 未损伤管:10 mL 比色管,依次加 1 mL 7.5 mmol/L 邻二氮菲溶液、2 mL 50 mmol/L PBS,充分混匀,加 1 mL 7.5 mmol/L 硫酸亚铁溶液、1 mL 溶解样品的溶剂,重蒸水定容至 10 mL,37 ℃ 水浴下温育 60 min,于 510 nm 处测其吸光度,计为 $A_{未损伤}$。

④ 样品空白管:10 mL 比色管,依次加 1 mL 7.5 mmol/L 邻二氮菲溶液、2 mL 50 mmol/L PBS,充分混匀,加 1 mL 7.5 mmol/L 硫酸亚铁溶液、1 mL 样品溶液,重蒸水定容至 10 mL,37 ℃ 水浴下温育 60 min,于 510 nm 处测其吸光度,计为 $A_{样品空白}$。

⑤ 调零管:10 mL 比色管,2 mL 50 mmol/L MPBS、1 mL 溶解样品的溶剂,重蒸水定容至 10 mL,37 ℃ 水浴下温育 60 min,用于 510 nm 处比色调零。

(3) 计算·OH 自由基清除率(d):

$$d(\%) = \frac{(A_{未损} - A_{损}) - (A_{样品空白} - A_{样品})}{A_{未损} - A_{损}} \times 100$$

6. 超氧负离子自由基清除能力的测定

(1) 试剂配制

① Tris-HCl(16 mmol/L, pH=8.2):称取 Tris-base 387.5 mg 溶于适量蒸馏水,用 HCl 调至 pH 为 8.2 后加水 200 mL 即得。

② 10 mmol/L HCl 配制：量取 0.833 mL 分析纯浓盐酸,溶于蒸馏水中,定容至 100 mL,即得 100 mmol/L HCl,使用前用蒸馏水 1：10 稀释,即得 10 mmol/L HCl。

③ 45 mmol/L 邻苯三酚：称取 0.567 495 g 邻苯三酚溶于 10 mmol/L HCl 溶液中定容至 100 mL,配制成 45 mmol/L 邻苯三酚溶液。

④ 配制不同浓度梯度 Vc 溶液：称取 30 mg Vc(ascorbic acid)溶于适量 75% 乙醇中,用 75% 乙醇定容至 100 mL,得 300 μg/mL 溶液。(取 300 μg/mL Vc 溶液 4 mL,加 1 mL 75% 乙醇定容至 5 mL,即得 240 μg/mL Vc 溶液;取 300 μg/mL Vc 溶液 3 mL,加 2 mL 75% 乙醇定容至 5 mL,即得 180 μg/mL Vc 溶液;取 300 μg/mL Vc 溶液 2 mL,加 3 mL 75% 乙醇定容至 5 mL,即得 120 μg/mL Vc 溶液;取 300 μg/mL Vc 溶液 1 mL,加 4 mL 75% 乙醇定容至 5 mL,即得 60 μg/mL Vc 溶液。

(2) 样品溶液配制

取适量总黄酮提取物溶于 75% 乙醇中,配制成一定浓度储备液,采用梯度稀释法配制系列浓度样品溶液。

(3) 检测操作

① 样品管：取 9 mL pH 为 8.2 的 16 mmol/L Tris-HCl 缓冲液,加入 50 μL 一定浓度样品溶液,混匀,25 ℃ 水浴 20 min 后,加入 40 μL 45 mmol/L 邻苯三酚溶液,混匀立即测定 A_{325nm}-t(0~5 min)曲线,求得其斜率为 S_S。

② 样品参比管：取 9 mL pH 为 8.2 的 16 mmol/L Tris-HCl 缓冲液,加入 50 μL 一定浓度样品溶液,混匀,25 ℃ 水浴 20 min 后,加入 40 μL 的 10 mmol/L HCl 溶液,混匀即得,作为样品参比。

③ 标准管：取 9 mL pH 为 8.2 的 16 mmol/L Tris-HCl 缓冲液,加入 50 μL 溶解样品的溶剂 75% 乙醇,混匀,25 ℃ 水浴 20 min 后,加入 40 μL 的 45 mmol/L 邻苯三酚溶液,混匀立即测定 A_{325nm}-t(0~5 min)曲线,求得其斜率为 S_C。

④ 标准参比管：取 9 mL pH 为 8.2 的 16 mmol/L Tris-HCl 缓冲液,加入 50 μL 溶解样品的溶剂 75% 乙醇,混匀,25 ℃ 水浴 20 min 后,加入 40 μL 的 10 mmol/L HCl 溶液,混匀即得。

(4) 抑制率计算

$$I_{O_2^-} \cdot = \frac{S_C - S_S}{S_C} \times 100\%$$

(5) 半数抑制浓度计算

绘制 $I_{O_2^-} \cdot$ - C 曲线,根据曲线关系求出 IC_{50};并与阳性对照 Vc 比较。

7. 紫外法测定过氧化氢清除能力

(1) 试剂配制

① 10% H_2SO_4、50 mmol/L 的磷酸盐缓冲液(PBS,pH7.40)配制。

② 0.1 mol/L 高锰酸钾标准液：称取分析纯 $KMnO_4$ 3.160 5 g,用新煮沸冷却蒸馏水配制成 1 000 mL,用 0.1 mol/L 草酸溶液标定(0.1 mol/L 草酸：称取优级纯 $H_2C_2O_4$ · $2H_2O$ 12.607 g,用蒸馏水溶解后,定容至 1 L)。

③ 0.1 mol/L H_2O_2 溶液配制：市售 30% H_2O_2 大约等于 17.6 mol/L,取 30% H_2O_2 溶液 5.68 mL,稀释至 1 000 mL,用标准 0.1 mol/L $KMnO_4$ 溶液(在酸性条件下)进行标定。

(2) 样品溶液配制

准确称取适量提取物,用适 PBS 缓冲液配制成储备液。测试前,采用梯度稀释配制系列溶液。

（3）实验步骤

① 样品测定值:取 50 mL 三角瓶,加入样品溶液 2.5 mL(具体视清除能力而摸索具体用量),再加入 2.5 mL 0.1 mol/L H_2O_2,同时计时,于 30 ℃恒温水浴中保温 10 min,立即加入 10％ H_2SO_4 2.5 mL;用 0.1 mol/L $KMnO_4$ 标准溶液滴定 H_2O_2,至出现粉红色(在 30 min内不消失)为终点,记清除反应后 $KMnO_4$ 滴定毫升数为 V_1。

② 参比测定值:取 50 mL 三角瓶,加入溶解样品的溶剂 2.5 mL(具体视清除能力而摸索具体用量),再加入 2.5 mL 0.1 mol/L H_2O_2,同时计时,于 30 ℃恒温水浴中保温 10 min,立即加入 10％ H_2SO_4 2.5 mL;用 0.1 mol/L $KMnO_4$ 标准溶液滴定 H_2O_2,至出现粉红色(在30 min 内不消失)为终点,记清除反应后 $KMnO_4$ 滴定毫升数为 V_0。

③ 样品空白背景值测定:取 50 mL 三角瓶,加入样品溶液 2.5 mL(具体视清除能力而摸索具体用量),于 30 ℃恒温水浴中保温 10 min,立即加入 10％ H_2SO_4 2.5 mL;用 0.1 mol/L $KMnO_4$ 标准溶液滴定 H_2O_2,至出现粉红色(在 30 min 内不消失)为终点,记清除反应后 $KMnO_4$ 滴定毫升数为 V_2。

（4）清除能力计算

$$S_{H_2O}=(V_0-(V_1-V_2))\times1.7$$

1.7——1 mL 0.1 mol/L KMnO4 相当于 1.7 mg H_2O_2。

（5）半数抑制浓度计算

以清除率 $S_{H_2O_2}$ - C 作图,规划出相应方程。求出样品清除 H_2O_2 达 50％所需的浓度 EC_{50}。

8. DPPH・自由基清除能力的测定

（1）标准曲线制作

准确称取 1,1 - 二苯代苦味酰基(1,1-diphenyl-2-picrylhydrazyl) DPPH・标准品39.432 mg,用 75％乙醇定容至 100 mL,即得 1 mmol/L DPPH・母液备用,再用 75％乙醇稀释成不同浓度(0.01、0.05、0.1、0.25、0.50、0.75、1.0 mmol/L),在 517 nm 处测定吸光度,制作标准曲线。用 75％乙醇作为空白对照。

（2）测定

样品:取 0.2 mL 样品溶液(75％乙醇溶解),加入 4.8 mL 0.5 mmol/L DPPH・溶液,立即混匀,于 517 nm 处测定吸光度 A,绘制吸光度 A 随时间的变化曲线,直到读数稳定,记为 A_S。

对照:取 0.2 mL 75％乙醇,加入 4.8 mL 0.5 mmol/L DPPH・溶液,立即混匀,立即于517 nm 处测定吸光度 A,记为 A_0。

（3）计算

自由基清除率计算:

$$S_{DPPH\cdot}=\frac{A_0-A_S}{A_0}\times100\%$$

并以试样中黄酮浓度对 DPPH・的清除率 $S_{DPPH\cdot}$ 作图,求出得到清除 DPPH・50％时所需试样的量,即 $IC_{50}^{DPPH\cdot}$ 值。

五、注意事项

（1）黄芩粉碎时不可过细，可直接用饮片提取，以免过滤时速度过慢。

（2）在测定羟基自由基时，加样方式对结果有重要影响，须先将邻二氮菲、磷酸盐缓冲液及双蒸水混匀，每管加入硫酸亚铁后立即混匀，否则会使局部颜色过浓，溶液颜色不均匀，从而影响结果的重现性。

（3）采用比色法测定总多酚、总黄酮、抗氧化活性等的时候，每一步反应均须充分混匀，否则会影响结果重现性。

六、预习与思考题

（1）列出相关的计算公式；

（2）预习各测定方法的原理及实验步骤；

（3）准备相关测试试剂。

（4）结合所学的知识，分析两种提取方法的差异及如何影响抗氧化活性？

七、参考文献

[1] 裴月湖. 天然药物化学实验[M]. 北京：人民卫生出版社，2000，pp. 158.

[2] 庞战军. 自由基医学研究方法[M]. 北京：人民卫生出版社，2000.

[3] 凌关庭. 抗氧化食品与健康[M]. 北京：化学工业出版社，2004.

[4] 李丽，刘春明. 中药抗氧化成分的现代分离和分析技术[M]. 北京：科学出版社，2011.

[5] Yu C, et al. Pretreatment of baicalin and wogonoside with glycoside hydrolase：a promising approach to enhance anticancer potential. Oncology Reports，2013，30（5）：2411－2418.

[6] 张贵君，李仁伟，雷国莲. 常用中药物理常数鉴定[M]. 北京：化学工业出版社，2005，pp. 207－208.

[7] Wang H, GaoXD, Zhou GC, Cai L, Yao WB. In vitro and in vivo antioxidant activity of aqueous extract from Choerospondias axillaris fruit. Food Chemistry，2008，206：888－895.

[8] 苏文钊，陈阳，蔡仕宁，王雅溶，邓亮，张浩. 栀子中西红花苷和 gardecin 的抗氧化活性研究[J]. 华西药学杂志，20016，31（1）：21－23.

（喻春皓）

实验四　感冒退热颗粒的制备及质量检查

一、实验目的

（1）掌握颗粒剂的制备方法；

（2）熟悉颗粒剂的质量要求和质量检查方法。

二、实验提要

颗粒剂是指药材的提取物与适宜的辅料或药材细粉制成的干燥颗粒状制剂,可分为可溶性颗粒剂、混悬性颗粒剂和泡腾性颗粒剂。颗粒剂应干燥均匀,色泽一致,无吸潮、软化、结块、潮解等现象,粒度、水分、溶化性、装量差异、微生物限度检查应符合《药典》规定。

1. 制备工艺流程

处方拟定→原、辅料的处理→制颗粒→干燥→整粒→质检→包装

2. 制备要点

原药材一般多采用煎煮提取法,也可用渗漉法、浸渍法及回流提取法等方法进行提取。提取液的纯化以往常采用乙醇沉淀法,目前已有采用高速离心、微孔滤膜滤过、絮凝沉淀、大孔树脂吸附等除杂新技术。制粒是颗粒剂制备的关键工艺技术,常用挤出制粒、湿法混合制粒和喷雾干燥制粒等方法。喷雾干燥粉加用适量的干燥黏合剂干法制粒,可制得无糖型颗粒。挤出制粒,软材的软硬应适当,以"手握成团,轻压即散"为宜。湿颗粒制成后,应及时干燥。干燥温度应逐渐上升,一般控制在 60～80 ℃。

三、实验内容

[处方]

大青叶,100 g;连翘,50 g;板蓝根,100 g;拳参,50 g。

[制法]

以上四味,煎煮二次,每次加 8 倍量水,煎煮 1.5 h,合并煎液,滤过,滤液浓缩至相对密度为 1.08(90～95 ℃),待冷至室温,加等量乙醇,边加边搅拌,静置 24 h,滤过,滤液回收乙醇后浓缩至相对密度为 1.2(60 ℃),加等量水,边加边搅拌,静置 8 h。取上清液浓缩成相对密度为 1.38～1.40(60 ℃)的清膏,取清膏加适量糖粉、糊精(清膏∶糖粉∶糊精＝1∶3∶1.25)混合均匀,用适量乙醇润湿制软材,制颗粒,干燥,整粒,分装(每袋 18 g)即得。

[功能与主治]

清热解毒。用于上呼吸道感染,急性扁桃体炎,咽喉炎。

[用法与用量]

开水冲服,一次 1～2 袋,一日 3 次。

[质量要求]

(1) 性状

本品为棕黄色颗粒;味甜、微苦。

(2) 定性鉴别

采用薄层色谱法鉴别本品中靛玉红。

(3) 检查

① 粒度:取颗粒剂 5 袋,称定重量,置药筛中轻轻振动 3 min,不能通过一号筛和能通过四号筛的颗粒和粉末总和,不得超过 8.0%。

② 水分:照《药典》(一部)附录Ⅸ H 水分测定法(第一法)测定,不得超过 5.0%。

③ 溶化性:取供试品加热水 20 倍,搅拌 5 min,立即观察,颗粒应全部溶化,允许有轻微

浑浊,但不得有焦屑等异物。

④ 装量差异:取供试品 10 袋,分别称定每袋内容物的重量,每袋的重量与实际装量相比较(无者,应与平均装量相比较),超出限度的不得多于 2 袋,并不得有 l 袋超出限度一倍。

四、预习及思考题

(1)各类颗粒剂制备时应分别注意哪些问题?

(2)颗粒剂的质检项目有哪些? 检查方法如何?

(3)颗粒剂处方中的挥发性药物宜采用的处理方法有哪些?

五、参考文献

[1] 张兆旺. 中药药剂学[M]. 北京:中国中医药出版社,2003.

[2] 刘汉清. 中药药剂学实验与指导[M]. 北京:中国医药科技出版社,2001.

(熊清平)

实验五 双黄连注射液的制备及质量检查

一、实验目的

(1)掌握注射剂的制备工艺和操作要点;

(2)熟悉注射剂常规质量要求;

(3)了解中药注射剂的特点。

二、实验指导

注射剂系指药物制成的可供注入人体的灭菌溶液或乳状液,以及供临用前配成溶液或混悬液的无菌粉末或浓溶液。注射剂应无菌、无热原,澄明度合格。注射液的 pH 应接近体液,静脉注射液应调节成等渗或等张溶液。对热不稳定或在水溶液中易分解失效的药物,常制成注射用无菌粉末即粉针剂。

1. 制备工艺流程

原辅料的准备→配液→滤过→灌注→熔封→灭菌→质量检查→印字包装→成品

2. 制备要点

配制注射剂的原辅料必须符合《药典》或卫生部药品标准中注射剂的有关规定。配液方法有浓配法和稀释配法两种。注射液经初滤、精滤后,得到半成品,质检合格后立即灌封。对主药易氧化的注射液,灌注时可在安瓿内通入惰性气体(如二氧化碳、氮气)以置换安瓿中的空气。灌注时药液不能黏附在安瓿颈壁上,以免熔封时出现焦头,且应按药典规定适当增加装量,以保证注射用量不少于标示量。注射剂灌封后应立即灭菌。灭菌的方法可根据灌装容量、制剂稳定性等因素选择,常用灭菌方法有流通蒸汽灭菌、煮沸灭菌、热压灭菌。

3. 其他

中药注射剂处方中的组分可以是有效成分、有效部位或净药材,由于中药成分复杂,主要药效成分往往又非单一,加之中药成分受提取、分离、纯化等因素的影响,目前中药注射剂仍以净药材作处方中组分为多。

三、实验内容

[处方]

金银花,2.5 g;连翘,5 g;黄芩,2.5 g;注射用水,适量共制成 100 mL。

[制法]

(1) 黄芩提取物的制备:黄芩加 5 倍量水煎煮 2 次,每次 1 h,分次滤过,合并滤液。滤液用盐酸(2 mol/L)调 pH 至 1.0～2.0,在 80 ℃保温 30 min,静置 4 h。滤过,沉淀加 8 倍量水,搅拌,用 40%氢氧化钠溶液调 pH 至 7.0,并加等量乙醇,搅拌使溶。滤过,滤液用盐酸(2 mol/L)调 pH 至 2.0,60 ℃保温 30 min,静置 2 h。滤过,沉淀用乙醇洗至 pH 至 4.0,加 10 倍量水,搅拌,用 40%氢氧化钠溶液调 pH 至 6.0,加入 0.5%活性炭,充分搅拌,50 ℃保温 30 min,加入 1 倍量乙醇搅拌均匀,立即滤过。滤液用盐酸(2 mol/L)调 pH 至 2.0,60 ℃保温 30 min,静置 2 h。滤过,沉淀用少量乙醇洗涤后,于 60 ℃以下干燥。

(2) 金银花、连翘提取物的制备:金银花、连翘加 5 倍量水浸渍 30 min,煎煮 2 次,每次 1 h,分次滤过,合并滤液,浓缩至相对密度为 1.20～1.25(70～80 ℃),放冷,缓缓加乙醇使含醇量达 75%,充分搅拌,静置 2 h。滤取上清液,回收乙醇至无醇味,加入 3～4 倍量水,调 pH 至 7.0,充分搅拌并加热至沸,静置 12 h。滤取上清液,浓缩至相对密度为 1.10～1.15(70～80 ℃),放冷,加入乙醇使含醇量达 85%,静置 2 h。滤取上清液,回收乙醇至无醇味,备用。

(3) 配液及成型:取黄芩提取物,加水适量,加热并用 40%氢氧化钠溶液调 pH 至 7.0使溶解,加入金银花、连翘提取液。加水至 100 mL,加入 0.5%活性炭,保持 pH7.0 加热微沸 15 min,冷却,滤过,加注射用水至 100 mL,灌封(每支 2 mL),灭菌,即得。

[功能与主治]

清热解毒,清宣风热。用于外感风热引起的发热、咳嗽、咽痛。适用于病毒及细菌感染的上呼吸道感染、肺炎、扁桃体炎、咽炎等。

[用法与用量]

静脉注射,一次 10～20 mL,一日 1～2 次。静脉滴注,每公斤体重 1 mL 的注射剂量,加入生理盐水、5%或 10%葡萄糖溶液中。肌注一次 2～4 mL,一日 2 次。

[质量要求]

(1) 性状

本品为红棕色澄明液体。

(2) 定性鉴别

① 取本品 10 mL,置水浴上蒸干,残渣加 85%乙醇 5 mL 使溶解,作为供试品溶液。另取黄芩苷、绿原酸对照品,分别加 85%乙醇制成每 1 mL 含 0.1 mg 的溶液,作为对照品溶液。吸取上述三种溶液各 1 μL,分别点于同一聚酰胺薄膜上,以 36%醋酸为展开剂,展开,取出,晾干,置紫外灯(365 nm)下检视。供试品色谱中,在与对照品色谱相应的位置上,显相同颜色的荧光斑点。

② 取本品 4 mL,置水浴上蒸干,残渣加甲醇 5 mL 使溶解,作为供试品溶液。另取连翘

对照药材 0.5 g,加甲醇 10 mL,热浸 1h,滤过,滤液作为对照药材溶液。吸取上述两种溶液各 2～5 μL,分别点于同一以羧甲基纤维素钠为黏合剂的硅胶 G 薄层板上,以氯仿-甲醇(8：1)为展开剂,展开,取出,晾干,喷以醋酐-硫酸(20：1)溶液,于 105 ℃烘数分钟。供试品色谱中,在与对照药材色谱相应的位置上,显相同颜色的斑点。

（3）检查

① 装量差异:取供试品 2 支,将内容物分别用干燥注射器抽尽,然后注入标定过的量具内,在室温下检视,每支的装量不得少于标示量。

② 澄明度:除另有规定外,照"澄明度检查细则和判断标准"的规定检查,应符合规定。

③ 无菌:依照《药典》(一部)附录ⅧB 无菌检查法检查,应符合规定。

④ 不溶性微粒:将本品按临床静脉滴注浓度配制后,依照《药典》(一部)附录ⅪR 注射剂中不溶性微粒检查法检查,应符合规定。

⑤ pH:依照《药典》(一部)附录Ⅶ G pH 检查法检查,应为 5.0～7.0。

⑥ 热原:依照《药典》(一部)附录ⅩⅢA 热原检查法检查,剂量按家兔体重 1 mL/kg 缓缓注射,应符合规定。

⑦ 蛋白质、鞣质、草酸盐、钾离子:依照《药典》(一部)附录Ⅸ注射剂有关物质检查法检查,应符合规定。

⑧ 炽灼残渣:取本品 10 mL,置已恒重的坩埚中,依照《药典》(一部)附录ⅨJ 炽灼残渣检查法检查,不得超过 1.5%(g/mL)。

⑨ 溶血与凝聚:取试管三支,分别加入供试品溶液 0.0、0.3、0.3 mL,然后分别加入生理盐水 2.5、2.2、2.2 mL 和 2%红细胞混悬液 2.5 mL,摇匀,迅速置 36.5±0.5 ℃的恒温箱中,开始每隔 15 min 观察一次,1 h 后,每隔 1 h 观察一次,一般观察 4 h,不得有溶血和凝聚现象。若有凝聚,可取其中加有供试液的一支试管振摇,凝聚物应能均匀分散。

（4）含量测定

用高效液相色谱法测定黄芩苷含量。以十八烷基硅烷键合硅胶为填充剂,甲醇-冰醋酸-水(48：1：52)为流动相,检测波长 276 nm。理论塔板数按黄芩苷峰计算,不低于 1 000。精密称取黄芩苷对照品,加 50%甲醇制成每 1 mL 含 0.2 mg 的溶液,对其作为对照品溶液。取本品 1 mL,置 50 mL 容量瓶中,加 50%甲醇稀释至刻度,摇匀,作为供试品溶液。精密吸取上述两种溶液各 8 μL 进样,分别量取峰面积,外标法计算含量。本品含黄芩苷不得少于 6.0 mg/mL。

四、预习要点及思考题

（1）影响中药注射液澄明度的因素有哪些? 可采取哪些措施提高产品的澄明度合格率?

（2）注射剂的质量要求主要包括哪些?

（3）黄芩提取物制备时,每次更换 pH 的目的是什么?

五、参考文献

[1] 张兆旺. 中药药剂学[M]. 北京:中国中医药出版社,2003.

[2] 刘汉清. 中药药剂学实验与指导[M]. 北京:中国医药科技出版社,2001.

[3] 崔福德. 药剂学(第六版)[M]. 北京:人民卫生出版社,2003.

（熊清平）

实验六　土霉素摇瓶发酵、提取及效价测定

一、实验目的

(1) 熟悉放线菌的微生物学特性及培养方法;

(2) 了解和掌握种子制备和摇瓶发酵技术和方法;

(3) 了解抗生素发酵的一般规律和代谢调控理论;

(4) 了解和掌握发酵产物的分离提取流程;

(5) 熟悉和掌握等电点法结晶的原理与方法;

(6) 熟悉和掌握树脂脱色的原理和操作技术;

(7) 熟悉和掌握常用的比色分析方法的操作技术。

二、实验原理

1. 土霉素的发酵

土霉素是四环类抗生素,其在结构上含有四并苯的基本母核,随环上取代基的不同或位置的不同而构成不同种类的四环素类抗生素,其结构如下:

不同的取代基所形成的四环素类名称见表7-7。

表7-7　四环素类抗生素的命名

名称	R^1	R^2	R^3	R^4	R^5
土霉素	H	OH	CH_3	OH	H
四环素	H	OH	CH_3	H	H
金霉素	Cl	OH	CH_3	H	H
去甲基金霉素	Cl	OH	H	H	H
多西环素	H	H	CH_3	OH	H
米诺环素	$N(CH_3)_2$	H	H	H	H
美他环素	H	$=CH_2$	–	OH	$CH_2(NH)CH(COOH)(CH_2)_4NH_2$

土霉素是由龟裂链丝菌产生的,属于放线菌中的链霉菌属,它们具有发育良好的菌丝体,菌丝体分支,无隔膜,直径约0.4~1.0 m,长短不一,多核。菌丝体有营养菌丝、气生菌丝和孢子丝之分,孢子丝再形成分生孢子。而龟裂链丝菌的菌落灰白色,后期生褶皱,成龟裂状。菌丝成树枝状分支,白色,孢子灰白色,柱形。

土霉素具有广谱抗菌性,能抑制多种细菌、较大的病毒及一部分原虫的生长,在浓度高的时候也具有杀菌的作用。它的作用机制是干扰蛋白质的合成。由于它的毒副作用小,所以在医疗上用途广泛,主要是应用于呼吸道和肠道感染。

2. 土霉素的提取

主要采用等电点沉淀法,其原理是利用土霉素具有两性化合物的性质,在其等电点时溶解度最小,从水溶液中结晶出来,以直接获取土霉素碱产品。

(1) 酸化

① 酸化过程采用草酸酸化,使菌丝中的土霉素释放出来并生成溶于水的盐,并且能析出草酸钙沉淀,从而去除发酵液中的钙离子,同时草酸钙能促进蛋白质的凝结,从而提高滤液的质量。另外,草酸属于弱酸,对设备的腐蚀性要比盐酸、硫酸小。

② pH 的控制:加入草酸的目的是释放菌丝中的单位,同时要保证土霉素的稳定性、成品的质量和提炼成本。目前,工业提炼的 pH 控制在 1.6~2.0 范围内,pH 过高对单位的释放不利,pH 过低会影响产品的质量,同时会增加产品的成本。

③ 发酵液的去杂:发酵中存在着许多有机和无机的物质,加入净化剂黄血盐和硫酸锌,利用二者的协同效应除去铁离子和蛋白质。

(2) 稀释

将发酵液进行适当的稀释,一般稀释 2~3 倍,有利于过滤脱色过程。

(3) 过滤

发酵液经过预处理后可用板框过滤机或真空抽滤瓶进行过滤,实现固液分离。工业上采用低单位滤液和草酸水洗顶洗滤饼,以提高收率。

(4) 脱色

采用 122# 树脂对滤液进行脱色。122# 树脂为阳离子交换树脂,处理为氢型树脂后,所带的氢离子与色素蛋白质中的氮、氧形成氢键,对过滤液中的色素有吸附作用,进行脱色。要求脱色液在 500 nm 下的透光率达 85% 以上(使用 721 型分光光度计测定脱色液的透光率)。

(5) 沉淀结晶

土霉素脱色液加入碱化剂,调 pH 到等电点附近,使土霉素从脱色液中直接沉淀出来。

① 碱化试剂的选择:碱化试剂一般有氢氧化钠、氨水、碳酸钠、亚硫酸钠。由于氢氧化钠碱性过强,单独使用会造成局部过碱,从而破坏土霉素,影响产品的质量;碳酸钠虽然有抗氧化性和脱色的作用,但是它的碱性较弱,调 pH 所用的量比较大;氨水的碱性比氢氧化钠弱,比碳酸钠强,并且价格比较便宜,使用量适中,所以氨水是最好的碱化试剂。碱化过程中所用的氨水含有 2%~3% 的亚硫酸钠,这样既能调 pH,又能起稳定的作用,同时还能脱色。

② pH 的控制:pH 不同,对产品的质量和产量会造成不同的影响。土霉素的等电点是 5.4。在等电点附近沉淀结晶比较完全,并且收率也比较高,但杂质的含量比较高,会影响产品的色泽和质量。所以一般控制 pH 在 4.4~4.8 的范围内。

(6) 离心分离、干燥

经过沉淀结晶后,结晶液进入到离心机中,进行固液分离,离心后的晶体再经过正压干燥,即得到了土霉素碱产品。

化学法测定土霉素的效价是利用土霉素能和三氯化铁反应呈现颜色的反应,符合比耳定律的性质进行的。由于土霉素中的酚基和三氯化铁反应呈褐色,在 480 nm 下用分光光度计测定吸光度值,可定量土霉素的含量。

三、仪器和试剂

1. 培养基

(1) 斜面高氏一号培养基

可溶性淀粉 2%、氯化钠 0.05%、硝酸钾 0.1%、三水磷酸氢二钾 0.05%、七水硫酸镁 0.05%、七水硫酸亚铁 0.001%、琼脂 1.5%~2.0%、pH 7.4~7.6。

(2) 母瓶培养基

淀粉 3%、黄豆饼粉 0.3%、硫酸铵 0.4%、碳酸钙 0.5%、玉米浆 0.4%、氯化钠 0.5%、磷酸二氢钾 0.015%、pH 7.0~7.2。

(3) 发酵培养基

淀粉 15%、黄豆饼粉 2%、硫酸铵 1.4%、碳酸钙 1.4%、氯化钠 0.4%、玉米浆 0.4%、磷酸二氢钾 0.01%、氯化钴 10 μg/mL、消泡剂 0.01%、淀粉酶 0.1~0.2%、pH 7.0~7.2。

2. 实验菌种

龟裂链丝菌。

3. 仪器

电子天平、酸度计、气浴恒温振荡器、离心机、型恒温磁力搅拌器、真空泵、蠕动泵、分光光度计、玻璃试管、试管架、吸管(1 mL、2 mL、10 mL)、洗耳球、离心管、容量瓶、烧杯、三角瓶(250 mL、500 mL)、量筒(250 mL、500 mL、1 000 mL)、玻璃棒、试纸、塑料漏斗、电炉、接种铲(针)、振荡培养箱、恒温箱、台秤等。

4. 试剂

草酸、七水合硫酸铜、六水合三氯化铁、黄血盐、氯化钾、氨水、亚硫酸钠、浓盐酸、硫代硫酸钠、土霉素碱标准品、122# 树脂。

四、实验步骤

1. 土霉素摇瓶发酵实验

(1) 斜面孢子的制备

无菌条件下,从冷藏的产生菌的斜面孢子中,刮取适量孢子涂在高氏斜面上,然后置 36.5~37 ℃ 的恒温箱培养 3 天,再置 30 ℃ 的恒温室培养 1 天。

(2) 种子的制备

① 摇瓶种子培养基的配制:按母瓶培养基成分配比,配制培养基,并加淀粉酶液化后再加入 $CaCO_3$,冷却后调 pH,分装,包装灭菌。

② 接种:在超净工作台上,将长好的斜面孢子用无菌接种铲挖块约 2 cm^2,接种于灭过菌的摇瓶种子培养基中。

③ 培养:将接种好的种子摇瓶于 30 ℃ 恒温室摇床上,转速为 230 r/min,培养 28 h 左右。

(3) 发酵

① 发酵瓶培养基的配制：制备方法同种子瓶。

② 接种：在超净工作台上，将培养 28 h 的摇瓶种子接种于发酵瓶中，接种量一般为 10%。

③ 培养：将接种后的发酵瓶于 30 ℃恒温室摇床上摇 6～7 天，转速为 230 r/min。

（4）发酵样的测定

① 发酵液状态观察：黏度、颜色、气味、菌丝形态。

② 发酵样品预处理：发酵瓶摇匀，将少量倒入小烧杯，测 pH。用 9 mol/L 的盐酸溶液酸化 pH 至 1.7～2.0 搅拌 10 min。取 5 mL 酸化液至 7 mL 离心管，4000 r/min 离心 4 min，取上清液，备测。

（5）发酵样品土霉素效价的测定（分光光度法）

① 土霉素标准曲线的绘制：用土霉素标准样配成 1 000 u/mL 的标准液，用 2 mL 移液管分别取标准液 0.4 mL、0.8 mL、1.0 mL、1.2 mL、1.4 mL、1.6 mL、1.8 mL 于试管中，加 0.01 mol/L 的盐酸至 10 mL，再加入 0.05% 的三氯化铁溶液 10 mL，摇匀，静置 20 min。另取样同上，加 0.01 mol/L 的盐酸使全量为 20 mL，摇匀，作为空白，在 480 nm 的波长下测定吸光度值，以土霉素效价为纵坐标，以吸光度值为横坐标绘制作标准曲线。

② 发酵液效价的测定：吸取滤液稀释适宜倍数（使稀释后效价在标准曲线范围内），用移液管取 1 mL 稀释液于试管中，准确加入 0.01 mol/L 的盐酸，使全量为 10 mL，再加入 0.05%（g/mL）的三氯化铁溶液 10 mL，使全量为 20 mL。另取 1 mL 稀释液，加入 0.01 mol/L 的盐酸 19 mL，使全量为 20 mL，摇匀，放置 20 min，作为空白，在 480 nm 的波长下测两种液体的吸光度。

③ 在发酵过程中取样分析菌体湿重和土霉素效价，记录两者随时间的变换曲线。

2. 土霉素的提取

（1）发酵液预处理

① 取少量发酵液，按前述发酵液效价的测定方法测出其效价。

② 取一定体积发酵液，边搅拌，边加入黄血盐 0.35%、硫酸锌 0.2%，并加入草酸酸化发酵液 pH 至 1.6～2.0，搅拌 30 min 后，再将酸化液取出少许，按酸化液效价的测定方法测定其效价并计算酸化收率。

（2）过滤

将酸化的发酵液稀释 1 倍，用真空抽滤瓶进行过滤，滤饼再用草酸水冲洗，测出滤液的体积。按滤液效价的测定方法测定其效价并计算过滤收率。

（3）脱色

① 树脂预处理：脱色采用 122# 树脂，使用前，要用 1 mol/L 的盐酸和氢氧化钠交替处理树脂，最后将树脂转化为氢型后，蒸馏水洗至近中性。用抽滤瓶抽干，一般按每克树脂处理 100 000 μg 的比例，根据滤液体积计算所用树脂，并称量待用。

② 树脂柱的装柱方法：将树脂柱的出口旋钮拧紧，往玻璃树脂柱中放入几个玻璃珠，以防脱色树脂漏出，再将称量好的树脂搅匀（树脂悬浮于水中），缓缓倒入树脂柱。注意装柱时树脂柱中不能有气泡，如有气泡应立即排出。脱色前后应注意不能使树脂处于干燥状态，否则树脂会失效。

③ 脱色时要注意前一段时间的脱色液不要收集，待其效价达到 2000 u/mL 以上时再收

集。测定脱色液体积、效价和 500 nm 下的透光率,并计算脱色收率。

（4）结晶

取一定量脱色液放入 4 个锥形瓶中,用氨水调 pH 为 4.6,恒温 30 ℃用磁力搅拌器搅拌,结晶,搅拌转数为 70 r/min,结晶 1 h。

（5）离心干燥

将结晶液离心,取上清液测定其在 500 nm 下透光率和效价,计算出结晶收率。湿晶体经过冲洗后,放入水分测定仪中进行干燥,测定干粉的质量,然后将干粉溶解于 1 000 mL 酸水中,测定其效价,计算干粉的效价及离心干燥收率。

3. 检测方法

（1）pH 的测定

① 测样品不宜在室温下放置时间过长,应当在取样 2 min 之内测定完,不能直接测定的样品应收样放入冰箱,如需测定时提前从冰箱中取出放至室温测定。

② 打开酸度计,调节温度补偿旋钮至室温。

③ 用 pH=6.86 和 pH=4.0 的缓冲液校准 pH 计。

④ 校准后,纯净水冲洗电极,将电极放入被测样中,待读数稳定后读数。

⑤ 测定样品后应该用纯净水冲洗电极。

（2）分光光度法测定土霉素效价

① 取中间样,稀释至适宜倍数（使稀释后效价在标准曲线范围内）,其他操作同发酵液效价的测定方法。

② 效价计算

将测定的吸光度值代入标准曲线方程,再乘以稀释倍数即得各步效价。

五、预习要求

（1）查阅资料,了解四环素的性质与应用;

（2）熟悉工艺路线,绘制土霉素发酵与提取的工艺流程图;

（3）设计实验数据记录表。

六、思考题

（1）论述次级代谢产物的发酵规律和代谢调节机制。

（2）简述微生物培养与细胞培养的区别。

（3）简述土霉素提取的其他工艺。

（4）等电点沉淀的原理是什么？举例说明它还可以用于哪些物质的提纯。

七、参考文献

[1] 邬行彦. 抗菌素生产工艺学[M]. 北京:化学工业出版社,1982.

[2] 顾觉奋. 抗生素[M]. 上海:上海科学技术出版社,2009.

[3] 高向东. 生物制药工艺学实验与指导[M],北京:中国医药科技出版社,2008.

[4] 齐香君. 现代生物制药工艺学[M],北京:化学工业出版社,2009.

（李　东）

实验七 卵磷脂的提取及脂质体的制备

一、实验目的

(1) 掌握卵磷脂的提取方法；

(2) 熟悉和掌握脂质体的制备原理与方法。

二、实验原理

卵磷脂即磷脂酰胆碱，是磷脂类药物中应用较广的品种之一，在磷脂类药物中除神经磷脂等少数成分外，其结构中大多含甘油基团，如磷脂酸、磷脂酰胆碱、磷脂酰乙醇胺、磷脂酰甘油、磷脂酰丝氨酸、溶血磷脂及缩醛磷脂等，故统称为甘油磷脂。卵磷脂主要存在于动物各组织及器官中，以脑、精液、肾上腺及红血球中含量最多，卵黄中含量高达 8%～10%，其在植物组织中(除大豆外)含量甚少。临床上用于治疗婴儿湿疹、神经衰弱、肝炎、肝硬化及动脉粥样硬化等。

卵磷脂是两性分子，可溶于含少量水的非极性溶剂中(但不易溶于水和无水丙酮)，可用含少量水的非极性溶(95%热乙醇)进行提取。新提取的卵磷脂为白色蜡状物，与空气接触后，其不饱和脂肪酸链被氧化而呈黄褐色。

脂质体是由磷脂与(或不与)附加剂为骨架膜材制成的具有双分子层结构的封闭囊状体。常见的磷脂分子结构中有两条较长的疏水烃链和一个亲水基团，将适量的磷脂加至水或缓冲溶液中，磷脂分子定向排列，其亲水基团面向两侧的水相，疏水的烃链彼此相对缔和为双分子层，构成脂质体。用于制备脂质体的磷脂有天然磷脂，如豆磷脂、卵磷脂等；合成磷脂，如二棕榈酰磷脂酰胆碱、二硬脂酰磷脂酰胆碱等。常用的附加剂为胆固醇。胆固醇也是两亲性物质，与磷脂混合使用，可制得稳定的脂质体，其作用是调节双分子层的流动性，减低脂质体膜的通透性。其他附加剂有十八胺、磷脂酸等，十八胺和磷脂酸两种附加剂能改变脂质体表面的电荷性质，从而改变脂质体的包封率、体内外其他参数。

脂质体可分为三类：小单室(层)脂质体，粒径为 20～50 nm，经超声波处理的脂质体，绝大部分为小单室脂质体；多室(层)脂质体，粒径约为 400～3 500 nm，显微镜下可观察到犹如洋葱断面或人手指纹的多层结构；大单室脂质体，粒径约为 200～1 000 nm，用乙醚注入法制备的脂质体多为这一类。

脂质体的制法有多种，根据药物的性质或需要进行选择。① 薄膜分散法：这是一种经典的制备方法，它可形成多室脂质体，经超声处理后得到小单室脂质体。此法优点是操作简便，脂质体结构典型，但包封率较低。② 注入法：有乙醚注入法和乙醇注入法等。乙醚注入法是将磷脂等膜材料溶于乙醚中，在搅拌下慢慢滴于 55～65 ℃含药或不含药的水性介质中，蒸去乙醚，继续搅拌 1～2 h，即可形成脂质体。③ 逆相蒸发法：系将磷脂等脂溶性成分溶于有机溶剂，如氯仿中，再按一定比例与含药的缓冲液混合、乳化，然后减压蒸去有机溶剂即可形成脂质体。该法适合于水溶性药物、大分子活性物质，如胰岛素等的脂质体制备，可提高包封率。④ 冷冻干燥法：适于在水中不稳定药物脂质体的制备。⑤ 熔融法：采用此法制备的多相脂质体，其物理稳定性好，可加热灭菌。

在制备含药脂质体时，根据药物装载的机理不同，可分为主动载药与被动载药两大类。所谓"主动载药"，即通过内外水相的不同离子或化合物梯度进行载药，主要有 $K^+ - Na^+$ 梯度和 H^+ 梯度（即 pH 梯度）等。传统上，人们采用最多的方法是被动载药法。所谓被动载药，即首先将药物溶于水相或有机相（脂溶性药物）中，然后按所选择的脂质体制备方法制备含药脂质体，其共同特点是：在装载过程中脂质体的内外水相或双分子层膜上的药物浓度基本一致，决定其包封率的因素为药物与磷脂膜的作用力、膜材的组成、脂质体的内水相体积、脂质体数目及药脂比（药物与磷脂膜材比）等。对于脂溶性的、与磷脂膜亲和力高的药物，被动载药法较为适用。而对于两性药物，其油水分配系数受介质的 pH 和离子强度的影响较大，包封条件的较小变化，就有可能使包封率有较大的变化。

评价脂质体质量的指标有粒径、粒径分布和包封率等，其中脂质体的包封率是衡量脂质体内在质量的一个重要指标。常见的包封率测定方法有分子筛法、超速离心法、超滤法等，本实验采用阳离子交换树脂法测定包封率。"阳离子交换树脂法"是利用离子交换作用，将带正电的未包进脂质体中的药物（即游离药物），如本实验中的游离的小檗碱，被阳离子交换树脂吸附除去；而包封于脂质体中的药物（如小檗碱），由于脂质体荷负电荷，不能被阳离子交换树脂吸附，从而达到分离目的，用以测定包封率。

三、仪器、材料和试剂

250 mL 烧杯、玻璃棒、滤纸、布氏漏斗、真空泵、50 mL 烧杯、100 mL 量筒、水浴锅、磁力搅拌器、阳离子交换树脂、真空干燥箱、5 mL 注射器、50 mL 容量瓶、10 mL 容量瓶、紫外分光光度计。

鸡蛋、丙酮、乙醇、乙醚、盐酸小檗碱、磷酸氢二钠、磷酸二氢钠、95%乙醇。

四、实验步骤

1. 卵磷脂的提取

（1）称取 50.0 g 蛋黄，置于 250 mL 烧杯中，加入 3 倍量的丙酮，搅拌 1 h，过滤，滤饼用丙酮洗涤 2～3 次。

（2）滤饼用 3 倍体积的乙醇冷浸渍提取 3 次，合并滤液，减压回收乙醇，趁热放出浓缩液，得卵磷脂粗品。

（3）浓缩液放冷至室温，加入相当于粗品 0.5 倍体积的乙醚，不断搅拌，放置 0.5 h，等到白色不溶物完全沉淀，过滤，取滤液于剧烈搅拌下加入 1.5 倍体积的丙酮，析出沉淀，滤除溶剂，得膏状物，丙酮洗涤两次，真空干燥得卵磷脂成品。

2. 被动载药法制备盐酸小檗碱脂质体

（1）处方

卵磷脂，0.6 g；胆固醇，0.2 g；无水乙醇，1～2 mL；盐酸小檗碱溶液（1 mg/mL），30 mL。

（2）制法

① 磷酸盐缓冲液（PBS）的配制：称取磷酸氢二钠（$Na_2HPO_4 \cdot 12H_2O$）0.37 g 与磷酸二氢钠（$NaH_2PO_4 \cdot 2H_2O$）2.0 g，加蒸馏水适量，溶解并稀释至 1 000 mL（pH 约为 5.7）。

② 盐酸小檗碱溶液的配制：称取适量的盐酸小檗碱溶液，用磷酸盐缓冲液配成 1 mg/mL

浓度的溶液。

③ 称取处方量磷脂、胆固醇于 50 mL 小烧杯中,加无水乙醇 1～2 mL,置于 65～70 ℃水浴中,搅拌使溶解,旋转该小烧杯使磷脂的乙醇液在杯壁上成膜,用吸耳球轻吹风,将乙醇挥去。

④ 另取盐酸小檗碱磷酸盐缓冲液 30 mL 于小烧杯中,同置于 65～70 ℃水浴中,保温,待用。

⑤ 取预热的盐酸小檗碱磷酸盐缓冲液 30 mL,加至含有磷脂和胆固醇脂质膜的小烧杯中,65～70 ℃水浴中搅拌水化 10 min。随后将小烧杯置于磁力搅拌器上,室温搅拌 30～60 min,如果溶液体积减少,可补加水至 30 mL,混匀,即得。

⑥ 取样,在油镜下观察脂质体的形态,画出所见脂质体结构,记录最多和最大的脂质体的粒径;随后将所得脂质体溶液通过 0.8 μm 微孔滤膜两遍,进行整粒,再于油镜下观察脂质体的形态,画出所见脂质体结构,记录最多和最大的脂质体的粒径。

注意:

① 在整个实验过程中禁止用火。

② 磷脂和胆固醇的乙醇溶液应澄清,不能在水浴中放置过长时间。

③ 磷脂、胆固醇形成的薄膜应尽量薄。

④ 60～65 ℃水浴中搅拌水化 10 min 时,一定要充分保证所有脂质水化,不得存在脂质块。

(3) 盐酸小檗碱脂质体包封率的测定

① 阳离子交换树脂分离柱的制备:称取已处理好的阳离子交换树脂适量,装于底部已垫有少量玻璃棉的 5 mL 注射器筒中,加入 PBS 水化阳离子交换树脂,自然滴尽 PBS,即得。

② 柱分离度的考察。

(a) 盐酸小檗碱与空白脂质体混合液的制备:精密量取 3 mg/mL 盐酸小檗碱溶液 0.1 mL,置小试管中,加入 0.2 mL 空白脂质体,混匀,即得。

(b) 对照品溶液的制备:取(1)中制得的混合液 0.1 mL 置 10 mL 量瓶中,加入 95%乙醇 6 mL,振摇使之溶解,再加 PBS 至刻度,摇匀,过滤,弃去初滤液,取续滤液 4 mL 于 10 mL 量瓶中,加 PBS 至刻度,摇匀,得对照品溶液。

(c) 样品溶液的制备:取(1)中制得的混合液 0.1 mL 至分离柱顶部,待柱顶部的液体消失后,放置 5 分钟,仔细加入 PBS(注意不能将柱顶部离子交换树脂冲散),进行洗脱(约需 2～3 mL PBS),同时收集洗脱液于 10 mL 量瓶中,加入 95%乙醇 6 mL,振摇使之溶解,再加 PBS 至刻度,摇匀,过滤,弃取初滤液,取续滤液为样品溶液。

(d) 空白溶媒的配制:取乙醇(95%)30 mL,置 50 mL 容量瓶中,加 PBS 至刻度,摇匀,即得。

(e) 吸收度的测定:以空白溶媒为对照,在 345 nm 波长处分别测定样品溶液与对照品溶液的吸收度,计算柱分离度。分离度要求大于 0.95。

$$柱分离度 = 1 - \frac{A_{样}}{A_{对} \times 2.5}$$

式中:$A_{样}$为样品溶液的吸收度;$A_{对}$为对照品溶液的吸收度;2.5 为对照品溶液的稀释倍数。

③ 包封率的测定

精密量取盐酸小檗碱脂质体 0.1 mL 两份,一份置 10 mL 量瓶中,按柱分离度考察项下②进行操作,另一份置于分离柱顶部,按柱分离度考察项下③进行操作,所得溶液于 345 nm 波长处测定吸收度,按下式计算包封率。

$$包封率(\%)=\frac{A_L}{A_T}\times100\%$$

式中:A_L 为通过分离柱后收集脂质体中盐酸小檗碱的吸收度;A_T 为盐酸小檗碱脂质体中总的药物吸收度。

3. 实验记录

(1) 记录每步实验现象;

(2) 计算卵磷脂提取收率;

(3) 记录并计算脂质体的包封率。

五、预习要求

(1) 查阅资料,了解卵磷脂的基本性质与应用;

(2) 熟悉工艺路线,画出实验流程;

(3) 熟悉脂质体的制备方法。

六、思考题

(1) 说明以脂质体作为药物载体的机理和特点,讨论影响脂质体形成的因素。

(2) 如何提高脂质体对药物的包封率?

(3) 包封率测定方法如何选择?本实验所用的方法与"分子筛法"、"超速离心法"相比,有何优缺点?

七、参考文献

[1] 齐香君. 现代生物制药工艺学[M]. 北京:化学工业出版社,2003.

[2] 王冬梅. 生物化学实验指导[M]. 北京:科学出版社,2009.

[3] 崔福德. 药剂学实验指导[M]. 北京:人民卫生出版社,2007.

[4] 药剂学专论实验. 沈阳药科大学.

(李　东)

第八章 制药工程设计性实验

【本章提要】

设计型实验是指给定实验目的、要求和条件,由实验者自行设计实验方案并加以实现的实验,通过该实验训练,培养操作者的逻辑思维、科学思维和创新思维,从而将理论知识灵活地运用于实践中。本章内容还包括药品生产过程中的局部工艺设计,旨在对药品生产过程中各单元操作有系统了解后,通过工艺计算和设计,强化工程化意识的训练,使读者具备制药工程师的基本工程素质。

设计一 布洛芬合成路线的选择与制备

一、设计目的

(1) 了解解热镇痛药布洛芬的合成方法;
(2) 熟悉相关专业文献的查阅与应用;
(3) 掌握药物合成路线的比较与选择原则。

二、设计指导

药物生产工艺路线是药物生产技术的基础和依据,它的技术先进性和经济合理性是衡量生产技术水平高低的尺度。布洛芬是一种常见的解热镇痛药,其结构虽然简单,但合成以异丁苯或 4 位取代的异丁苯为原料,可以形成 5 类 27 条路线之多,每条路线中又有不同的化学反应可用来组合,因此如何选择和设计药物合成路线是实现药物生产的关键。布洛芬结构如下:

三、设计要求

以 4-异丁基苯乙酮为原料,通过查阅相关资料,达到下列要求。

(1) 列出合理的合成路线,并根据绿色合成工艺要求,选择其中一种合成路线,提交实验的设计方案,包括:① 合成路线选择依据;② 所需实验仪器及药品;③ 合成路线中单元反应的原理及可能的副反应;④ 实验步骤等。由实验指导老师汇总后组织学生进行讨论,最后根据实验的可行性确定其中 1~2 套切实可行的实验方案进行实验验证。

(2) 学生根据上述已确定的方案写出具体的实验操作流程图,然后根据实验内容选择合适的仪器和药品,并完成该药物的全合成。

（3）实验结束后，实验报告以小论文的形式上交，内容包括前言，实验，结果与讨论，结论，参考文献等。

四、思考题

（1）药物合成路线选择的依据是什么？理想的合成路线应该具备哪些条件？
（2）在实验过程中，如何提高实验收率？

五、参考文献

计志忠. 化学制药工艺学[M]. 北京：中国医药科技出版社，1998.

（吴　洁）

设计二　大蒜素矫味制剂的设计及制备与评价

一、设计目的

（1）掌握药物制剂的主要矫味方法及相关原理；
（2）熟悉实验设计的基本步骤及原理。

二、设计指导

药物制剂在临床使用过程中，常因药物的不良气味导致患者不宜耐受，限制了药物的临床推广及应用，矫味是此类药物推广应用的主要手段之一。从药物制剂学的设计角度来考虑，药物矫味的方法主要有加入矫味剂（甜味剂、胶浆矫味剂，泡腾矫味剂）、药物包衣、药物微囊化、药物包合等。

天然大蒜素是从葱科葱属植物大蒜（*Allium sativum* L.）的鳞茎（大蒜头）中提取的一种有机硫化合物，具有抑菌杀菌、诱食增食、调节血脂、解毒保健等作用。当前，许多厂家将其制备成胶囊应用于深部真菌和细菌感染的治疗，疗效显著。然而，其特有的不良味道让许多患者不能耐受，矫正其不良气味是该药物临床推广需解决的关键问题之一。

三、设计要求

本设计要求以大蒜素为不良味道药物的代表，通过查阅相关文献，达到如下设计要求：
（1）熟悉常见的药物矫味方法及原理；
（2）根据大蒜素的性质，设计一种合理的矫味方法及其质量评价指标，并提交实验设计方案；
（3）筛选实验所需药品及设计实验步骤，在此基础上制备并评价该矫味产品。

四、预习要点及思考题

（1）药物常见矫味方法及机理有哪些？
（2）药物制剂矫味效果的评价方法有哪些？

（熊清平）

设计三 白藜芦醇口服液的设计及制备

一、设计目的

(1) 掌握口服液处方设计方法及原理;

(2) 掌握药物制剂抗氧化的设计方法及原理;

(3) 掌握药物增溶的设计方法及原理。

二、设计指导

白藜芦醇是植物体内产生的天然二苯乙烯类多酚物质,因其抑制癌细胞、降低血脂、防治心血管疾病、抗氧化以及延缓衰老等方面作用明显,而成为继紫杉醇之后又一新的绿色抗癌药物。目前此物质已广泛用于食品、医药保健品等行业,市场需求量大。然而,由于白藜芦醇在化学结构上有三个酚羟基,极易氧化分解,且水溶性差,因此,需在不影响其自身药理活性的基础上,通过合理剂型的设计,实现白藜芦醇的增溶及抗氧化,并将该药物制备成口服液。白藜芦醇的化学结构如图 8-1。

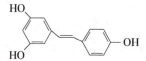

图 8-1 白藜芦醇结构图

三、设计要求

本设计要求以白藜芦醇为研究对象,通过查阅相关文献,达到如下要求:

(1) 熟悉常见的口服液制剂的制备工艺,抗氧化和增溶的方法及机理;

(2) 根据该药物性质,设计相应的制剂处方、制备工艺及质量评价方法,并提交实验设计方案;

(3) 制备白藜芦醇口服液并对该口服液进行质量评价。

四、预习要点及思考题

(1) 药物常见增溶方法及机理有哪些?

(2) 药物制剂抗氧化的方法及机理有哪些?

(熊清平)

设计四 硝苯地平缓、控释制剂的设计及制备

一、设计目的

(1) 掌握药物缓、控释制剂设计的基本原理;

(2) 掌握药物缓、控释制剂设计的基本思路及方法。

二、设计指导

药物缓释制剂系指用药后能在较长时间内持续释放药物以达到长效作用的制剂。药物释放主要是一级释放动力学过程，对于注射型制剂，药物释放可持续数天至数月；口服制剂的持续时间根据其在消化道的滞留时间，一般以小时计。

控释制剂系指药物能在预定的时间内自动以设定速度释放，使血药浓度长时间恒定维持在有效浓度范围的制剂。广义地讲，控释制剂包括控制释药的速度、方向和时间，靶向制剂、透皮吸收剂等都属于控释制剂的范畴。狭义的控释制剂一般是指在预定的时间内以零级或接近零级速度释放药物的制剂。

三、设计要求

（1）以硝苯地平为代表，通过查阅相关文献，熟悉其常见的药物缓、控释制剂的方法及机理；

（2）根据硝苯地平的性质，设计一种硝苯地平的合理缓释制剂剂型，并写出相应的设计方案、制备工艺及其质量评价方法；

（3）制备并评价该缓释制剂。

四、预习要点及思考题

（1）药物缓、控释制剂的基本原理有哪些？
（2）药物缓、控释制剂的评价方法有哪些？

五、参考文献

卓超，沈永嘉. 制药工程专业实验[M]. 北京：高等教育出版社，2007.

（熊清平）

设计五　甲磺酸培氟沙星甲基化工段工艺设计

一、设计目的

（1）熟悉原料药生产车间工艺设计的内容和一般流程；
（2）掌握化学原料药合成带控制点工艺流程图的绘制；
（3）掌握物料衡算和能量衡算的基本方法；
（4）熟悉设备选型和车间布置的基本原则。

二、设计指导

甲磺酸培氟沙星是喹诺酮类抗菌药，具有光谱抗菌作用，其合成以诺氟沙星作为起始原料，经过甲基化、成盐、精制等步骤而成，合成路线如下：

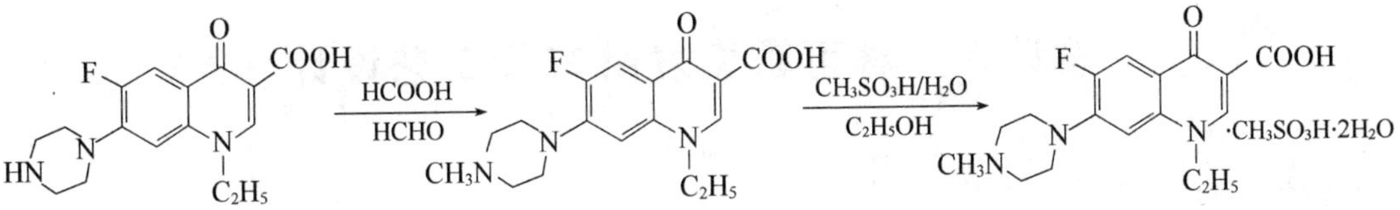

甲基化工艺过程如下：

依次向甲基化罐中加入诺氟沙星、甲酸和甲醛，加热至 100 ℃，开始回流 2 h；降温至 80 ℃加入活性炭，再升温至 100 ℃，回流 0.5 h；降温至 60 ℃，加入乙醇，搅拌 5 min 后放料，趁热压滤至中和罐（表 8-1）。

表 8-1　甲基化工段原料配比

原料名称	规格	重量比
诺氟沙星	含量≥98.0%	1
甲酸	含量≥85.5%	1.8
甲醛	含量≥36.7%	1.08
活性炭	药用级	0.05
乙醇	含量 80.5%	0.86

三、设计任务

甲磺酸培氟沙星甲基化产物的年产量为 100 吨，产物纯度为 95%，甲基化收率为 90%，活性炭损失率为 15%，反应转化率为 99%。年工作日为 330 天，每天 3 班，每班 8 小时。

四、设计要求

(1) 根据给出的合成路线和工艺条件，绘制该合成工段工艺流程框图；

(2) 进行物料衡算和能量衡算，根据衡算结果对主要设备进行计算和选型；

(3) 在上述流程框图的基础上，进一步明确该合成过程的工艺控制点，并用 auto CAD 绘制该合成工段带控制点的工艺流程图（2 号图纸）；

(4) 对该合成工段的车间进行合理布置，并用 auto CAD 绘制出车间平面布置图（2 号图纸）；

(5) 写出完整的设计说明书。

四、思考题

(1) 原料药合成车间设计包括几个部分？

(2) 工艺流程框图和带控制点的工艺流程图有何区别？

五、参考文献

张珩，张秀兰，李忠德. 制药工程工艺设计[M]. 北京：化学工业出版社，2013.

（吴　洁）

设计六　林可霉素发酵车间工艺设计

一、设计目的

(1) 熟悉生物原料药生产车间工艺设计的内容和一般流程；
(2) 掌握抗生素发酵车间工艺设计的基本原则和特点；
(3) 掌握抗生素发酵车间工艺设计的基本步骤和主要内容。

二、设计指导

抗生素(antibiotics)是最初曾被命名为抗菌素,抗致病微生物药物中的一个重要部分,其含义是指微生物在生长过程中为了生存竞争的需要所产生的在低浓度下选择性抑制或杀灭其他微生物的化学物质或其衍生物。林可霉素(lincomycin),又称洁霉素,由 *Streptmyces lincolnensis* 产生的抗生素,含有烷基-6-氨基-6,8-二脱氧-1-S-D-赤式-α-D-半乳-辛吡喃糖苷分子,并通过酰胺键与脯氨酸相连。对多数革兰阳性球菌有较好作用,特别对厌气菌、金葡菌及肺炎球菌有高效,且耐药性发展较慢,对呼吸系统、骨骼和软组织的感染幽较好的疗效,已成为临床主要抗生素之一,其结构式如图 8-2。

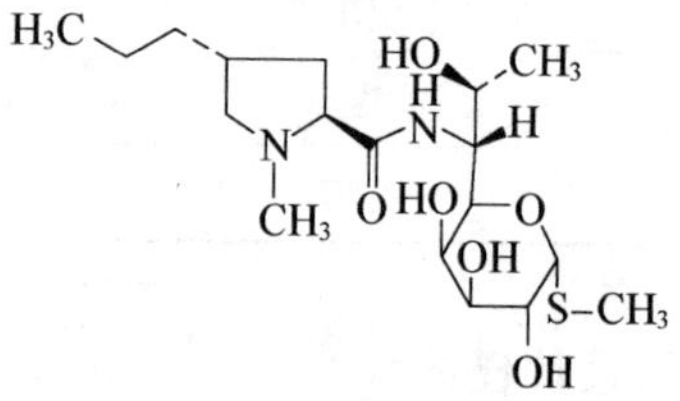

图 8-2　林可霉素结构

其发酵工艺通常采用三级发酵工艺,即一级发酵(小罐发酵)、二级发酵、三级发酵。

三、设计任务

盐酸林可霉素的年产量为 200 吨,总收率为 0.6%,盐酸林可霉素中含有游离林可霉素的百分含量为 82.5%,每千克盐酸林可霉素中含有 8.42×10^8 单位的林可霉素,通气损失率控制在 6%。年工作日 300 天,每天 3 班,每班 8 小时。

一级发酵为 2~3 天,二级发酵为 1 天。一、二级发酵主要在机器搅拌下进行种子培养,种子培养过程中需要使用无菌空气。三级发酵是整个发酵过程中最关键的一级。

四、设计要求

(1) 通过查阅资料确定发酵基础料配比及三级发酵的放大比例；
(2) 根据给出的发酵工艺条件,绘制发酵工段工艺流程框图；
(3) 进行物料衡算和能量衡算,根据衡算结果对主要设备进行计算和选型；
(4) 在上述流程框图的基础上,进一步明确该合成过程的工艺控制点,并用 auto CAD 绘制该合成工段带控制点的工艺流程图(2 号图纸)；
(5) 对该合成工段的车间进行合理布置,并用 auto CAD 绘制出车间平面布置图(2 号图纸)；
(6) 写出完整的设计说明书。

五、思考题

(1) 抗生素发酵车间设计包括几个部分?

(2) 工艺流程框图和带控制点的工艺流程图有何区别?

(3) 抗生素发酵工艺与化学药合成工艺之间有哪些区别?

六、参考文献

[1] 张珩,张秀兰,李忠德. 制药工程工艺设计[M]. 北京:化学工业出版社,2013.

[2] 李红德,王冰,路建同,宋秋. 推理选育林可霉素高产菌株[J]. 解放军药学学报,2005,21(5):386-388.

[3] 华北制药厂厂志编辑委员会. 华北制药厂厂志1953-1990年[M]. 石家庄:河北人民出版社,1995,pp.238.

[4] 聂慧娟. 洁霉素发酵过程控制系统的设计[D]. 南昌:南昌大学硕士学位论文,2008.

[5] 刘路. 盐酸林可霉素提炼工艺发展展望[J]. 安徽化工,1999,(5):13-14.

[6] 余龙江. 生物制药工厂工艺设计[M]. 北京:化学工业出版社,2008.

(喻春皓)

设计七　奥美沙坦酯片剂车间工艺设计

一、设计目的

(1) 掌握药物制剂车间工艺设计的基本原则和特点;

(2) 掌握药物制剂车间工艺设计的主要内容和基本步骤;

(3) 了解药物制剂与原料药车间工艺设计的异同。

二、设计指导

药物制剂指为适应治疗或预防的需要,将某一具体药物按照一定的剂型要求所制成的,可以最终提供给用药对象使用的药品,因此,其车间排布、工艺流程设计、设备选型、物料衡算等与原料药物存在明显差异。药物制剂车间工艺设计除考虑产品制备的技术工艺流程外,还需综合考虑生产过程的易操作性和成品安全性,严格遵照 GMP 和《洁净厂房设计规范》等标准进行设计,合理划分不同洁净区域,加强人、设备和原材料的洁净管理,严格控制人流和物流走向,避免交叉污染。

奥美沙坦酯为一种较理想的抗高血压药物,对各型高血压均有较好疗效,其突出特点是半衰期较长,可以在一天内有效控制血压,因此,服用较为方便。同时,该药与其他的血管紧张素 II 受体拮抗剂类药物相比,具有剂量小、起效快、降压作用更强而持久、不良反应的发生率低等明显优点。此外,奥美沙坦对动脉硬化、心肌肥厚、心力衰竭、糖尿病、肾病等均具有较好作用。奥美沙坦酯片为当前临床心脑血管疾病的常用药物制剂之一,其制备的相关参数如下:

(1) 每片含有奥美沙坦酯 20 mg；

(2) 奥美沙坦酯片的制备处方：奥美沙坦酯，100 g；淀粉，21 g；糊精，21 g；羧甲基淀粉钠，6 g；微粉硅胶，1 g。

(3) 奥美沙坦酯片的制备工艺流程：奥美沙坦酯与淀粉、糊精均匀混合制成软材，过 14 目尼龙筛制湿粒，60～65 ℃烘干，14 目整粒，然后与羧甲基淀粉钠、微粉硅胶混匀，半成品检验，压片，成品质检，包装；

(4) 奥美沙坦酯纯度为 98.5%，淀粉纯度为 96%，糊精纯度为 95%，羧甲基淀粉钠纯度为 98%，微粉硅胶纯度为 97%；

(5) 车间制备过程中，原材料损失量为 3%，产品总收率为 97%；

(6) 年生产量 1.5 亿片，年工作日 250 天，每天 1 个班次，每班次实际生产时间为 8 h。

三、设计要求

本设计要求以临床常用片剂剂型为代表，奥美沙坦酯片为研究对象，根据相关技术资料，并查阅相关文献，达到如下设计要求：

(1) 结合奥美沙坦酯片的制备工艺流程图，遵照 GMP 和《洁净厂房设计规范》等标准，设计和绘制车间生产工艺流程图及洁净区域划分；

(2) 根据剂型处方、产品含量、原材料纯度、车间工作参数等衡算每班次所需物料；

(3) 根据物料衡算数据完成设备选型；

(4) 根据车间生产工艺流程图、洁净区域划分及设备选型，遵照 GMP 和《洁净厂房设计规范》等标准，绘制车间平面布置图。

四、预习要点及思考题

(1) 药剂制剂车间工艺设计的基本原则是什么？

(2) 药剂制剂车间与原料药车间设计的异同有哪些？

五、参考文献

[1] 张绪峤. 药物制剂设备与车间工艺设计[M]. 北京:中国医药科技出版社,2000.

[2] 张洪斌. 药物制剂工程技术与设备[M]. 北京:化学工业出版社,2009.

（熊清平）

第四篇　药理实验基础

第九章　药理学实验基本知识

【本章提要】

本章内容主要介绍了药理学基本知识,包括实验动物的选择、取血、处死、麻醉、给药剂量确定及实验设计方法等,通过对该部分内容的了解,进一步明确药理学活性与药物质量之间的关系,了解药理学在阐明药物作用机理、提高药物质量及其疗效方面的作用,为研究开发新药、发现药物新用途及其他生命科学的研究奠定基础。

一、动物实验基本知识与技术

1. 实验动物的选择

首先应根据实验目的选择动物,其次要考虑动物的来源、饲养及价格等方面的因素。选择实验动物的原则是应选择对被试药物或被研究物质最敏感的动物作为实验对象,实验动物选择不当,则可导致实验得出不正确的、甚至相反的结论。

(1) 小白鼠

是药理学实验中应用最广泛的实验动物。特别适用于需要大量动物的药物筛选、半数致死量测定、药效评价等实验研究。因其繁殖能力强,妊娠期仅为 21 天,因而也常用于避孕药的研究。由于其器官易发实质性损害,常用于致畸、致癌药及抗癌药的研究。

(2) 大白鼠

也是较常用的实验动物,常用于亚急性和慢性毒性实验。大鼠的血压反应比家兔好,常用来直接描记血压,进行降压药的研究。它的垂体-肾上腺系统功能发达,可用于应激反应和肾上腺、垂体及卵巢等内分泌实验。大鼠无胆囊,因此用其做胆管插管收集胆汁,进行消化药的研究。大鼠的踝关节对炎症反应敏感,也用于治疗关节炎的药物研究。

(3) 青蛙和蟾蜍

青蛙和蟾蜍为冷血动物,又经济易得,其离体心脏对维持其正常功能的环境条件要求低,在人工营养液、室温、pH 及渗透压接近它的血液等简单条件下,蛙心即能节律性搏动很久,因此常用于强心药物的实验;其腓肠肌和坐骨神经可用来观察药物对周围神经、横纹肌或神经肌肉接头的作用;其腹直肌还可用于检测胆碱能神经系统药物的作用。

(4) 豚鼠

豚鼠对组织胺等收缩支气管物质很敏感,常用于平喘药及抗组织胺药的研究,以及进行过敏反应及免疫方面的实验。又因豚鼠对结核分枝杆菌较敏感,也用于抗结核药物的实验研究。

(5) 家兔

家兔驯服、易得，且便于静脉注射和灌胃给药，因而广泛用于科研教学中。其常用于直接描记呼吸、血压的药效学实验及进行卵巢、胰岛等内分泌实验。家兔心脏在离体情况下可搏动很久，是观察药物对哺乳动物心脏直接作用较合适的模型。家兔体温变化敏感，常用于体温实验及热源检查。

（6）猫

猫有较发达的神经系统和循环系统，常用于如去大脑僵直，姿势反射实验；观察刺激交感神经、瞬膜及虹膜的反应实验，阿托品解除毛果芸香碱作用等实验。猫血压比较稳定，观察血压反应时猫优于兔，因此猫也用于心血管及镇咳药物实验。

（7）狗

狗具有发达的血液循环和神经系统，以及基本与人相似的消化过程，因此是药理学研究中常用的动物之一，可用于如药物对心血管作用的实验。同时由于动物较大，可用于同时记录多项指标，如血压、心电、心音、呼吸及血流量等的实验。也可用于条件反射、高血压等慢性实验，手术造胃瘘、肠瘘以观察药物对胃肠蠕动、分泌及消化过程的影响等实验。

不同种类动物对药物的反应是有差异的，不同药效反应在一定程度上可阐明药物作用机制。因此，对一些药理作用尚不清楚的药物进行研究时，最好选用几种不同动物进行实验。宜从小动物开始，然后在如狗等大动物身上进行反复验证。

2. 实验设计原则

（1）随机原则

按照机遇均等的原则进行分组。其目的是使一切干扰因素造成的实验误差减少，不受实验者主观因素或其他因素的影响。

（2）对照原则

空白对照（指在不加任何处理的条件下进行观察对照）；阴性对照也称假处理对照（给予生理盐水或不含药物的溶媒）；阳性对照也称标准对照（指以已知经典药物在标准条件下与实验药进行对照）。

（3）重复原则

能在类似的条件下，把实验结果重复出来，才能算是可靠的实验，重复实验除增加可靠性外，也可以了解实验变异情况。

3. 实验动物的编号

根据动物的种类、数量和观察时间长短等因素来选择适当的标记方法。实验用动物小鼠，一般用量大，每笼共养个体数多，外表无显著特征可供区别，故需采用特殊的标记方法加以区别。良好的标记方法应满足标号清晰、耐久、简便和实用的要求。常用的方法有染色法、耳缘剪孔法、烙印法和号牌法，染色法最常用。

常的化学染色剂有：① 3%~5%的苦味酸溶液（黄色）；② 2%的硝酸银溶液（咖啡色）；③ 0.5%的中性红溶液（红色）。实验中应用最普遍的是苦味酸染色剂，标记方法如图9-1和表9-1所示。此方法可标出1~999个编号，充分满足药理学教学与科研的需求。

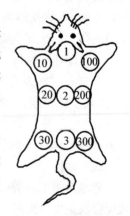

图9-1　编号标记图

表9-1 编号标记图示表

编号	1	2	3	4	5	6	7	8	9	13	26	105	947
标记	①	②	③	①③	②③	①②③	①②	②③	①②③	⑩③	①②⑳	⑩⑩②③	⑩①⑩②⑳②⑳③⑩

4. 实验动物的抓取与固定

在进行动物实验时,首先要限制动物的活动,使其保持安静状态,以便操作和准确记录动物的反应情况,同时还要防止被动物咬伤,并保证动物不受伤害,这就需要掌握合理抓取、固定实验动物的方法。

(1) 小鼠

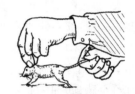

小鼠性情比较温顺,但抓取时动作也要轻缓。通常是用右手抓住小鼠尾部,将其放在鼠笼盖或其他粗糙表面上,在小鼠向前爬行时,迅速用左手拇指和食指抓住其双耳及颈后部皮肤,如图9-2所示,将小鼠置于左手掌心中,再用无名指和小指将小鼠尾压在手掌上,即可将小鼠完全固定。此时,可进行腹腔注射、采腹腔液、测肛温、作阴道涂片等操作。

图9-2 小鼠的抓取与固定

(2) 大鼠

大鼠的牙齿尖锐,在惊恐或激怒时易将操作者手指咬伤,故在抓取时要小心。抓鼠时右手轻轻抓住大鼠尾巴向后拉,左手抓紧大鼠头、颈部皮肤,并将鼠固定在左手中,此时即可进行腹腔注射、灌胃等操作。如要做尾静脉取血、注射等操作,可将鼠置于使用台上,用玻璃钟罩扣住或置于大鼠固定盒内,露出尾部,其他较精细的操作应在乙醚麻醉下进行。

(3) 豚鼠

豚鼠胆小易惊,抓取时必须稳、准、迅速,先用手掌迅速扣住豚鼠背部,抓住豚鼠肩胛上方,以拇指和食指扣住颈部,其余手指握持躯干,即可轻轻提起、固定。对于体重大的豚鼠,要用另一只手托住臀部。

(4) 家兔

家兔比较驯服,但前爪较尖,应避免抓伤。家兔的抓取方法一般是用一只手抓住兔的颈部将兔提起,然后用另一只手托其臀部。不能采取单手抓提家兔双耳、腰部或四肢的方法,以免造成双耳、颈椎或双肾的损伤。家兔固定方法可根据实验需要而定。如进行兔耳静脉取血、注射或观察兔耳血管变化,可采用盒式固定方法。如要作测量血压、呼吸等实验或手术时,需将兔固定在手术固定台上,并将兔置于仰卧位(图9-3),其头部要固定。

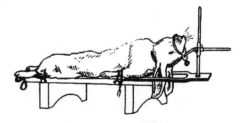

图9-3 兔的台式固定法

5. 实验动物的给药途径和方法

实验动物的给药途径和方法有很多种,可根据实验目的、动物种类和药物剂型、剂量确定。

（1）皮下注射法

皮下注射时用左手拇指和食指轻轻提起动物皮肤,右手持注射器将针头斜刺入皮下,刺穿皮肤后,平行再进入针头的2/3,若见针头能在皮下摆动则证明针头已到达给药位置,可推注药液。皮下注射进针的部位,一般在小鼠腹部两侧,大鼠为背部或下腹部两侧,豚鼠在后大腿内侧或下腹部,家兔为背部或耳根部,狗、猫则常选用大腿外侧。

（2）肌肉注射法

肌肉注射一般选用肌肉发达、无大血管经过的部位。注射时要将针头垂直快速刺入肌肉,回抽针芯,如无回血即可注射。家兔、狗、猫等大动物多在臀部注射,每只每次射量不超过2 mL;大鼠和小鼠因体型小,肌肉少,很少使用肌肉注射,如必须肌注,常在股部注射。

（3）腹腔注射法

大、小鼠的腹腔注射方法为用左手固定动物,右手持注射器,在下腹部左侧或右侧沿小鼠纵轴与横轴成45°角刺入皮下,沿皮下向心方向推进,同时保持针头与腹平面和垂直面亦呈45°角穿过腹肌刺入腹腔,约刺入针头的2/3深度,此时有落空感,回抽无肠液、尿液或血液后,缓缓推入药液(图9-4)。家兔、狗、猫等动物进行腹腔注射时应先行固定。一般小鼠每只每次注射量不超过0.5 mL,大鼠不超过2 mL。

图9-4 小鼠的腹腔注射法

（4）静脉注射法

大鼠和小鼠的静脉注射常采用尾静脉注射。鼠尾静脉共有3根,左右两侧和背部正中各1根,两侧尾静脉比较容易固定,故常被采用。先将鼠装入固定器内,露出尾巴,用45～50 ℃温水浸泡或用75%酒精擦拭使血管扩张,并可使表皮角质软化。握住鼠尾两则,使静脉充盈,注射器针头尽量与鼠尾角度平行,以利于进针。先缓缓推入少许药液,如针头已进入静脉,推药时感觉无阻力;如阻力较大,并出现白色皮丘,则表示未刺入血管,应换部位重新注射。如需反复注射,应尽量从鼠尾的末端开始,如图9-5所示。

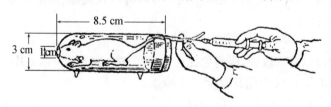

图9-5 小鼠尾静脉注射法

（5）经口给药法

① 口服法:将药物放入饲料或溶于饮水中,让动物自动摄取的给药法。此法简单方便,但是剂量不易掌握。

② 灌胃法:灌胃器由注射器和特殊的灌胃针头构成。小鼠的灌胃针头长约4～5 cm,直径约1 mm,灌胃针头的尖端焊有一中空小圆金属球。此金属球的作用是防止针头刺伤气管或损伤消化道。金属球端针管可弯成向内20 ℃左右的角度,以适应大鼠或小鼠口腔和食道的生理弯曲。

灌胃时用左手固定动物,使其腹部朝内,头部向上并稍倾斜。右手持灌胃器,将灌胃针头弯曲向内,从一侧口角插入口腔,轻压鼠的头部向后倾斜,使口腔与食道成一直线,然后可将药液注入,如图9-6所示。

③ 家兔灌胃法:家兔液体药物灌胃法是将兔的躯体夹于两腿之间,左手紧握双耳,固实其头部,右手抓住前肢。另一人将兔用开口器插入兔口中,将舌头压在开口器下面,把开口器固定。将合适的胃管(可用10号导尿管代替),经开口器中央小孔慢慢沿上颚壁插入食道约8~10 cm。为避免误入气管,可将胃管的外口端放入清水杯中,若有气泡从中逸出,则证明在气管内,应拔出重新插入,若无气泡则用注射器将药液灌入,然后再注入少量清水,将胃管内药液冲入胃内。灌胃完毕后,拔出导尿管,之后拿出开口器。

图9-6　小鼠灌胃法

二、实验动物的取血方法

1. 小鼠和大鼠

（1）剪尾取血法

将清醒鼠装入深颜色的布袋中,将鼠身裹紧,露出尾巴,用酒精涂擦或用温水浸泡使血管扩张,剪断尾尖后,尾静脉血即可流出,用手轻轻地从尾根部向尾尖挤捏,可取到一定量的血液。取血后,用棉球压迫止血。也可采用交替切割尾静脉方法取血。用一锋利刀片在尾尖部切破一段尾静脉,静脉血即可流出,每次可取0.3~0.5 mL,供一般血常规实验。三根尾静脉可替换切割,由尾尖向根部切割。由于鼠血易凝,需要全血时,应事先将抗凝剂置于采血管中,如用血细胞混悬液,则立即与生理盐水混合。

（2）眼球后静脉丛取血法

左手持鼠,拇指与中指抓住颈部皮肤,食指按压头部向下,阻滞静脉回流,使眼球后静脉丛充血,眼球外突。右手持1%肝素溶液浸泡过的自制吸血器,从内眦部刺入,沿内下眼眶壁,向眼球后推进4~5 mm,旋转吸血针头,切开静脉丛,血液自动进入吸血针筒,轻轻抽吸血管(防止负压压迫静脉丛使抽血更困难),拔出吸血针,放松手压力,出血可自然停止。也可用特制的玻璃取血管(管长7~10 cm,前端拉成毛细管,内径0.1~1.5 mm,长为1 cm,后端管径为0.6 cm)。必要时可在同一穿刺孔重复取血。此法也适用豚鼠和家兔。

（3）眼眶取血法

左手持鼠,拇指与食指捏紧头颈部皮肤,使鼠眼球突出,右手持弯镊或止血钳,钳夹一侧眼球部,将眼球摘出,鼠倒置,头部向下,此时眼眶很快流血,将血滴入预先加有抗凝剂的玻璃管内,直至流血停止。此法由于取血过程中动物未死,心脏不断跳动,一般可取鼠体重4%~5%的血液量,是一种较好的取血方法,但只适用一次性取血。

（4）心脏取血

动物仰卧固定于鼠板上,用剪刀将心前区毛剪去,用碘酒、酒精消毒此处皮肤,在左侧第3~4肋间用左手食指摸到心搏,右手持连有4~5号针头的注射器,选择心搏最强处穿刺,当针头正确刺入心脏时,鼠血由于心脏跳动的力量,血自然进入注射器。

（5）断头取血

实验者带上棉手套,用左手抓紧鼠颈部位,右手持剪刀,从鼠颈部剪掉鼠头,迅速将鼠颈端向下,对准备有抗凝剂的试管,收集从颈部流出的血液,小鼠可取血 0.8～1.2 mL,大鼠可取血 5～10 mL。

(6) 颈动静脉、股动静脉取血

麻醉动物背位固定,一侧颈部或腹股沟部去毛,切开皮肤,分离出静脉或动脉,注射针沿动静脉走向刺入血管。20 g 小鼠可抽血 0.6 mL,300 g 大鼠可抽血 8 mL。也可把颈静脉或颈动脉用镊子挑起剪断,用试管取血或注射器抽血,股静脉连续多次取血时,穿刺部位应尽量靠近股静脉远心端。

2. 豚鼠

(1) 心脏取血

需两人协作进行,助手以两手将豚鼠固定,腹部面向上,术者用左手在胸骨左侧触摸到心脏搏动处,一般在第 4～6 肋间、选择心跳最明显部位进针穿刺。针头进入心脏,则血液随心跳而进入注射器内,取血应快速,以防在试管内凝血。如认为针头已刺入心脏,但还未出血时,可将针头慢慢退出一点。失败时应拔出重新操作,切忌针头在胸腔内左右摆动,以防损伤心脏和肺脏而致动物死亡。此法取血量大,可反复采血。

(2) 背中足静脉取血

助手固定动物,将其右或左后肢膝关节伸直提到术者面前,术者将动物脚背用酒精消毒,找出背中足静脉,以左手的拇指和食指拉住豚鼠的趾端,右手拿注射针刺入静脉,拔针后立即出血,呈半球状隆起,用纱布或棉花压迫止血。可反复取血,两后肢交替使用。

3. 家兔

(1) 心脏取血

将动物仰卧在兔板上,剪去心前区毛,用碘酒、酒精消毒皮肤。用左手触摸胸骨左缘第 3～4 肋间隙,选择心脏跳动最明显处作穿刺点,右手持注射器,将针头插入胸腔,通过针头感到心脏跳动时,再将针头刺进心脏,然后抽出血液。

(2) 耳缘静脉取血

选好耳缘静脉,拔去被毛,用二甲苯或 75％酒精涂擦局部,小血管夹子夹紧耳根部,使血管充血扩张.术者持粗针头从耳尖部的血管逆回流方向入静脉取血,或用刀片切开静脉,血液自动流出,取血后用棉球压迫止血,一般取血量为 2～3 mL,压住侧支静脉,血液更容易流出,取血前耳缘部涂擦液体石蜡,可防止血液凝固。

(3) 耳中央动脉取血

将兔置入固定箱内,用手揉擦耳部,使中央动脉扩张。左手固定兔耳,右手持注射器,中央动脉末端进针,与动脉平行,向心方向刺入动脉。一次取血量为 15 mL,取血后棉球压迫止血。注意兔中央动脉易发生痉挛性收缩,抽血前要充分使血管扩张,在痉挛前尽快抽血,抽血时间不宜过长。中央动脉末端抽血比较容易,耳根部组织较厚,抽血难以成功。

(4) 股静脉取血

行股静脉分离手术,注射器平行于血管,从股静脉下端向向心端方向刺入,徐徐抽动针栓即可取血。抽血完毕后,要注意止血。股静脉易止血,用干纱布轻压取血部位即可。若连续多次取血,取血部位应尽量选择离心端。

（5）颈静脉取血

将兔固定于兔箱中，倒置使兔头朝下，在颈部上 1/3 的静脉部位剪去被毛，用碘酒、酒精消毒，剪开一个小口，暴露颈静脉，注射器向向心端刺入血管，即可取血。此处血管较粗，很容易取血，取血量也较多，一次可取 10 mL 以上，用干纱布或棉球压迫取血部位止血。

4. 犬

（1）心脏取血

犬心脏取血方法与兔相似。将犬麻醉固定于手术台上，暴露胸部，剪去左侧 3～5 肋间被毛，碘酒、酒精消毒局部，术者触摸心搏最明显处，避开肋骨进针，一般在胸骨左缘外 1 cm 第 4 肋间处可触到，用 6～7 号针头注射器取血，要垂直向背部方向进针。当针头接触到心脏时，即有搏动感觉。针头进入心腔即有血液进入注射器，一次可采血 20 mL 左右。

（2）小隐静脉和头静脉取血

小隐静脉从后肢外踝后方走向外上侧，头静脉位于前肢脚爪上方背侧正前位。剪去局部被毛，助手握紧腿，使皮下静脉充盈，术者按常规穿刺即可抽出血。

（3）颈静脉取血

犬以侧卧位固定于犬台上，剪去颈部被毛，常规消毒。助手拉直颈部，头尽量仰。术者左手拇指压住颈静脉入胸腔处，使颈静脉曲张。右手持注射器，针头与血管平行，从远心端向向心端刺入血管，颈静脉在皮下易滑动，穿刺时要拉紧皮肤，固定好血管，取血后棉球压迫止血。

（4）股动脉取血

麻醉犬或清醒犬背位固定于犬台上，助手将犬后肢向外拉直，暴露腹股沟，剪去被毛，常规消毒，并用左手食指、中指触摸动脉搏动部位，并固定好血管，右手持注射器，针头与皮肤呈 45°角，由动脉搏动最明显处直接刺入血管，抽取所需血液量，取血后，需较长时间压迫止血。

三、实验动物的处死方法

1. 颈椎脱位法

小白鼠和大白鼠：术者左手持镊子或用拇指、食指固定小鼠头后部，右手捏住鼠尾，用力向后上方牵拉，听到鼠颈部咔嚓声即颈椎脱位，脊髓断裂，鼠瞬间死亡。

豚鼠：术者左手倒持豚鼠，用右手掌尺侧或木棒猛击颈部，使颈椎脱位迅速死亡。

2. 断头、毁脑法

常用于蛙类。可用剪刀剪去头部或用金属探针经枕骨大孔破坏大脑和脊髓而致死。大鼠和小鼠也可用断头法处死，术者需戴手套，两手分别抓住鼠头与鼠身，拉紧并显露颈部，由助手持剪刀，从颈部剪断头部。

3. 空气栓塞法

术者用 50～100 mL 注射器，向静脉血管内迅速注入空气，气体栓塞心腔和大血管而使动物死亡。使猫与家兔致死的空气量为 10～20 mL，犬为 70～150 mL。

4. 大量放血法

鼠可用摘除眼球，从眼眶动静脉大量放血而致死。如不立即死亡，可摘除另一眼球。猫可在麻醉状态下切开颈三角区,分离出动脉,钳夹上下两端,插入动脉插管,再松开下方钳子,轻压胸部可放大量血液,动物可立即死亡。对于麻醉犬,可横向切开股三角区,切断股动静脉,血液喷出;同时用自来水冲洗出血部位(防止血液凝固),3～5 min 动物死亡。采集病理切片标本宜用此法。

四、实验动物麻醉

1. 麻醉药的选择

进行在体动物实验宜用清醒状态的动物,这样将更接近生理状态。但在一些急、慢性实验中,施行手术前或实验时为了消除疼痛或减少动物挣扎而影响实验结果,必须对动物进行麻醉,以利于实验顺利进行。麻醉药的种类较多,作用原理也各有不同,它们除能抑制中枢神经系统外,还可引起其他生理机能的变化。理想的麻醉药应具备下列三个条件:① 麻醉完善,实验过程中动物无挣扎或鸣叫现象,麻醉时间大致满足实验要求;② 对动物的毒性及所观察的指标影响最小;③ 使用方便。麻醉药需根据动物的种类和不同实验手术的要求选择,麻醉必须适度,过浅或过深都会影响手术或实验的进程和结果。

2. 常用麻醉形式

(1) 局部麻醉

常用 5～10 g/L 普鲁卡因,动物实验中多采用局部皮下浸润麻醉。剂量按所需麻醉面积的大小而定,一般不超过 50 mg/kg。

(2) 全身麻醉

① 吸入麻醉:将具有挥发性的麻醉药如乙醚滴在棉球上放入玻璃罩内,利用其挥发的性质,经呼吸道进入肺泡,对动物进行麻醉。适用于大、小鼠的短时间麻醉。

② 注射麻醉:药物通过静脉或注射进入动物体内而发挥全麻作用,常用药物有戊巴比妥钠、乌拉坦等。戊巴比妥钠水溶液常用浓度为 30 mg/mL,狗静脉注射用药时为 30 mg/kg;猫、家兔静脉注射用量为 30～40 mg/kg;大、小鼠腹腔注射用药量为 40～50 mg/kg。一次给药麻醉时间可持续 3 h 左右。乌拉坦水溶液 25 mg/mL,猫、家兔、大鼠静脉或腹腔注射用药量一般为 4 mL/kg。

(3) 各种动物的麻醉方法

① 小白鼠:根据需要选用吸入麻醉或注射麻醉。注射麻醉时多采用腹腔注射法。

② 大白鼠:多采用腹腔麻醉,也可用吸入麻醉。

③ 豚鼠:可进行腹腔麻醉,也可将药液注入背部皮下。

④ 猫:多用腹腔麻醉,也可用前肢或后肢皮下静脉注射法。

⑤ 家兔:多采用耳缘静脉麻醉。注射麻醉药时应先快后慢,并密切注意家兔的呼吸及角膜反射等变化。

⑥ 犬:多用前肢或后肢皮下静脉注射。

五、实验动物给药剂量的确定

在观察一个药物的作用时,应该给动物多大的剂量是实验开始时应确定的一个重要问题。剂量太小,作用不明显;剂量太大,又可能引起动物中毒死亡。给药剂量可以按下列方法来确定。

1. 查阅资料确定

根据有关文献、实验教材、实验参考书提供的药物剂量。由于药物批号不同、动物、环境条件的差异,必要时通过预备实验调整用药剂量。

2. 根据临床常用有效剂量换算成实验动物剂量

(1) 对于新药剂量的确定,先用小鼠粗略地探索中毒剂量或致死剂量,然后用小于中毒量的剂量,或取致死量的若干分之一为应用剂量,一般为 1/10~1/5。通过预试来确定。

(2) 植物药粗制剂的剂量多按生药折算。

(3) 化学药品可参考化学结构相似的已知药物,特别是其结构和作用都相似的药物剂量。

(4) 确定剂量后,如第一次实验的作用不明显,动物也没有中毒的表现(如体重下降、精神不振、活动减少或其他症状),可以加大剂量再次实验。如出现中毒现象,作用也明显,则应降低剂量再次实验。一般情况下,在适宜的剂量范围内,药物的作用常随剂量的加大而增强。所以,有条件时最好同时用几个剂量做实验,以便迅速获得有关药物作用的较完整的资料。如实验结果出现剂量与作用强度之间毫无规律时,则更应慎重分析。

(5) 用大动物进行实验时,开始的剂量可采用给鼠类剂量的 1/15~1/2,以后可根据动物的反应调整剂量。

(6) 确定动物给药剂量时,要考虑给药动物的年龄大小和体质强弱。一般确定的给药剂量是用于成年动物,幼小动物应减小剂量。

(7) 确定动物给药剂量时,要考虑因给药途径不同,所用剂量也不同。如口服量为 100 时,灌肠量应为 100~200,皮下注射量为 30~50,肌肉注射量为 25~30,静脉注射量为 25。

六、实验动物与人用药量的换算

人与动物对同一药物的耐受性相差很大,一般说来,动物的耐受性要比人大,也就是单位体重的用药量动物比人要大。各种药物在人的用量,很多书上可查到,但动物用药量可查的书较少,一般动物用的药物种类远不如人用的那么多。因此必须将人的用药量换算成动物的用药量。

一般可按下列比例换算:人用药量为 1,小鼠、大鼠为 25~50,兔、豚鼠为 15~20,犬、猫为 5~10。

亦可根据单位面积给药剂量(mg/m^2)相等的原理进行人与不同种类动物之间药物剂量的换算。

(1) 人体体表面积计算法

计算我国人的体表面积,一般采用许文生公式较适宜,即:
$$A = 0.006\,1 \times H + 0.012\,8 \times W - 0.152\,9$$
式中:A 为体表面积,单位为 m^2;H 为身高,单位为 cm;W 为体重,单位为 kg。

(2) 动物的体表面积计算

有许多种方法,在需要由体重推算体表面积时,一般认为 Meeh-Rubner 公式较为适用,即:

$$A = \frac{K \times W^{\frac{2}{3}}}{1\ 000}$$

式中：A 为体表面积，单位为 m^2；W 为体重，单位为 g；K 为一常数，随动物种类而不同，小鼠和大鼠为 9.1、豚鼠 9.8、家兔 10.1、猫 9.8、犬 11.2、猴 11.8、人 10.6（上列 K 值各家报道略有出入）。

应当指出，这样计算出来的体表面积还是一种粗略的估计值，不一定完全符合每个动物的实测数值。

例：某利尿药大白鼠灌胃给药时的剂量为 250 mg/kg，试根据大鼠给药剂量粗略估计犬灌胃给药剂量。

解：实验用大白鼠的体重一般在 200 g 左右，其体表面积（A）为：

$$A = \frac{9.1 \times 200^{\frac{2}{3}}}{10\ 000} = 0.031\ (m^2)$$

将 250 mg/kg 的剂量改成以 mg/m^2 表示，即为：

$$Dose\,(mg/m^2) = \frac{250 \times \dfrac{200}{1\ 000}}{A} = \frac{250 \times \dfrac{200}{1\ 000}}{0.0.31} = 1\ 613\,(mg/m^2)$$

实验用犬的体重一般在 10 kg 左右，其体表面积（A）为：

$$A = \frac{11.2 \times (10 \times 1\ 000)^{\frac{2}{3}}}{10\ 000} = 0.519\ 8\,(m^2)$$

于是犬的适当试用剂量为 $1\ 613 \times 0.519\ 8 \div 10 = 84\,(mg/kg)$。

七、药理实验设计

1. 实验设计目的

在学习和基本掌握药理学实验方法和技术的基础上，通过学生自选试验题目，自行设计和操作，并对试验结果、试验数据做出科学的处理和分析，以论文的格式和要求对本次实验做出总结。目的是使学生经历选题、设计、操作以及论文撰写全过程的训练，培养严谨的科学态度和科学思维的方法。

2. 药理实验设计的基本原则

药理实验目的是通过动物实验来认识药物的作用及其机制，为开发新药和评价药物提供科学依据。但生物个体之间存在着差异性，为保证实验结果的科学性、正确性，减少误差和偏因。在实验设计时要注意"重复、对照、随机"三个基本原则。

（1）重复（replication）

重复是指实验中受试对象的例数或实验次数要达到一定的数量，它包含有两方面的意思，即重复性和重现性。用一个动物，做一次实验，不能作出结论，用第二个动物，再做同样的实验，就是重复。若样本量过少，可能把个别现象误认为普遍现象，把偶然或巧合事件当作必然规律，其结论的可靠性差。在一定范围内重复愈多则愈可靠，但如样本过多，不仅增加工作难度，而且造成不必要的人力、财力和物力的浪费。所以，在进行实验设计时要对样本大小作出科学的估计，确定实验的重复数，以满足统计处理的要求。

（2）随机（randomization）

即所研究总体中的每一个研究对象都有同等的机会被分配到各组中去,随机的目的是将样本的生物差异平均分配到各组。而不受任何主观愿望的影响。实验中凡可能影响结果的一切非研究因素都应随机化处理,使各组样本的条件尽量一致,消除或减小组间人为的误差,主要的随机方法有:完全随机化法,配对随机法和区组随机法。

(3) 对照(control)

对照是比较的前提。在生物学实验中存在许多影响因素,为消除无关因素对实验结果的影响,实验中必须设立对照组。对照应符合齐同可比的原则,除处理因素不同外,其他非处理因素尽量保持相同,从而使实验误差尽可能缩小。如实验动物要求种属、性别、年龄相同,体重相近;实验的季节、时间和实验室的温度、湿度也要一致;操作的手法前后要相同等。根据实验研究的目的和要求不同,可选用不同的对照形式,常用的对照形式有:空白对照(正常对照)、实验对照(阴性对照)、标准对照(阳性对照)、自身对照、相互对照(组间对照)等。

3. 常用的设计方法

(1) 单组比较设计

这种设计是以动物作为自身对照,即在同一个体上观察给药前后某种观测指标的变化,如药物对体重、血压、体温等的给药前后比较。本法优点是能消除个体生物差异。

(2) 配对比较设计

这种设计是以动物按性别、体重、年龄、窝别或其他有关因素加以配对,以基本相同的两个动物为一对,配成若干对,然后将每一对动物随机分配于两组中。两组的动物数、性别、体重等情况基本相同,取得均衡,减少误差及动物的个体差异。

(3) 随机区组设计

是配对比较设计法的延伸。将全部动物按体重、性别及其他条件等分为若干个组;每组中动物数目应与拟划分的组数相等或为其倍数,体质条件相似;再把每个区组中的每一只动物进行编号,利用随机数字表将其分配到各组。

如把小鼠 24 只,按随机区组分成 A、B、C、D 共 4 组。先按小鼠的性别、年龄、体重等分成 6 个区组,每组有 4 只情况相似的小鼠。依次编号,第一区组 4 只小鼠编为 1、2、3、4 号,第二组编为 5、6、7、8 号,余类推。接着在随机数字表任意指定一个起点,如指定 20 行第一个数字为起点,从横的方向抄录数字,先抄三个数字 31、16、93 为随机分配第一区组小鼠之用。然后将这三个数字分别以 4(组数)、3、2(3、2 为余下组数)除之求余数,若能整除,余数取除数。则第一个数 31,除以 4,余数为 3,将 1 号鼠分到 C 组(第三组);第二个数 16,除以 3,余数为 1,将 2 号分到 A、B、D 组的 A 组(第一组);第三个数 93,除以 2,余数为 1,将 3 号鼠分到剩余 B、D 组 B 组(第二组);最后将 4 号鼠分到剩余 D 组(第四组)。第一区分配完后,再继续抄录随机数字,用相同方法将其余各区组小鼠分到各组中(第 20 行数字抄录完后继续抄第 21 行数字)。结果如下所示:

A 组动物号为:2、6、11、15、17、22;

B 组动物号为:3、8、10、14、19、24;

C 组动物号为:1、7、9、13、20、23;

D 组动物号为:4、5、12、16、18、21。

(4) 完全随机设计

就是将每个实验对象随机分配在各组,并从各组实验结果的比较中得出结论。通常用随机数进行完全随机化分组的方法。此法的优点是设计和统计的处理都较简单,但例数较少时,往往不能保证组间的一致性。

(5) 正交设计

正交设计是用"正交表"作为因素分析的一种高效设计法,在中药复方研究中颇为重要,可分析其中组分的主次,各药间的交互作用,找出最佳组合和最优剂量。例如,某中药复方有甲、乙、丙、丁共四味药组成,每药可选用大、中、小3个剂量。欲分析各药对复方疗效的影响,可使用"$L_9(3^4)$正交表"。L 表示"正交表",9 表示 9 次实验,3^4 表示 4 种因素(甲、乙、丙、丁这四味中药)各 3 个水平(大、中、小 3 个剂量)。按理有 81 种组合(3^4),应进行 81 次实验,但用正交设计做 9 次实验即可解决问题,可称高效率的实验设计。

(6) 序贯设计

序贯设计系循环逐个或逐对地进行实验,适用于能及时判断死活或在较短时间内作出反应的药物。可同时用作图法或查表法随时了解统计结果,一旦能做出统计结论即可停止实验,因此可节省实验动物和时间,一般 20～30 只动物即可测定 LD_{50}。

(7) 优选法设计

是一快速、简便的最优条件选择法。设计方法有多种,如单因素优选法、对分法等。前者是用于选择最佳剂量和浓度的常用法,对分法在中药复方拆方研究中广泛应用,可借此确定各组分的药理作用并找出其中的有效成分。

(8) 顺序均衡随机设计

主要用于中药临床研究。是先将对药效影响较大的因素(如病情、病程等)列在分组表左侧,使这些因素在各组中分布均衡,再按就诊顺序随机分组的设计法。

(郑尚永)

第十章　药理学实验

【本章提要】

本章内容主要是药理学基本实验操作,通过该实验内容的训练,使实验者熟练掌握药理学实验的基本操作技能,理论联系实际,加深对所学知识的理解,学习进行临床前药理学研究的方法,为从事新药的药理学和毒理学研究打下基础。

实验一　药物半数致死量的测定

一、实验目的

(1) 掌握半数致死量测定的基本方法和寇氏法的适用条件;
(2) 熟悉动物的常用分组方法;
(3) 了解寇氏法公式的推导过程。

二、实验原理

半数致死量(median lethal dose,LD_{50})是药物、毒物及病原微生物等毒力水平的一个标志。它表示能使全部实验对象死亡半数的剂量或浓度。由于生物间存在个体差异性,因此 LD_{50} 需用一批相当数量的实验对象进行实验方能测得,并且每种药物对不同实验对象的 LD_{50} 值不同。测定 LD_{50} 的方法有很多,如目测机率单位法、直线回归法、累计法、序贯法以及 Bliss 法等。其中 Bliss 法为最经典、最准确的方法,但需要用计算机和相应软件来完成。由于寇氏法较常用,并有计算简便,结果较准确等特点。

三、实验材料

(1) 药品:不同浓度敌百虫、苦味酸;
(2) 器材:鼠笼、动物天平、1 mL 注射器、电子计算器;
(3) 动物:小白鼠。

四、实验步骤

1. 预备实验

(1) 摸索上下限

即用少量动物逐步摸索出使全部动物死亡的最小剂量(D_m)和一个动物也不死亡的最大剂量(D_n)。方法是据经验或文献定出一个估计量,观察 2~3 只动物的死亡情况。如全死,则降低剂量;如全不死,则加大剂量再行摸索,直到最大剂量组死亡率 $P_m = 100\%$ 和最小

剂量组死亡率 $P_n=0\%$ 的剂量,此两量分别为上下限。

(2) 确定组数、组距及各组剂量

组数:一般 5~8 组,可根据适宜的组距确定组数,如先确定 5 组,若组距过大,可再增加组数以缩小组距。有时也可根据动物死亡情况来决定增减组数。

组距:指相邻两组剂量对数之差,常用 d 来表示。d 不宜过大,因过大可使标准误差增大;也不宜过小,因过小则组数增多,各组间死亡率重叠造成实验动物的浪费。组距大小主要取决于实验动物对被试因素的敏感性。敏感性大者,死亡率随剂量增加(或减少)而增加(或减少)的幅度大,组距可小些;反之,敏感性小者,死亡率随剂量变化的幅度小,则组距应大些。上下限之间的距离可作为敏感性大小的标志。距离大,说明敏感性小;距离小,则说明敏感性大。一般要求 d 应小于 0.155,多在 0.08~0.1 之间。确定组距方法是把上下限的剂量换算成对数值,设上限剂量的对数值为 X_k,下限剂量的对数值为 X_1,组数为 G,则

$$d=\frac{X_k-X_1}{G-1}$$

确定各组剂量:由 X_1 逐次加 d(或 X_k 逐次减 d),得出各组剂量的对数值,再分别查反对数,即得出各组剂量(呈等比级数排列)。

(3) 配制药液

配制等比药液,并使每只动物在给药容量上相等(如 0.5 mL/20g)。

2. 正式实验

(1) 实验动物的选择与分组

选择原则:可据不同实验而选取动物,应选择对被试因素敏感的动物。同时也应考虑动物来源、经济价值及操作简便等条件。LD_{50} 常用小白鼠进行实验来测得。

分组原则:每组动物数必须多于组数。因为每组动物数如少于组数,就不能充分反映各组死亡率的差别(如共 8 组,每组 10 只动物,高剂量三个组的死亡数分别为 6、9、10,但如每组只用 6 只动物,则高剂量三个组的死亡数可能都是 6)。

分组方法:实验对象分组法。首先,按性别将动物雌雄分开或各半混合编组,然后按体重分群,再随机分组,力求使各组平均体重相等。

(2) 给药、观察死亡数、求出死亡率

给药途径:可据不同药物及动物而定,小白鼠多用腹腔注射或灌胃法,也可静脉注射。

给药顺序:宜采取间隔跳组方法。如共 7 组,先按 2、4、6 组顺序给药,然后逆行按 7、5、3、1 组的顺序给药。这样可避免因药物放置过久或动物饥饿造成的偏向性误差。而且当第 3 组给药后,如第 2 组动物已经全死,则可省下第 1 组动物及 1 号药液。如第 7 组已死亡,可补做第 8 组,争取做出 0% 死亡率的组来。每只动物的给药容量可按个体体重或平均体重确定。

观察时间:直到动物不再因药物作用而死亡为止。在观察期间应注意保证食、水、温度等生活条件,严防非被试因素引起的死亡,一般需要观察一周时间。我们此次实验观察一小时。最后将死亡情况及各种数据填入表 10-1 中。

3. 计算公式

(1) 基本公式

$$\lg(LD_{50}) = X_k - d(\sum P - 0.5)$$

式中：X_k 为死亡率为 100% 组的剂量对数值，即最大剂量的对数值；d 为相邻 2 组剂量对数的差值，即对数组距；P 为各组动物的死亡率（以小数表示）；$\sum P$ 为各组动物死亡率之和。

（2）校正公式

当最大剂量死亡率 $P_m > 0.8$ 或最小剂量死亡率 $P_n < 0.2$ 时可用下公式计算：

$$\lg(LD_{50}) = X_K - d\left(\sum P - \frac{3 - P_m - P_n}{4}\right)$$

$$LD_{50} = \lg^{-1}(\lg(LD_{50}))$$

单位应换算成 mg/kg 或 g/kg 表示。

95% 可信限：

$$LD_{50} \pm 4.5 S\lg(LD_{50}) \cdot LD_{50}$$

式中：$S\lg(LD_{50})$ 为 $\lg(LD_{50})$ 的标准误差；P 为各组死亡率；n 为每组动物数。

表 10 - 1 LD_{50} 计算表

组别	浓度（%）	剂量 (mg/kg)	对数剂量 X_i	动物数 n	死亡数 r	死亡率 $P(r/n)$	$P(P-1)$
1	1.2						
2	1.4						
3	1.7						
4	2.0						
5	2.3						
6	2.7						
7	3.2						
$\sum$							

五、思考题

（1）小白鼠如何分组？同学分成几组较为合适？如何将 70 只小鼠分给同学？

（2）中毒后能观察到哪些症状？95% 可信限的含义是什么？

（3）如何根据给药剂量和给药容积配制成相应浓度的药液？

六、参考文献

[1] 魏伟. 药理实验方法学[M]. 北京：人民卫生出版社，2010.

[2] 何运容. 药物半数致死量的计算程序[J]. 贵阳医学院学报，1988，13(2)：227 - 231.

[3] 葛为公. 药物半数致死量的计算程序[J]. 中国医院药学杂志，1987，9：397 - 398.

[4] 王振纲，朱天扬. 关于药物半数致死量测定方法的评价[J]. 药学通报，1963，9(4)：148 - 154.

[5] 操继跃. 生物半数效量通用计算方法的探讨[J]. 中国兽药杂志,1992,26(8):50-53.

[6] 陈世民,莫燕娜,赵善民. 生理实验科学[M].上海:上海科学技术出版社,2011,pp. 209-212.

[7] 崔燎. 药理学实验教程[M].北京:科学出版社,2011,pp. 90-92.

实验二　普鲁卡因与丁卡因表面麻醉作用的比较

一、实验目的

观察局麻药表面麻醉作用的强度。

二、实验原理

局麻药是一类以适当的浓度应用于局部神经末梢或神经干周围的药物,本类药物能暂时、完全和可逆地阻断神经冲动的产生和传导,在意识清醒的条件下可使局部痛觉等感觉暂时消失,同时对各类组织无损伤性影响。

表面麻醉是将穿透性强的局麻药涂于黏膜表面,使黏膜下神经末梢麻醉。

三、实验材料

(1) 药品:1%丁卡因溶液、1%普鲁卡因溶液;

(2) 器材:角膜刺激器、滴管2支、兔笼、组织剪;

(3) 动物:家兔1只,体重1~2 kg。

四、实验方法

取无眼疾家兔1只,由助手固定,剪去动物的双眼睫毛;用角膜刺激器或兔须轻触角膜之上、中、下、左、右5点,观察并记录正常眨眼反射;然后用拇指和食指将左侧下眼睑拉成环状,滴入1%丁卡因溶液3滴,使其存留1 min,然后任其流溢;另于右眼内滴入1%普鲁卡因溶液3滴;观察不同时间的眨眼反射情况。

五、实验结果

将实验结果填入表10-2。

表10-2　家兔眨眼反应记录表

动物	眼	药物	给药前眨眼反射	给药后眨眼反射(min)					
				5	10	15	20	25	30
家兔	左侧	丁卡因							
	右侧	普鲁卡因							

六、注意事项

（1）本实验记录方法为：测试次数为分母，眨眼次数为分子，如测试 5 次，若有二次眨眼，记录为 2/5。

（2）滴药时用中指压住鼻泪管，以防药液流入鼻泪管被吸收而发生中毒。

（3）刺激角膜的兔须前后应用同一根，刺激强度应尽量一致。

（4）刺激角膜时不可触及眼睑，以免影响实验效果。

七、思考题

联系实验结果，比较普鲁卡因和丁卡因的局部麻醉作用特点及临床用途。

八、参考文献

[1] 魏伟. 药理实验方法学[M]. 北京：人民卫生出版社，2010.

[2] 刘俊杰，赵俊. 现代麻醉学[M]. 北京：人民卫生出版社，1990，pp. 534.

[3] 王晓鲁，贾丽，杨秋，郝燕生. 白内障手术中表面麻醉的临床观察[J]. 美中国际眼科杂志，2001，1(1)：63 - 64.

[4] 李爱峰. 丁卡因表面麻醉复合神经安定镇痛麻醉在无痛胃镜检查和治疗中的应用[J]. 实用心脑肺血管病杂志，2009，17(9)：785 - 786.

[5] 柳娟，岳云，赵秋华，等. 艾司洛尔与表面麻醉抑制插管反应时心率变异性的变化[J]. 中华麻醉学杂志，2000，20：645 - 647.

[6] 王月明. 丁卡因表面麻醉所致不良反应及其防治[J]. 吉林医学，2012，33(9)：1863.

[7] 李成，刘俊杰. 地卡因咽喉表面麻醉致心跳骤停 1 例报告[J]. 临床误诊误治，1997，5(1)：22.

实验三　酚红的血药浓度测定及药动学参数的计算方法

一、实验目的

（1）观察静脉注射酚红后，不同时间内血浆药物浓度的变化；

（2）掌握血浓测定方法，血浆半衰期（$t_{1/2}$）及表观分布容积（V_d）的计算。

二、实验原理

酚红（PSP）为指示剂，在碱性环境中呈现紫红色。PSP 静脉注射后，在体内不代谢，其消除主要由肾脏近曲小管分泌。因此可通过比色测定不同给药时间血浆中 PSP 的光密度值，定量计算血中 PSP 的浓度。

三、实验材料

药品：1 μmol/L、2 μmol/L、4 μmol/L、8 μmol/L、16 μmol/L 酚红溶液、0.6% 酚红溶液、稀释液、1 mol/L 氢氧化钠溶液、75% 酒精、肝素钠 1 000 u/mL、生理盐水；

器材:分光光度计、离心机、兔台、手术器械一套(十把)、丝线、注射器(5 mL)、针头(5 - 6 号)、抗凝试管、离心试管、动脉夹、擦镜纸、滤纸、定量加样器;

动物:家兔一只(雌雄不限,2~2.5 kg)。

四、实验方法

麻醉并固定:取健康家兔一只,称重,3%戊巴比妥钠 1 mL/kg 耳缘静脉注射麻醉,仰卧位固定在兔台上。

手术:纵向切开颈部正中皮肤,分离颈下组织,找到气管,在气管一侧分离出颈总动脉,从颈总动脉下穿两线待用。由耳缘静脉注射肝素钠 1 mL/kg,结扎远心端,近心端用动脉夹夹住,两端之间留 2 cm 距离,用眼科剪在远心端朝近心端方向呈 45°剪小口,然后朝向心方向插入塑料管,推进 1~2 cm 结扎并固定,塑料管用止血钳夹住,松开动脉夹。

取空白血:自动脉导管取血约 1 mL,置于编号的干燥抗凝试管中,轻摇混匀。

给药及取血样:从耳缘静脉注射 6 mL/kg 0.6%酚红溶液,给药后 2、5、10、20 和 30 min 分别取血约 1 mL,置于编号的干燥抗凝试管中,轻摇混匀。

离心和测定:各取定量血样于编号离心试管中,以 3 000 r/min 离心 10 min,分别取血浆 0.1 mL,加入清洁编号试管内,加稀释液各 2 mL,摇匀后静置 5 min,以给药前血样做空白对照调零,于分光光度计 560 nm 波长处进行比色测定,记录其光密度值。将给药后不同时间的光密度输入计算器,计算出不同时间酚红的血浆浓度。

制作酚红溶液 1、2、4、8、16 μmol/L 标准曲线(由老师率先绘制)。

五、实验结果及分析

(1) 以浓度为横坐标,以光密度为纵坐标,绘制标准曲线,计算回归方程。

(2) 以血浆药物浓度的对数值为纵坐标,时间为横坐标绘制时量曲线,一级消除动力学的时量关系呈直线。该直线的方程式为

$$\lg C_t = \lg C_0 - \frac{k \times t}{2.303}$$

药物血浆半衰期为

$$t_{0.5} = \frac{0.693}{k}(单位:h 或 min)$$

$$V_d = A/C_0 (A 为给药总量)$$

用 FX - 3600P 计算器,采用直线回归的运算程序,计算出不同时间酚红的血浆浓度。

六、实验结果

实验结果记录在表 10 - 3 中。

表 10 3 血样药浓记录表

采血时间
光密度
C_t
$\lg C_t$

七、注意事项

（1）分离颈总动脉时，要把神经分离开，结扎的时候不能结扎神经。

（2）用取液器取上清液的时候，要小心谨慎，不要取出血。

（3）离心时应将取血试管平衡后对称置入。

（4）禁止用手接触比色皿的光面，若有液体，只能用擦镜纸擦拭。

八、思考题

叙述 $t_{1/2}$ 及 V_d 的定义及意义。

九、参考文献

［1］魏伟.药理实验方法学［M］.北京：人民卫生出版社，2010.

［2］黄小琅，王碧云.抗菌药物的药动学和药效学参数对临床用药的意义［J］.求医问药，2012，10(8)：213.

［3］赵喜荣，郝晓菁，陈旭，等.依据药动学和药效学参数合理使用抗菌药物［J］.临床合理用药杂志，2012，5(10)：153-154.

［4］丁有奕，黄渚，柯景雄，等.抗菌药物的药动学和药效学参数对临床用药的指导作用［J］.国际医药卫生导报，2007，13(10)：77-79.

［5］许恒忠，王者宁，李金英，等.以药动学/药效学相关参数为依据优化抗菌药物给药方案［J］.中国医院药学杂志，2008，28(4)：322-324.

［6］张波，朱珠.蒙特卡罗模拟在抗生素药动学和药效学中的应用［J］.中国药学杂志，2008，43(4)：241-244.

实验四　药物 NA 和呋噻米对实验动物利尿作用的观察

一、实验目的

观察 NA 和呋塞米对实验动物尿量的影响。

二、实验原理

NA 是 α 受体激动药，较大剂量可以收缩肾血管，减少肾脏血流量，从而导致尿量减少；呋塞米是高效利尿药，通过抑制肾小管髓袢升支粗段 Na-K-2Cl 协同转运系统提高肾小管液中 Na、K、Cl 浓度，使肾髓质渗透压梯度不能建立而降低肾的稀释与浓缩功能，最终排出大量近似于等渗的尿液。

三、实验材料

药品：5％葡萄糖生理盐水、0.1％NA、3％及 1％呋塞米、液体石蜡、硝酸银标准液、20％铬酸钾溶液；

器材：动物秤、兔台、兔绳、8 号导尿管、10 mL 刻度试管、50 mL 烧杯、100 mL 量筒、兔开口器、胃管、胶布、注射器、吸管、滴定管、50 mL 锥形瓶；

动物：雄性家兔。

四、实验方法

取体重 2 kg 左右的雄性家兔 1 只，于实验前 0.5 h 用 5% 葡萄糖生理盐水 50 mL 灌胃，增加水负荷。

将家兔称重，麻醉，固定。

用液体石蜡涂于导尿管头端，褪下包皮，提起阴茎，从尿道口缓慢插入约 7～9 cm，进入膀胱内，挤出多余的尿液。

从家兔的耳缘静脉给予 5% 葡萄糖生理盐水持续滴注，并观察家兔尿液的性状，直至尿液清亮，开始收集尿液，每 5 min 收集一次，连续 3 次，取平均值作为给药前的尿量水平。

缓慢静脉给予 0.1% NA 1 mL/kg，同上收集 15 min 尿量，观察家兔的尿量变化。

再给予 1% 呋塞米 0.5 mL/kg，同上收集 15 min 尿量，观察家兔尿量的变化。

分别取正常、给 NA 后、给呋塞米后的尿液滴定，求出 Cl^- 的含量。

记录实验结果，绘制图形。

五、注意事项

(1) 一定要让家兔水负荷完全；

(2) 每次记录尿量前，均要用手轻压家兔下腹以排尽膀胱中的尿液；

(3) 用药 1～3 min 应有尿液流出，若无尿液，可轻转导尿管，即可见尿液流出。

六、思考题

根据实验结果绘制的图形，说明 NA 和呋塞米的作用（对泌尿系统）特点、原理。

七、参考文献

[1] 魏伟. 药理实验方法学[M]. 北京：人民卫生出版社，2010.

[2] 王本祥. 现代中药药理学[M]. 天津：天津科学技术出版社，1999，pp. 6.

[3] 森濑敏夫，李运泉. 关于钠利尿因子的研究进展[J]. 最新医学，1985，40(2)：350.

实验五　高效液相色谱法测定黄芩苷的家兔体内药物动力学

一、实验目的

(1) 熟悉血药浓度法研究中药药物动力学的基本步骤；

(2) 熟悉用高效液相色谱法测定血清中药物浓度的操作方法；

(3) 掌握血清中药物的萃取、浓集等预处理基本技术。

二、实验原理

黄芩苷口服给药生物利用度极低，为了改善单体化合物的治疗效果，常采用注射给药；

其在血液中药物浓度的测定常使用高效液相色谱法进行。

三、实验材料

药品:甲醇、乙酸乙酯、黄芩苷水溶液 20 mg/mL;

器材:高效液相色谱仪、涡旋混合器、氮吹仪、超声波振荡器、兔盒、天平、离心机、水浴锅、离心管、容量瓶;

动物:家兔(雌雄不限,约 2 kg)。

四、实验方法

家兔 2 只,随机分为给药组和空白组。空白组耳缘静脉采血 20 mL。给药组耳缘静脉给予黄芩苷水溶液 3 mL/kg 后,于 0、10、15、30、60、90、120 min 于对侧耳缘静脉采血1.5 mL。

空白组血液和给药组血液于 37±0.5 ℃水浴中温孵 30 min,4000 r/min 离心 15 min,分离各样本血清。

取给药组血清 0.5 mL,加入乙酸乙酯 1 mL,置涡旋混合器上萃取 10 min,4 000 r/min 离心 10 min,吸取上清液 0.5 mL 入尖底试管中,将试管通氮气吹干,残渣中加入 50 μL 甲醇溶解,4 000 r/min 离心 10 min,取上清液作为供试品溶液。

取黄芩苷对照品,加蒸馏水溶解并定容使成 800 μg/mL 的贮备液;分别用蒸馏水将黄芩苷贮备液稀释成以下 5 种浓度稀释液:400 μg/mL(a)、200 μg/mL(b)、100 μg/mL(c)、25 μg/mL(d)、5 μg/mL(e)。取干燥试管 5 支,编号分别为 A、B、C、D 和 E,各管中均加入 0.5 mL 空白血清,再于各管中分别加入对应编号的黄芩苷稀释液 50 μL,涡旋 20 s,混匀。照给药组供试品制备方法制备工作曲线。

精密吸取各供试品溶液 20 μL,注入液相色谱仪,照如下色谱方法测定色谱柱:CM 烷基键合相柱(250 mm×6 mm,5 μm);检测器:紫外检测器 254 nm 检测,灵敏度 0.02 AUFS;流动相:0.01 mol/L NaH$_2$PO$_4$(pH＝2.5)-甲醇(50∶50),用前经过滤并用超声波脱气处理,流速为 1 mL/min。

记录各样品中黄芩苷色谱峰的峰面积,进行计算。

五、实验结果

绘制出工作曲线后,将给药组各时间点供试品峰面积代入工作曲线,求出各点的血药浓度,绘制出 C-T 曲线,分别进行房室模型拟合的统计矩法式计算,求出黄芩苷静脉注射给药时的各药物动力学参数。

六、注意事项

(1) 取血时注意勿使血细胞破裂,以免干扰后续测定,正常取血后分离得到的血清应为淡黄色。

(2) 工作曲线可由教师制备后供学生使用;也可不制备工作曲线,以各供试品中黄芩苷峰面积作为 C-T 曲线中血药浓度的表征值。

七、思考题

根据实验结果设计合理的黄芩苷注射液给药方案。

八、参考文献

[1] 沈映君. 中药药理学[M]. 北京：人民卫生出版社，2011，pp. 2.

[2] 王本祥. 现代中药药理学[M]. 天津：天津科学技术出版社，1999，pp. 6.

[3] 王晓红. 苦参碱及氧化苦参碱的药代动力学与药效动力学[J]. 药学学报，1992，27(8)：572.

[4] 韩国柱. 中草药药代动力学[M]. 北京：中国医药科技出版社，1997，pp. 200.

[5] 阴健，任天池. 黄芩苷及其在清开灵注射液中的药代动力学研究[J]. 中国实验方剂学杂志，1998，4(4)：31.

[6] 李新中，陈萱，杨于嘉，等. 黄芩苷在家兔感染性脑水肿模型中的药代动力学研究[J]. 中国药学杂志，1999，34(2)：107.

[7] 魏伟. 药理实验方法学[M]. 北京：人民卫生出版社，2010.

[8] 秦三海，刘华钢. 黄芩苷的体内药代动力学研究进展[J]. 广西中医学院学报，2003，6(4)：72-74.

[9] 王弘，陈济民，张清民. 黄芩苷在大鼠胃、离体小肠的吸收动力学研究[J]. 沈阳药科大学学报，2000，17(1)：51.

[10] 仇峰，何仲贵，程彬，等. RP-HPLC法测定兔血浆中黄芩苷含量[J]. 沈阳药科大学学报，2002，19(3)：189.

（郑尚永）

实验六　延胡索和醋制延胡索镇痛作用的比较（热板法）

实验七　人参对小白鼠游泳时间的影响

实验八　有机磷农药中毒与解救

附　录

附录一　常用有机溶剂的物理性质及其纯化

附录二　常用指示液及指示剂的配制

附录三　常用的干燥方法及干燥剂

附录四　常用的加热与冷却介质

附录五　药物分析基本实验操作

附录六　常用实验动物的生理常数

附录七　实验动物常用麻醉药

参考文献

[1] 慕慧，关放. 基础化学实验[M]. 北京:科学出版社,2013.

[2] 严琳. 药物化学实验[M]. 郑州:郑州大学出版社,2008.

[3] 周淑琴. 药学信息检索技术[M]. 北京:化学工业出版社,2006.

[4] 吕维忠. 化学化工常用软件与应用技术[M]. 北京:化学工业出版社,2007.

[5] 王志祥. 制药工程学[M]. 北京:化学工业出版社,2010.

[6] 刘刚,萧晓毅. 寻找新药中的组合化学[M]. 北京:科学出版社,2003.

[7] Drews J. Drug discovery: a historical perspective[J]. Science, 2000, 287: 1960 - 1964.

[8] Giorgianni SJ. The importance of innovation in pharmaceutical research[J]. Pfizer J, 1999, 3: 4 - 32.

[9] Cooper MA. Optical biosensors in drug discovery[J]. Nature Reviews Drug Discovery, 2002, 1: 515 - 528.

[10] Caldwell GW, Yan Z. Optimization in drug discovery: in vitro methods. Methods in pharmacology and toxicology [M]. New York: Springer Science + Business Media, 2014.

[11] Prokop A, Michelson S. Systems biology in biotech & pharma, Springer briefs in pharmaceutical science & drug development[M]. Dordrecht Heidelberg London New York: Springer, 2012.

[12] 姚新生. 天然药物化学第四版[M]. 北京:人民卫生出版社,2004.

[13] 肖崇厚. 中药化学[M]. 上海:上海科学技术出版社,1999.

[14] 徐任生. 天然产物化学[M]. 北京:科学出版社,1997.

[15] 姚新生. 有机化合物波谱分析[M]. 北京:中国医药科技出版社,2004.

[16] 姜三植,孙建浩. 天然产物结构鉴定方法[M]. 汉城:汉城大学出版社,2000.

[17] 黄鸣龙. 旋光谱在有机化学中的应用[M]. 上海:上海科技出版社,1963.

[18] 叶秀林. 立体化学. 第二版[M]. 北京:北京大学出版社,1999.

[19] 刘汉清. 中药药剂学实验与指导[M]. 北京:中国医药科技出版社,2001.

[20] 崔福德. 药剂学实验指导(第三版)[M]. 北京:人民卫生出版社,2011.

[21] 宋宏春. 药剂学实验[M]. 北京:北京大学医学出版社,2011.

[22] 张兆旺. 中药药剂学实验(第二版)[M]. 北京:中国中医药出版社,2008.

[23] 宋航. 制药工程专业实验[M]. 北京:化学工业出版社,2005.

[24] 卓超,沈永嘉. 制药工程专业实验[M]. 北京:高等教育出版社,2007.